麒麟操作系统系列丛书

麒麟操作系统应用与实践

兰雨晴　主编

電子工業出版社
Publishing House of Electronics Industry
北京 • BEIJING

内 容 简 介

本书对于麒麟操作系统的应用做了全面的介绍，包括麒麟操作系统的基础操作，如何个性化管理文件，如何设置网络，如何解决用户账户和家庭安全问题，小程序有哪些实用的使用技巧，多媒体娱乐化体验，软硬件如何管理，系统如何优化和维护等。本书适合高等院校相关专业教师教学和高校学生学习，同时也适用于公务员、事业单位人员、军队，以及企业职员等的学习和培训。

图书在版编目（CIP）数据

麒麟操作系统应用与实践 / 兰雨晴主编. —北京：电子工业出版社，2021.6
ISBN 978-7-121-41250-9

Ⅰ. ①麒… Ⅱ. ①兰… Ⅲ. ①操作系统－高等学校－教材 Ⅳ. ①TP316

中国版本图书馆 CIP 数据核字（2021）第 097795 号

责任编辑：胡辛征
印　　刷：北京缤索印刷有限公司
装　　订：北京缤索印刷有限公司
出版发行：电子工业出版社
　　　　　北京市海淀区万寿路 173 信箱　邮编：100036
开　　本：787×1092 1/16　印张：15.25　字数：390.4 千字
版　　次：2021 年 6 月第 1 版
印　　次：2021 年 6 月第 1 次印刷
定　　价：69.00 元

凡所购买电子工业出版社图书有缺损问题，请向购买书店调换。若书店售缺，请与本社发行部联系，联系及邮购电话：（010）88254888，88258888。

质量投诉请发邮件至 zlts@phei.com.cn，盗版侵权举报请发邮件至 dbqq@phei.com.cn。

本书咨询联系方式：（010）88254361，hxz@phei.com.cn。

前 言

纵观人类历史，不仅是一部灿烂辉煌的文明史，也是一部璀璨夺目的科技发展史。众所周知，科技的发展速度并非线性增长，而是呈指数增长，人类文明的发展进程在不断提速。

尤其是计算机的发明，让人类文明进入了网络信息时代。在无边无际的虚拟网络空间中，人类首次面对如此庞大的数据资源，使人们享受到了网络带来的开放、平等、公开、实时的便利。

然而网络是把双刃剑，其灰暗的一面如阴影般无时无刻不在影响着每个人。2013 年爆发的斯诺登事件，犹如一记重拳，令全球哗然。电邮、即时消息、视频、照片、存储数据、语音聊天、文件传输、视频会议和社交网络资料等私密数据的公开泄露，让每个人变得如此透明，毫无隐私安全可言，同时党政、国防、金融、交通、能源、医卫等国家信息安全也面临着重大威胁。

2020 年微软停止为 Windows 7 提供服务，我国有超过一半的计算机处于安全无法保障的尴尬处境。这是一个“思细极恐”的难题。既然我们无法忽视，又该如何破解？《老子》曰：“九层之台，起于垒土；千里之行，始于足下。”数字化信息时代，底层软件的安全，决定着网络空间的安全。通用计算机操作系统作为网络底层后盾，赋予了计算机生命力，关乎个人的人身安全，关乎国家的信息安全。

操作系统的核心技术掌握在别人手中，个人安全和国家安全就无从可谈，只有掌握在国人自己手中，个人安全和国家安全才能得到保障。

值得庆幸的是，早在 20 世纪 90 年代，我国的科研工作者们已经清晰地认识到自主研发操作系统的战略意义。倪光南院士曾说：“操作系统中最关键的技术，必须依靠自主研发，这是用钱买不到的；国产软件要想做好就要做到一个联盟、一个标准、一个生态。”

正因如此，一批又一批默默无闻的科研人员。长期不畏艰辛，艰苦奋斗，开创出麒麟操作系统等龙头品牌软件。

回首这风云变化的二十余载，笔者和软件行业的开创者们一起，见证了我国自主软件产业从零起步、从无到有、从有到优的每一步，并深深为之自豪和骄傲。

科技飞速发展的同时，我们不能忽视文化的认同和传播。科技自信，更深层次是文化的自信和认同，只有全体人民对于我国自主开发的软件有着深刻的认知和坚定的认可，自主软件才能走得更快、更远。

笔者于 2013 年和 2014 年分别出版了《从 Windows 到 Linux 的应用移植实现——平台技术与接口篇》《从 Windows 到 Linux 的应用移植实现——浏览器应用技术篇》。随着国产操作系统产业的快速发展，笔者在 2018 年就思考编写一套涵盖操作系统认知、运维管理、应用开发支撑、技术集成等内容的书籍，由于种种原因未及时动笔。随着 2020 年初中标软件有限公司和天津麒麟信息技术有限公司的整合完成，整合后的麒麟软件有限公司发展进入快车道，麒麟操作系统的推广应用呈规模化增长趋势，触达用户量大面广。

在此背景下，亟待有配套书能够帮助用户快速熟悉使用麒麟操作系统，这便是笔者编写本书的初衷。希望读者通过阅读此书，了解和熟悉国产软件，并认同认可国产操作系统，坚定强大的民族科技自信。2020 年 10 月，经与有关教材出版专家反复讨论，大家一致认为编写好本书，很重要的一个思路是要站在用户角度。来阐述知识和内容，方便读者学习和掌握。

北京林业大学许福教授，他也是北京航空航天大学软件工程研究所博士，在他读博期间，我们的交流就很愉快。我与他谈起编著麒麟操作系统书籍的想法，大家相谈甚欢，不谋而合。许福教授与陈志泊院长积极组织张海燕老师、袁津生老师、李群老师、李巨虎老师、孟伟老师五位老师为本书做出众多贡献，在此深表谢意。

感谢北京航空航天大学曹淑敏书记、中科院计算所倪光南院士、军委科技委专职委员廖湘科院士、国防大学金一南教授对本书的鼎力支持。

感谢电子工业出版社的胡辛征老师，在本书的写作过程中提供了很多出版方面的建议。还要感谢各位编辑老师，认真审阅修改稿件。

本书在编写过程中得到了很多领导和朋友们的支持，在此致以深深的谢意。

由于编者水平和经验有限，书中不免存在欠妥之处，请相关领域的学者和专家，以及各位读者批评指正。

兰雨晴

2021 年春季于北京

推荐序 1

习近平总书记指出，“实践反复告诉我们，关键核心技术是要不来、买不来、讨不来的。只有把关键核心技术掌握在自己手中，才能从根本上保障国家经济安全、国防安全和其他安全。”“计算机操作系统等信息化核心技术和信息基础设施的重要性显而易见，我们在一些关键技术和设备上受制于人的问题必须及早解决。”

随着互联网和移动通信技术的迅猛发展，在国民经济和国防领域里，数字化、网络化、智能化的进程明显加快，操作系统作为基础软件，对国家各领域的安全影响愈加凸显。我国长期采用国外的操作系统，在百年未有之大变局下，受制于人的风险在加大，因此迫切需要国内自主研发的操作系统快速构建强大的生态系统，实现规模化应用。

麒麟操作系统是由我国科技工作者们经过多年研发完善应用的操作系统，既面向通用领域，又可用于国防等专用领域，已经形成了服务器操作系统、桌面操作系统、嵌入式操作系统、麒麟云产品等系列产品，并已在多个领域应用。

北京航空航天大学始终围绕国家战略需求和学术前沿开展科学研究，不断增强创新能力，并将科学研究与人才培养紧密结合，通过加强科教融通，为国家培养更多急需人才，为国家科技创新做出更大贡献。麒麟操作系统的应用急需更多的科技人员，更多的科研院所、高校、企业共同推动。本书主编北航兰雨晴教授长期致力于操作系统核心关键技术研究及产业化工作，主编完成的这本书面向广大党政机关、企事业单位、部队等的工作人员，以及在校学生和社会消费者，受众面大，该书应用实践内容详实，普及性强。

以操作系统为代表的基础软件是核心技术，是国之重器，是数字化发展的重要支撑保障。在数字化发展过程中，随着麒麟操作系统的广泛应用，本书必将发挥重要作用，对打造自主创新、安全可靠的数字产业链、价值链和生态系统有重要意义！

曹淑敏

北京航空航天大学书记

2021 年 4 月

推荐序 2

当今时代，操作系统是信息化核心技术，是信息基础设施的核心要素，是信息化、数字化社会的基石。

人们的日常生活，不论办公、出行，还是学习、购物，无时无刻都离不开操作系统的支撑。随着信息技术日新月异的发展，人工智能、无线通信、虚拟现实、物联网以及智能制造等，无一不是构建在操作系统和芯片等关键核心技术之上的。操作系统的开发健全能力已成为衡量一个国家科技实力的重要指标之一。正因如此，发展和完善国产操作系统也就成了我国网信领域实现科技自立自强的一个重大战略目标。

在国产操作系统中，毋庸置疑，麒麟软件有限公司（以下简称“麒麟软件”）的麒麟操作系统是其中的佼佼者，承担着重大的社会责任。麒麟操作系统的发展已走过 30 余个春秋，在建设社会主义现代化国家方针指导下，公司上下牢记使命履职尽责攻坚克难勇往直前，终于使麒麟操作系统成长为国产操作系统无可争议的龙头产品。

麒麟软件的成功不仅体现在操作系统的研发上，还体现在其全方位的产品布局与生态建设方面。依靠操作系统关键基础的优势，麒麟软件与飞腾、鲲鹏、海光、兆芯、龙芯、申威等众多国有产品和企业，建立了紧、深、广的紧密合作。依托健康的生态体系建设和自身技术优势，麒麟软件触达的行业和业务领域更加深入广阔，把麒麟操作系统不断推向一个个新的高度。上述麒麟软件在推进创新和科技产业化方面创出的路子和取得的经验，值得本领域的同行借鉴。

今天，随着脱贫攻坚战的全面胜利，我国开启了全面建设社会主义现代化国家新征程。现代化建设必须依靠科技强国，而信息化、数字化时代，离不开基础设施建设。麒麟操作系统是关键信息基础设施的核心组成部分，掌握国产麒麟操作系统的使用，也是我们走科技自立自强征程中必备的技能。

希望本书的出版能够为中国社会主义现代化国家新征程的建设者们提供坚实的基础技能和深刻的创新理念。

倪光南

中科院计算所院士

2021 年 4 月

推荐序 3

为顺应产业发展趋势、市场客户需求和国家网络空间安全战略需要，发挥中央企业在国家关键信息基础设施建设中的主力军作用，中国电子信息产业集团有限公司旗下两家操作系统公司——中标软件有限公司和天津麒麟信息技术有限公司，实现强强整合，打造中国操作系统新旗舰——麒麟软件有限公司（简称“麒麟软件”）。

麒麟软件以安全可信操作系统技术为核心，旗下拥有“银河麒麟”“中标麒麟”两大产品品牌，既面向通用领域打造安全创新操作系统和相应解决方案，又面向专用领域打造高安全高可靠操作系统和解决方案，现已形成了服务器操作系统、桌面操作系统、嵌入式操作系统、麒麟云等产品，能够同时支持飞腾、鲲鹏、龙芯、申威、海光、兆芯等国产 CPU。企业坚持开放合作打造产业生态，为客户提供完整的国产化解决方案。

麒麟软件旗下的操作系统系列产品，在党政、国防、金融、电信、能源、交通、教育、医疗等行业获得广泛应用，未来在消费类市场也一定会得到广泛应用。

本书的问世，必将助力麒麟操作系统在科技自立自强的大背景下发挥更大作用！

廖湘科

军委科技委专职委员院士

2021 年 4 月

推荐序 4

1949 年以来，中华人民共和国已经成立 70 余年。

70 余年前的中国积贫积弱，习惯称“洋火”“洋灰”“洋油”“洋钉”“洋车”……

70 余年来，我们造出了第一台拖拉机，第一辆汽车，第一架飞机，第一艘轮船；然后是第一枚导弹，第一颗原子弹，第一颗人造卫星，第一艘核潜艇……中国人民站起来了。

改革开放，中国人民又富起来了。

今天，因高速成长面临种种围堵、打压、封锁、禁运的时候，中国人民无可回避，必须强起来。

当国家力量基础由钢铁迁移至芯片、由平台迁移至系统，而芯片与操作系统又成为国际霸权打压中国的重中之重时，全力获取自主可控的技术开发能力，不再相信“市场与分工”，自主完成“资源的合理配置”，成为中华民族赢得这场全新挑战的关键。

近百年前，清华大学体育教授马约翰谆谆告诫行将留美的学生：“你们要好好锻炼身体，要勇敢，不要怕，要有劲，要去干。别人打棒球，踢足球，你也要去打，去踢，他们能玩儿什么，你们也要能玩儿什么；不要给中国人丢脸，不要人家一推你，你就倒；别人一发狠，你就怕；别人一瞪眼，你就哆嗦。”

以上这两段话，说者已逝，其声音却在历史回音壁上回响，令后人长久思索。

马约翰教授对学生说的四个“要”，不仅指体格，更包括内心。

毛泽东主席问的四个“敢不敢”，也不仅是指战场态势，更包括指挥员内心。

这就是强者的心声——首先在心中战胜对手。

愿每一位麒麟操作系统的开发者、使用者、欢呼者在艰难奋进的道路上永远铭记于心。

金一南

国防大学教授

2021 年 4 月

目　录

第1章 概论——重器强国

核心技术是国之重器。要下定决心、保持恒心、找准重心，加速推动信息领域核心技术突破。要抓产业体系建设，在技术、产业、政策上共同发力。要遵循技术发展规律，做好体系化技术布局，优中选优、重点突破。要加强集中统一领导，完善金融、财税、国际贸易、人才、知识产权保护等制度环境，优化市场环境，更好释放各类创新主体创新活力。要培育公平的市场环境，强化知识产权保护，反对垄断和不正当竞争。要打通基础研究和技术创新衔接的绿色通道，力争以基础研究带动应用技术群体突破。

——习近平总书记在全国网络安全和信息化工作会议上的重要讲话

大国崛起必有大国重器。自主掌控核心技术，是我国实现高质量发展、稳固国际地位、跃居世界强国的重要保证。

当前，在全球从工业经济时代向数字经济时代转变的大背景下，基础软件作为社会信息化、数字化的基础设施，其重要性不言而喻。基础软件中的操作系统软件，在计算机体系架构中是所有软件的基础和底座，更是重中之重。

掌握操作系统的核心技术，是我国科技发展链条中的必然一环，也是数字经济时代下我国发展、建设的重要基础保障。

在过去的数十年间，为了适应国家社会经济快速发展的需要，在操作系统等一些技术领域，我们更多的是对一些国外的先进技术实行“拿来主义”。这在当时的历史阶段发挥了积极作用，但同时也在很大程度上形成了技术依赖：在我国的金融、交通、通信、电力、工业制造、民生消费等领域，国外操作系统的使用占据极大比例。在当今复杂的国际环境下，这成为我国不可忽视的全局性隐患和受制于人的技术枷锁。

值得庆幸的是，我国的科技工作者们经过多年艰苦卓绝的奋斗，使得国产操作系统技术终于获得突破，取得了一定的成绩。“2020年度央企十大国之重器”评选中，麒麟软件有限公司（简称“麒麟软件”，英文 KylinSoft Corperation）发布的“银河麒麟操作系统 V10”（简称“麒麟操作系统”，如图 1-1 所示）名列其中，这在一定程度上显示着麒麟操作系统已经开始承载重大历史责任和历史使命。麒麟软件以安全可信操作系统技术为核心，旗下拥有“中标麒麟”“银河麒麟”两大产品品牌，既面向通用领域打造安全创新操作系统和相应解决方案，又面向专用领域打造高安全高可靠操作系统和解决方案，现已形成了服务器操作系统、桌面操作系统、嵌入式操作系统、麒麟云等产品，能够同时支持飞腾、鲲鹏、龙芯、申威、兆芯、海光等国产 CPU。麒麟软件坚持开放合作共建产业生态，为客户提供完整的国产化解决方案。

麒麟操作系统，在自主化程度、性能、兼容性等多个维度都已经成熟，具备全面替换国外操作系统的实力。麒麟操作系统主要分为服务器操作系统和桌面操作系统。其中，服务器操作系统已应用于民航、电力、金融等领域，在技术层面上已经超过了国外同类产品。

图 1-1 麒麟操作系统

有了麒麟操作系统等基础软件提供的安全保障和有力支持，在践行数字经济发展时，我国就可以大步前行，打破技术垄断，建设现代化经济体系，实现高质量发展。

麒麟操作系统作为新型基础设施中信息基础设施建设的核心力量之一，必将对我国形成以国内大循环为主体、国内国际双循环相互促进的新发展格局做出重要贡献。

前文提到的技术“拿来主义”，使操作系统长期以来未得到应有的重视，导致过去二三十年间我国的信息产业，特别是软件产业的发展严重依赖于国外商用操作系统，使得我国的软件人才生态、技术生态、产业生态均依托于 Windows 等国外操作系统构建而成，发展过程呈现如图 1-2 所示的“L”模型。“L”的底边一横代表以通用计算机操作系统、卫星导航系统为核心的信息化、数字化基础设施，“L”的左侧一竖代表以通用计算机操作系统为基础构建形成的人才和技术生态，在操作系统、相应人才和技术生态的支撑下，各领域的办公、管理、业务和生产信息系统得到了发展，而在此过程中，互联网技术、移动互联网在我国也得到了蓬勃发展。

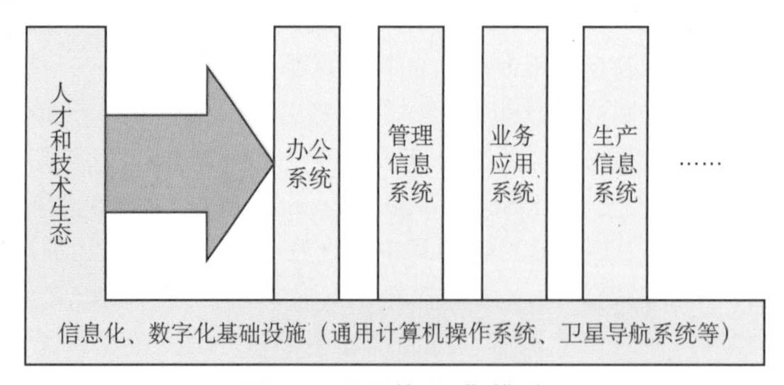

图 1-2 通用的“L”模型

1994 年，由中国科学院主持，联合清华大学、北京大学共同实施的“中关村地区教育与科研示范网”（NCFC，中国科技网的前身）率先与美国国家科学基金会建立的 NSFNet 直接互联，实现了中国与 Internet 全功能网络连接，标志着我国最早的国际互联网络的诞生，中国科技网成为中国最早的国际互联网络。此后的十年间，我国的信息产业与互联网技术相伴高速发展，但其中的通用计算机操作系统、卫星导航系统等信息化、数字化基础设施，全面依赖于国外产品。

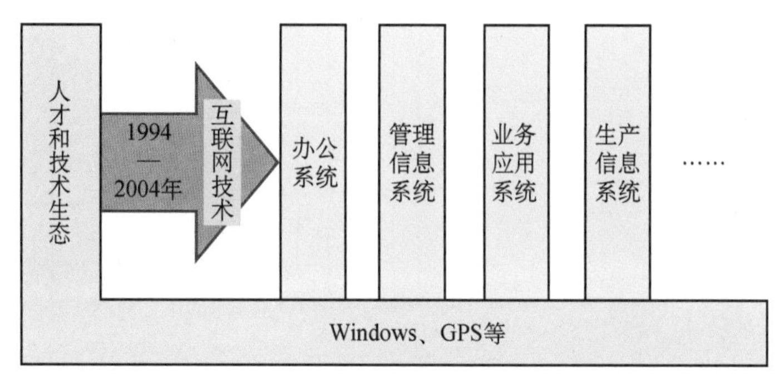

图 1-3　1994—2004 年“L”模型

2005 年左右，通信技术的发展进入快车道。2009 年 1 月 7 日，工信部正式发放了三张 3G 牌照，标志着我国正式进入了 3G 时代。2013 年 12 月 4 日，工信部正式向三大运营商发布 4G 牌照，中国移动、中国电信和中国联通均获得 TD-LTE 牌照。2019 年 6 月 6 日，工信部正式发放 5G 商用牌照，中国正式进入 5G 商用元年。我国通信技术的高速发展，与互联网技术的发展产生了“叠加效应”，在拉动我国 GDP 增长的同时，还创造了大量的就业机会。遗憾的是，通用计算机操作系统等信息化、数字化基础设施，依然全面依赖于国外产品，如图 1-4 所示。“十三五”期间，5G、云计算、大数据、人工智能、区块链等新技术新业态蓬勃兴起，“互联网+”催生出一个个新业态、新模式。

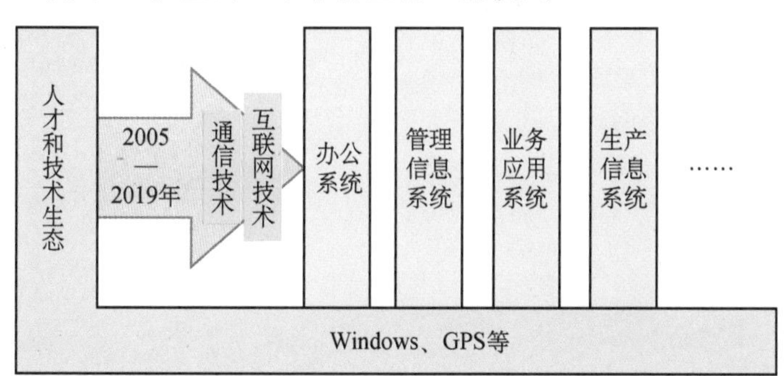

图 1-4　2005—2019 年“L”模型

2005 年到 2019 年，从人类应用计算机在互联网上交互信息，进步到设备与设备之间交互交流。万物互联的时代正迅猛而来，如图 1-5 所示，物联网技术支撑的社会“智治”，为人们带来更方便幸福生活的同时，必将带来更广阔的机遇，奋战在工作岗位上、即将走上工作岗位的人们，都能享受到技术发展带来的红利。与此同时，作为信息化、数字化时代核心基础设施的通用计算机操作系统、卫星导航系统，将分别由麒麟操作系统、北斗卫星导航系统担纲。

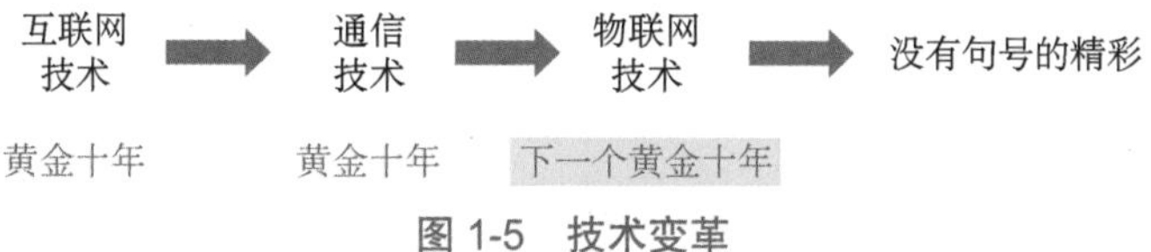

图 1-5　技术变革

以麒麟操作系统、北斗卫星导航系统为信息化、数字化基础设施的自主“L ”模型，如图 1-6 所示。

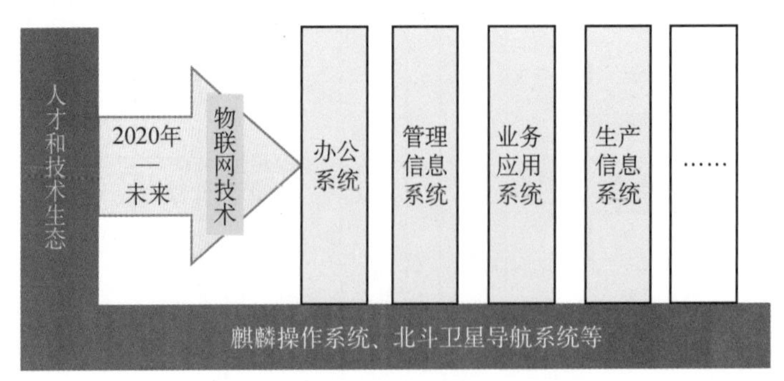

图 1-6　2020 年—未来“L”模型

麒麟操作系统作为我国自主研发的操作系统，也是我国产业数字化转型的核心基础设施之一。在产业数字化转型过程中，构建以麒麟操作系统为基础，融合各行业应用的“麒麟操作系统生态圈”，形成良性发展的麒麟操作系统人才生态、标准技术生态以及产业生态。

麒麟操作系统的人才生态构建包含两个方面的内容。一是各级各类学校的在校学生培养，这方面国家有关部委已陆续出台很多政策措施来推进在校学生的培养，如教育部、工信部推动的特色化示范性软件学院建设计划，教育部的“1+X”人才培养计划等，均通过把麒麟操作系统纳入学校的教育教学活动来系统性培养人才。二是针对在岗工作人员，开展麒麟操作系统相关培训，这方面的工作推进起来较为困难，其中一个很重要的原因是绝大多数（甚至全部）在岗人员只熟悉微软、苹果、谷歌等国外公司开发的操作系统，重新给他们培训麒麟操作系统知识和技能，困难颇多。为了扭转这种局势，麒麟软件针对不同岗位的工作人员，制定了适应服务于相应岗位的 5 序十二级培训认证体系，5 序如图 1-7 所示，十二级如表 1-1 所示。

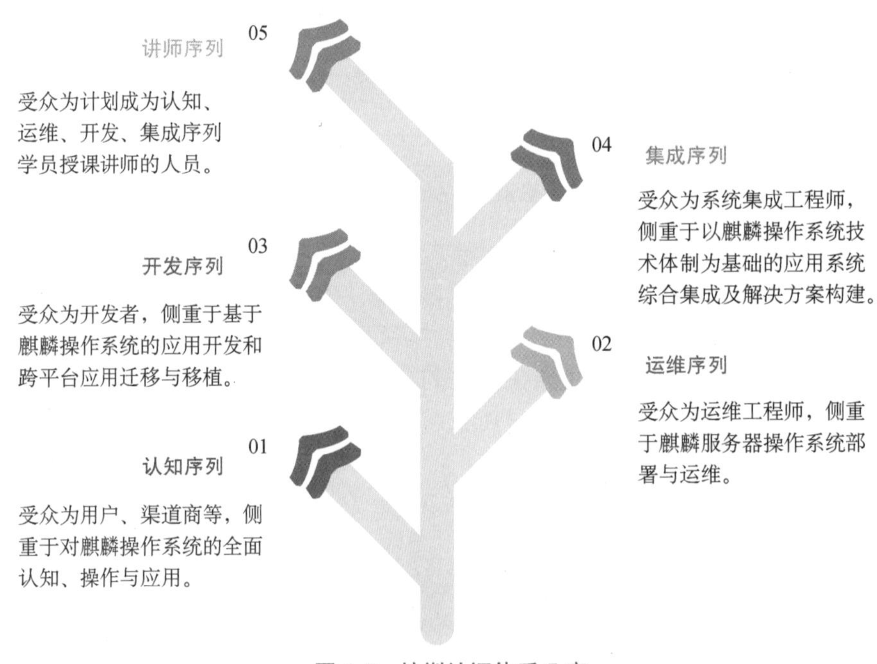

图 1-7　培训认证体系 5 序

表 1-1　培训认证体系十二级

序列号	序列名称	级别		难度等级
1	认知序列	1	麒麟操作系统应用工程师 （KOSAE：Kylin Operating System Application Engineer）	0
		2	麒麟操作系统应用高级工程师 （KOSASE：Kylin Operating System Application Senior Engineer）	1
2	运维序列	3	麒麟操作系统管理员 （KOSA：Kylin Operating System Administrator）	1
		4	麒麟操作系统工程师 （KOSE：Kylin Operating System Engineer）	2
		5	麒麟操作系统高级工程师 （KOSSE：Kylin Operating System Senior Engineer）	3
3	开发序列	6	麒麟操作系统应用开发工程师 （KOSADE：Kylin Operating System Application Development Engineer）	3
		7	麒麟操作系统应用开发高级工程师 （KOSADSE：Kylin Operating System Application Development Senior Engineer）	4
		8	麒麟操作系统应用开发专家 （KOSADEx：Kylin Operating System Application Development Expert）	5
4	集成序列	9	麒麟操作系统应用系统集成工程师 （KOSAIE：Kylin Operating System Application Integration Engineer）	4
		10	麒麟操作系统应用系统集成专家 （KOSAIEx：Kylin Operating System Application Integration Expert）	5
5	讲师序列	11	麒麟操作系统培训高级讲师 （KOSSI：Kylin Operating System Senior Instructor）	4
		12	麒麟操作系统培训金牌讲师 （KOSGI：Kylin Operating System Golden Instructor）	5

该培训认证体系从认知使用、应用开发、运行维护、系统集成等方面，全方位进行人才培养与技术体系的重塑。

麒麟操作系统的标准技术生态构建方面，已积聚了飞腾、鲲鹏、海光、兆芯、龙芯、申威等一批产品和企业，形成了一定的基础和规模；麒麟操作系统的产品测试认证体系日趋完善，上下游软硬件产品很多已获得麒麟操作系统产品认证，该认证已成为信息化、数字化建设的技术体制事实标准。

麒麟操作系统的产业生态构建方面，将在国内国际双循环的大背景下，形成万亿规模的产业机会。呈现了一个我国工业制造业快速发展的立体坐标系，让国人为我国实现重大技术装备国产化，倍感振奋与自豪！对工业发展的“中国梦”充满信心！

第 2 章　麒麟操作系统基本操作

本章主要讲述麒麟操作系统的启动、关闭、重启和休眠的操作方法，桌面和开始菜单的基本组成以及窗口管理等。

2.1　系统的启动和关闭

在使用麒麟操作系统时，用户应该掌握正确的系统启动和关闭方法。

2.1.1　系统的启动

在确保计算机的硬件正常连接的情况下，按下主机的电源键，即可启动系统。V10 版本的系统登录界面如图 2-1 所示，本书中内容均基于麒麟操作系统 V10。

在“密码”框中输入登录密码，单击右侧按钮 → 或按“Enter”键，密码验证通过后，即可成功启动系统。系统桌面如图 2-2 所示。

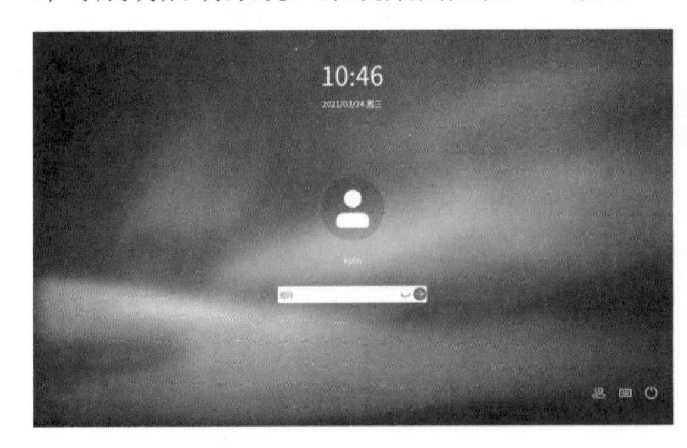

图 2-1　V10 版本系统的登录界面

图 2-2　系统桌面

2.1.2　系统的关闭

在关闭系统前，需要关闭正在运行的所有程序。关闭系统的方法如下：单击“开始”菜单按钮，单击“电源”按钮，如图 2-3 所示，打开“关闭系统”界面，如图 2-4 所示。该界面中共有七个按钮，分别是：“切换用户”、“休眠”、“睡眠”、“锁屏”、“注销”、“重启”和“关机”。单击最后的“关机”按钮，即可关闭系统。

图 2-3　单击"开始"菜单按钮，单击"电源"按钮

图 2-4　"关闭系统"界面

2.2　系统的重启和休眠

用户可根据需要重启系统，或者使计算机进入休眠模式。

2.2.1　系统的重启

系统的重启是指重新打开计算机并且重新装载操作系统。计算机在运行过程中，如果安装了新软件或硬件，或者软件运行过程中遇到问题没有回应时，均需要重启系统。

单击"开始"菜单按钮，单击"电源"按钮，打开"关闭系统"界面，如图 2-4 所示。单击"重启"按钮，即可重启系统。

2.2.2　系统的休眠

用户如果暂停使用计算机，可以使计算机进入休眠模式。单击"开始"菜单按钮，单击"电源"按钮，打开"关闭系统"界面，如图 2-4 所示。单击"休眠"按钮，系统就进入休眠模式。

2.3　桌面

进入麒麟操作系统后，用户首先看到的画面就是桌面。桌面主要包括桌面背景、桌面图标和任务栏等，如图 2-5 所示。

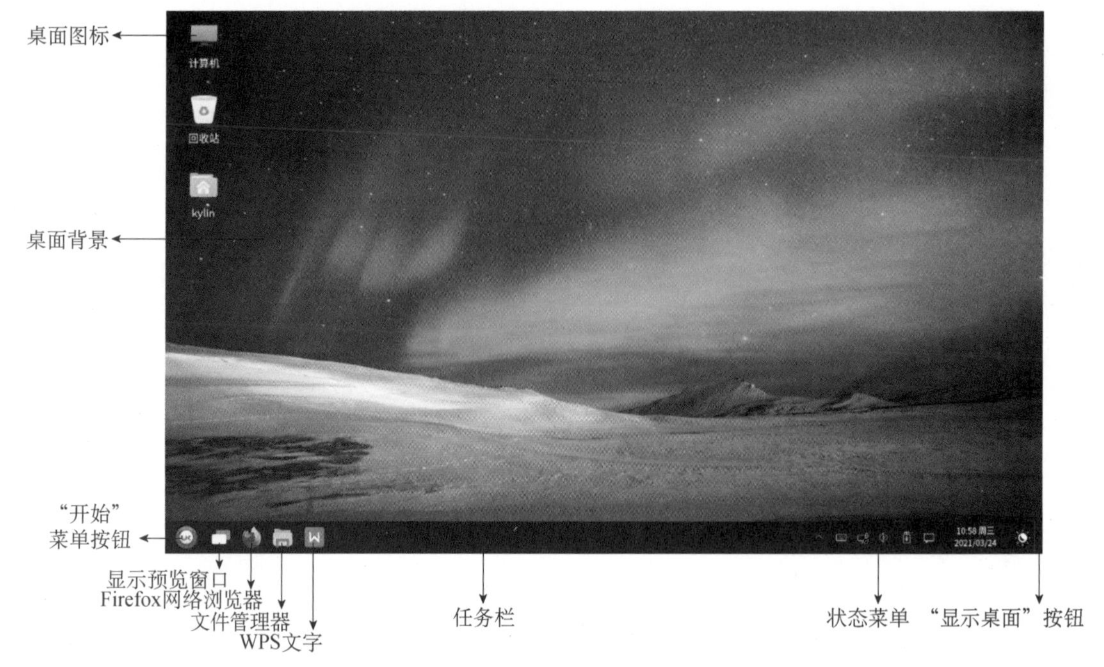

图 2-5　系统桌面的基本组成

2.3.1　桌面背景

桌面背景是系统桌面所使用的背景图片，桌面背景让系统看起来更美观且更有个性。系统自带了很多背景图片，用户可以根据自己的喜好从中选择图片来更换桌面背景，还可以设置背景图片的放置方式。

2.3.2　桌面图标

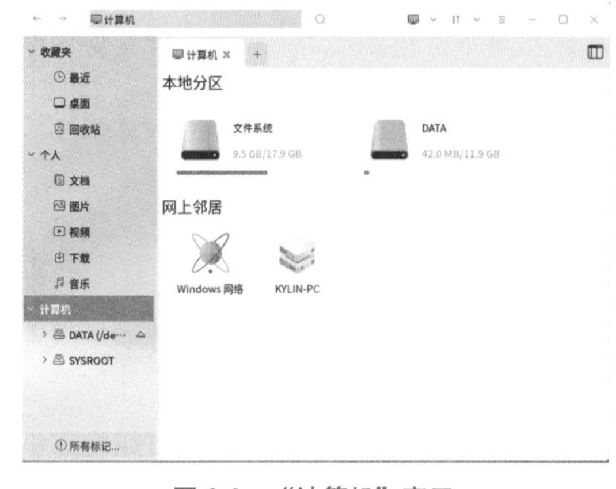

图 2-6　“计算机”窗口

桌面图标是指在计算机桌面上排列的具有明确指代含义的计算机图形，所有的文件、文件夹和应用程序都由形象化的图标表示。用户可以根据需要添加或删除桌面图标，以及对桌面图标进行大小和排列方式的个性化设置。

麒麟操作系统的桌面上默认放置了“计算机”“回收站”“kylin”三个图标。双击桌面图标，可以打开相应的文件、文件夹或应用程序。例如双击“计算机”图标，即可打开“计算机”窗口，如图 2-6 所示。

2.3.3　任务栏

任务栏是指桌面底部的长条区域，用来显示正在运行的程序、当前时间等，如图 2-5 所示。任务栏主要由“开始”菜单按钮、显示预览窗口、Firefox 网络浏览器、文件管理器、

WPS 文字、任务栏、状态菜单和“显示桌面”按钮组成。

“开始”菜单按钮用于弹出系统菜单，可查找应用程序和文件。显示预览窗口用于同时预览多个打开的窗口。Firefox 网络浏览器用来提供便捷安全的上网方式。文件管理器可浏览和管理系统中的文件。WPS 文字集编辑与打印为一体，具有丰富的全屏幕编辑功能，而且还提供了各种控制输出格式及打印功能，使打印出的文稿既美观又规范，基本上能满足文字工作者编辑、打印各种文件的需要。任务栏显示正在运行的程序或打开的文档，可进行关闭窗口、窗口置顶操作。状态菜单包含输入法、电源、声音等的设置。单击“显示桌面”按钮可以最小化桌面上的所有窗口，返回桌面；再次单击将还原窗口。

2.4　“开始”菜单

单击桌面左下角的“开始”菜单按钮，打开“开始”菜单，如图 2-7 所示。

图 2-7 中的“开始”菜单左侧显示的是系统中安装的所有软件。右侧边上方的三个按钮、、提供三种分类方式：“所有软件”“字母排序”“功能分类”。

“所有软件”：按照使用频率列出系统中所有软件，并支持将软件固定至前端，不受使用频率影响。

“字母排序”：根据中文首字母分类显示系统中所有软件，并支持按字母导航。

“功能分类”：根据功能分类显示系统中所有软件，包括移动软件、网络、社交、影音、开发、图像、游戏、办公、教育、系统和其他等类别。

单击“计算机”按钮即可进入用户的个人文件夹。“设置”中默认提供了常用的配置项，可进行系统设置和硬件配置等相关操作。

用户还可以在“开始”菜单上方的搜索框中输入应用程序的关键字，快速搜索应用程序。

图 2-7　“开始”菜单

2.5　窗口管理

窗口是桌面上与一个应用程序相对应的矩形区域，是用户与产生该窗口的应用程序之间进行交互的可视化界面。当用户运行一个应用程序时，该应用程序就会创建并显示一个窗口。用户操作窗口中的对象时，程序就会做出相应的反应。用户可以通过关闭窗口来终止该程序的运行。当运行多个应用程序时，可通过选择相应的应用程序窗口来选择相应的应用程序。用户也可以改变窗口的大小、调整窗口的位置等。文件管理器的窗口如图 2-8（a）所示，该窗口由工具栏和地址栏、侧边栏、文件夹标签预览区、窗口区和状态栏组成。不同应用程序的窗口存在差异，如 Firefox 网络浏览器的窗口如图 2-8（b）所示，该窗口主要由标题栏、地址栏等组成。

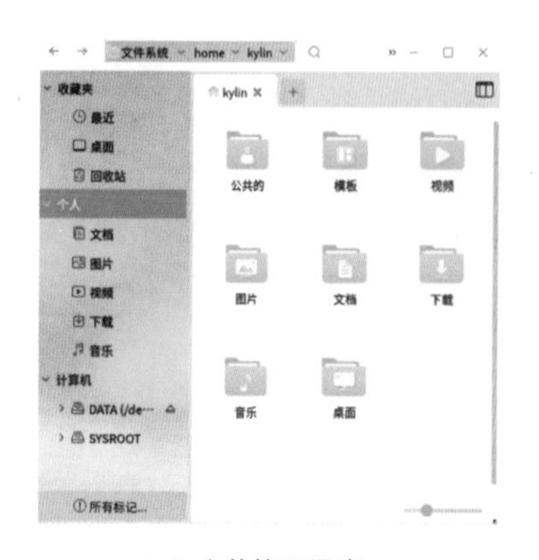

（a）文件管理器窗口

（b）Firefox 网络浏览器窗口

图 2-8　文件管理器窗口、Firefox 网络浏览器窗口

2.5.1　打开窗口

窗口的打开方式有以下三种。

方法一：双击应用程序的图标，即可打开窗口。

方法二：在“开始”菜单列表中单击应用程序的图标，打开窗口。

方法三：右键单击应用程序的图标，在弹出的快捷菜单中选择“打开”选项，如图 2-9 所示。

图 2-9　以右键单击应用程序图标的方式打开窗口

2.5.2　窗口的最小化、最大化和关闭

窗口最上方右上角三个按钮 - □ × 分别是“最小化”“最大化”“关闭”按钮，单击按钮可以执行相应的操作。

（1）最小化窗口

如果当前不需要在桌面上显示窗口，也不想关闭窗口，则可以将其最小化，使其缩小到任务栏中。

单击窗口中的“最小化”按钮，则窗口出现在任务栏中。如图 2-10 所示，文件管理器窗口被最小化了。

图 2-10　最小化窗口

当需要再次打开窗口时，单击任务栏中的相应程序图标即可恢复显示窗口。

（2）最大化窗口

首次打开窗口时，默认情况下窗口为正常显示状态，此时可对窗口进行最大化操作，将窗口放大至整个屏幕，如图 2-11 所示。最大化后的窗口最上方右侧的三个按钮 - ▫ ×，分别是“最小化”“还原”“关闭”按钮。要使窗口最大化有以下两种方法。

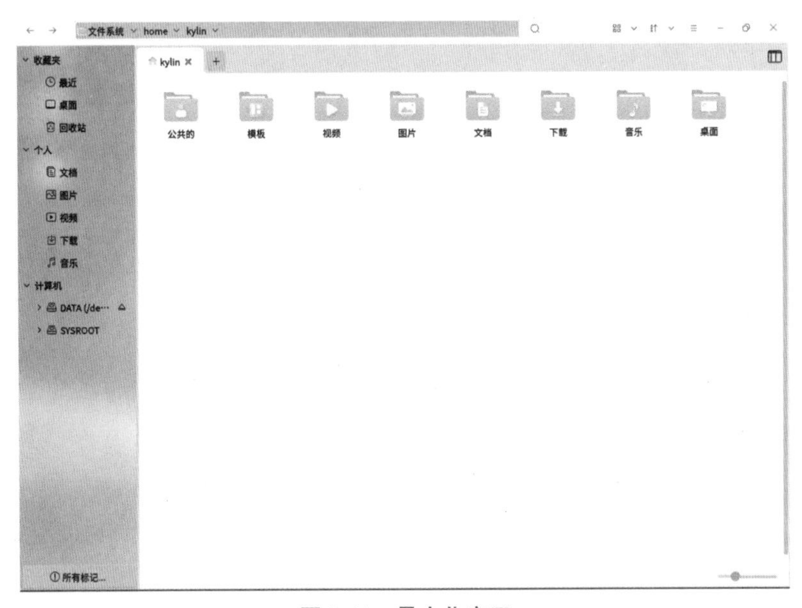

图 2-11　最大化窗口

方法一：单击窗口中的“最大化”按钮，即可将窗口最大化。

方法二：双击标题栏，也可将窗口最大化。

（3）还原窗口

将窗口最大化后，可以通过“还原”按钮将窗口还原到最初状态。还原窗口有以下两种方法。

方法一：窗口处于最大化时，单击“还原”按钮，即可将窗口还原成最大化前的状态。

方法二：双击最大化后的标题栏，也可还原窗口。

（4）关闭窗口

应用程序使用完毕后，需要将其窗口关闭。关闭窗口有以下两种方法。

方法一：单击窗口最上方右侧的“关闭”按钮 × ，即可关闭窗口。

方法二：在任务栏上右键单击需要关闭的程序图标，在弹出的快捷菜单中选择“关闭”选项，如图 2-12 所示。

图 2-12　使用任务栏关闭窗口

2.5.3　侧边滑动窗口内容

当窗口中显示的内容超过窗口的大小时，会出现滚动条，滚动条分为垂直滚动条和水平滚动条。

图 2-13 垂直滚动条

如果窗口中垂直方向显示的内容超过窗口的大小，会出现垂直滚动条。如果窗口中水平方向显示的内容超过窗口的大小，会出现水平滚动条。当窗口中垂直和水平方向显示的内容都超过了窗口的大小，则同时出现垂直滚动条和水平滚动条。垂直滚动条如图 2-13 所示。

单击滚动条，按住鼠标左键不放，拖动滚动条可以滚动查看窗口中的内容；或者单击滚动条上下/左右的空白区域，也可滚动查看窗口中的内容。

2.5.4 切换当前窗口

如果同时打开了多个窗口，这些窗口会重叠在一起，用户有时会需要在各个窗口之间进行切换操作。切换窗口的方式有以下三种。

方法一：如果从当前窗口切换到其他窗口，则使用鼠标在需要切换的窗口中的任意位置单击，该窗口即可出现在所有窗口的最前面，窗口切换前后的效果如图 2-14 和图 2-15 所示。

图 2-14 窗口切换前

图 2-15 窗口切换后

方法二：在任务栏上单击窗口图标，则该窗口会出现在所有窗口的最前面，如图 2-16 所示。如果同类型的窗口标签被合并在同一个图标下，那么单击该图标，可弹出该图标下隐藏的所有窗口缩略图，单击要切换到的窗口，该窗口即置于最前面，如图 2-17 所示。

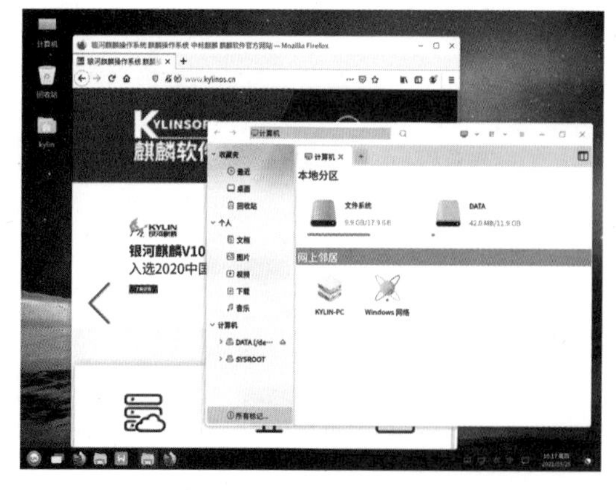

图 2-16 单击任务栏上的窗口标题切换窗口

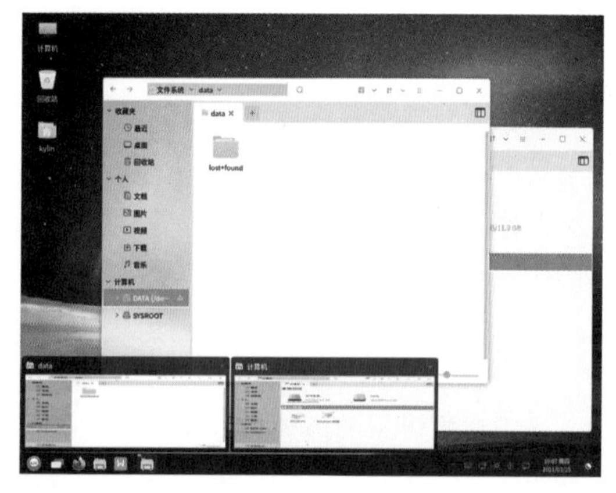

图 2-17 切换同一类型的窗口

方法三：使用“Alt+Tab”组合键切换窗口。按住“Alt”键不放，每按一次“Tab”键，就会切换一次窗口，直至切换到需要打开的窗口后，松开“Alt”和“Tab”键，则需要的窗口就出现在所有窗口的最前面。

2.5.5　移动窗口

用户可以根据需要移动窗口到合适的地方。将光标放在需要移动的窗口的标题栏处，按住鼠标左键不放，这时箭头变成形状，如图 2-18 所示，可将窗口拖曳到目标位置，松开鼠标，即可完成窗口的移动。

需要注意的是，窗口最大化时不能移动窗口。

图 2-18　移动窗口

2.5.6　调整窗口的大小

默认情况下，打开的窗口大小与上次关闭时的大小一样。窗口的大小有时不一定符合用户的要求，用户除使用“最小化”“最大化/还原”按钮改变窗口大小外，还可以通过拖曳鼠标的方式调整窗口的大小。

将鼠标指针移动到窗口的四个角，鼠标指针在左上角、右上角、左下角、右下角会分别变为形状、、、，按住鼠标左键不放，拖曳鼠标，可沿水平或垂直两个方向放大或缩小窗口，待窗口大小满足用户需求，松开鼠标即可。

如图 2-19 所示为调整前的窗口，将光标移到窗口的右下角，鼠标指针变为形状，按住鼠标左键不放，向下拖曳鼠标，则窗口沿着垂直方向放大；向右拖曳鼠标，则窗口沿着水平方向放大；向右下角拖曳鼠标，则窗口沿着水平和垂直方向同时放大。待窗口大小符合要求后，松开鼠标，如图 2-20 所示为调整后的窗口。当鼠标指针在窗口的右下角变为时，按住鼠标左键不放，向上拖曳鼠标，则窗口沿着垂直方向缩小；向左拖曳鼠标，则窗口沿着水平方向缩小；向左上角拖曳鼠标，则窗口沿着水平和垂直方向同时缩小。

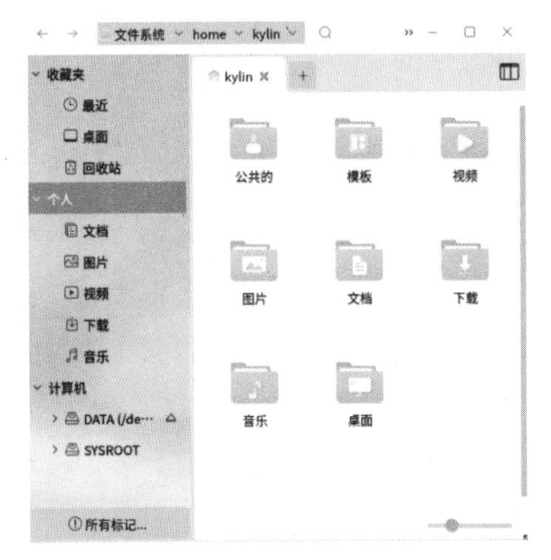

图 2-19　调整前的窗口

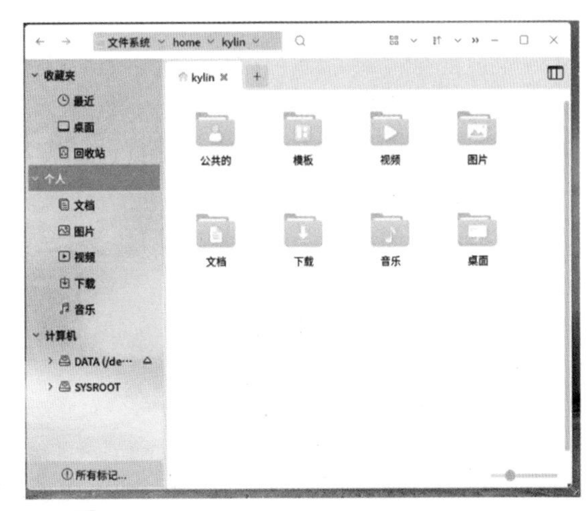

图 2-20　调整后的窗口

将光标移到窗口的右上角，鼠标指针变为形状⤢，按住鼠标左键不放，向上拖曳鼠标，则窗口沿着垂直方向放大；向右拖曳鼠标，则窗口沿着水平方向放大；往右上角拖曳鼠标，则窗口沿着水平和垂直方向同时放大。向下拖曳鼠标，则窗口沿着垂直方向缩小；向左拖曳鼠标，则窗口沿着水平方向缩小；向左下角拖曳鼠标，则窗口沿着水平和垂直方向同时缩小。

将光标移到窗口的左下角，鼠标指针变为形状⤢，按住鼠标左键不放，向下拖曳鼠标，则窗口沿着垂直方向放大；向左拖曳鼠标，则窗口沿着水平方向放大；向左下角拖曳鼠标，则窗口沿着水平和垂直方向同时放大。按住鼠标左键不放，向上拖曳鼠标，则窗口沿着垂直方向缩小；向右拖曳鼠标，则窗口沿着水平方向缩小；向右上角拖曳鼠标，则窗口沿着水平和垂直方向同时缩小。

也可将鼠标移动到窗口的上下左右四个边缘处，鼠标指针分别变为形状↕、↔、↕、↔。按住鼠标左键不放，拖曳鼠标，可从上下左右四个方向以纵向或横向来改变窗口大小，待窗口大小满足用户需求，松开鼠标即可。

如图 2-21 所示，将光标移到窗口上方边缘，鼠标指针变为形状↕，按住鼠标左键不放，向上拖曳鼠标，则窗口纵向放大，放大后的窗口如图 2-22 所示；向下拖曳鼠标，则窗口沿纵向缩小。

将光标移到窗口下方边缘，鼠标指针变为形状↕，按住鼠标左键不放，向下拖曳鼠标，则窗口沿纵向放大；向上拖曳鼠标，则窗口沿纵向缩小。

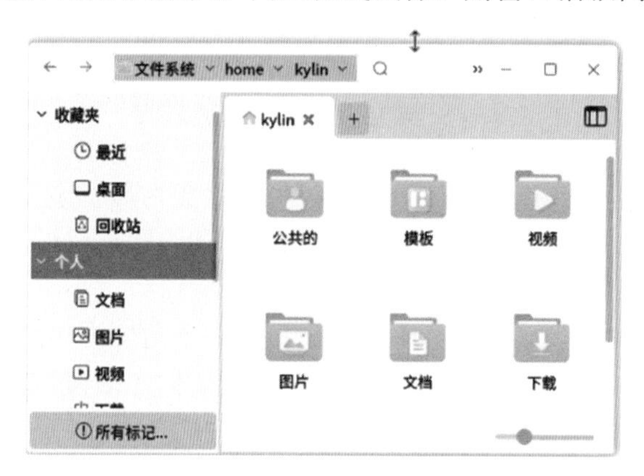

图 2-21　原始窗口

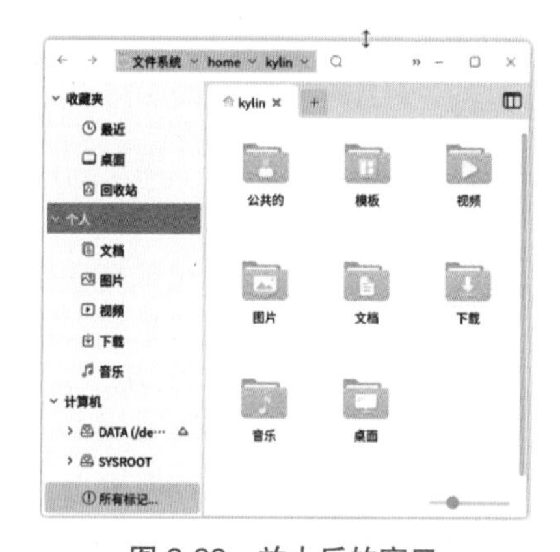

图 2-22　放大后的窗口

将光标移到窗口左侧边缘，鼠标指针变为形状↔，按住鼠标左键不放，向左拖曳鼠标，则窗口沿横向放大；向右拖曳鼠标，则窗口沿横向缩小。

将光标移到窗口右侧边缘，鼠标指针变为形状↔，按住鼠标左键不放，向右拖曳鼠标，则窗口沿横向放大；向左拖曳鼠标，则窗口沿横向缩小。

注意，将鼠标指针移到窗口的左右边框上进行拖动时，只能改变窗口的宽度；将鼠标指针移到窗口的上下边缘处进行拖曳时，只能改变窗口的高度；只有将鼠标指针置于窗口的四个角上进行拖曳时，才能同时改变窗口的高度和宽度。

2.6　本章任务

用户可以根据需求对窗口进行不同方式的排列，以便快速查找和查看窗口。

2.6.1　层叠排列窗口

打开多个窗口时，为了避免重叠且能快速找到其中的一个窗口，可以对它们进行排列。通过 2.5.6 节中的方法将每个窗口调整到合适的大小，然后层叠排列起来，如图 2-23 所示，这样很容易看到打开的窗口标题。在窗口标题上单击鼠标，该窗口即置于最前面。

图 2-23　层叠排列窗口

2.6.2　并排排列窗口

如需同时查看多个窗口，可以将窗口并排排列。例如，将鼠标指针放在如图 2-23 所示的“kylin”窗口的右上角、“关闭窗口”按钮上方，鼠标指针变为形状 ，向上拖曳鼠标将窗口向上放大到屏幕顶端，再向左拖曳鼠标将窗口向左缩小至屏幕一半。将“ch5.dps”窗口移动到屏幕右侧，将鼠标放到“ch5.dps”窗口的左下角，向下拖曳鼠标使窗口放大至屏幕底端，向右拖曳鼠标使窗口缩小至屏幕一半，则这两个窗口在屏幕上并排排列，如图 2-24 所示。

图 2-24　并排排列窗口

2.6.3 显示桌面

如果当前已打开多个窗口，可通过以下三种方式显示桌面。

方法一：将窗口逐个最小化到任务栏。

方法二：逐个关闭窗口。

方法三：同时按住组合键“Windows+D”。

第3章　网络连接和浏览器设置

麒麟操作系统提供了非常方便的网络连接功能，用户只需进行简单的设置即可连接网络。另外，麒麟操作系统自带了 Firefox 浏览器，方便用户上网浏览信息。本章着重介绍网络连接和浏览器的设置。

3.1　网络连接

麒麟操作系统的网络连接包括有线网络连接和无线网络连接。有线网络连接中常用的网络设备有网卡、交换机、路由器及调制解调器等。无线网络连接中常用的设备主要包括无线网卡、无线接入点等。

3.1.1　有线网络

本节主要介绍编辑已有网络连接和新增网络连接的方法。

用户配置网络连接时，单击“开始”菜单按钮，单击“设置”按钮，进入如图 3-1 所示的界面。

图 3-1　“设置”界面

在“设置”界面中单击“网络”，出现如图 3-2 所示的网络设置界面。

在网络设置界面中单击“网络设置”按钮，出现如图 3-3 所示“网络连接”界面。用户可以编辑已有连接，也可以新增连接。若要新增连接可单击“+”按钮，出现如图 3-4 所示的界面。

在图 3-4 中需要选择要连接的网络类型，通常情况下选择“以太网”即可。单击“新建”按钮，进入编辑以太网连接界面，如图 3-5 所示。

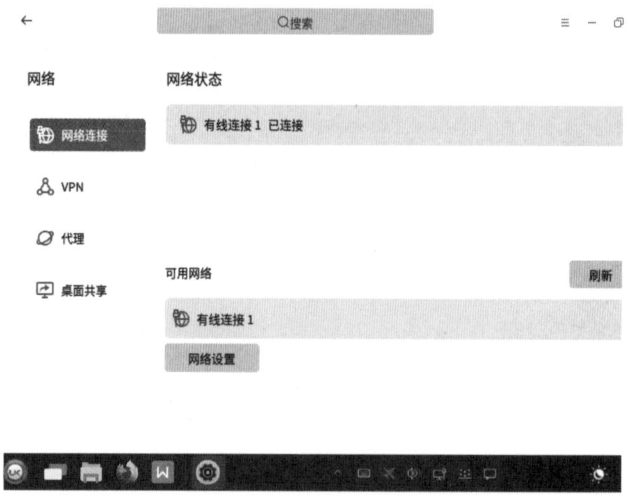

图 3-2　网络设置界面

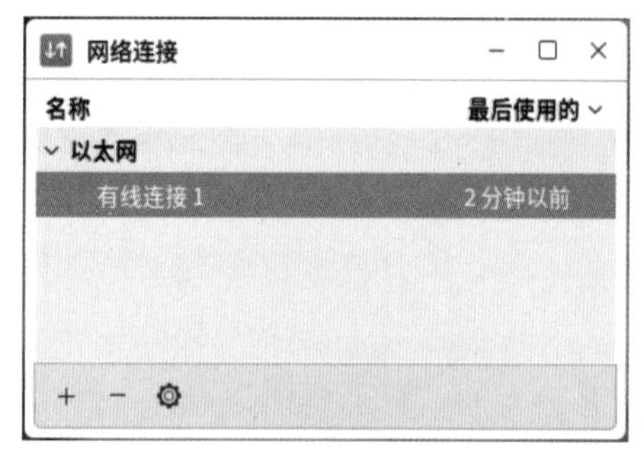

图 3-3　“网络连接”界面

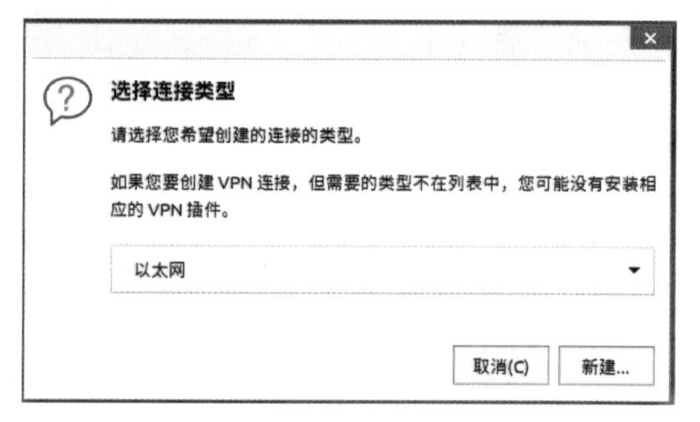

图 3-4　选择连接类型界面

单击“IPv4 设置”选项卡，进入如图 3-6 所示的 IPv4 设置界面。用户可根据实际情况选择“手动”“自动”等连接方法，在此界面中可以配置 IP、网关、DNS 等。

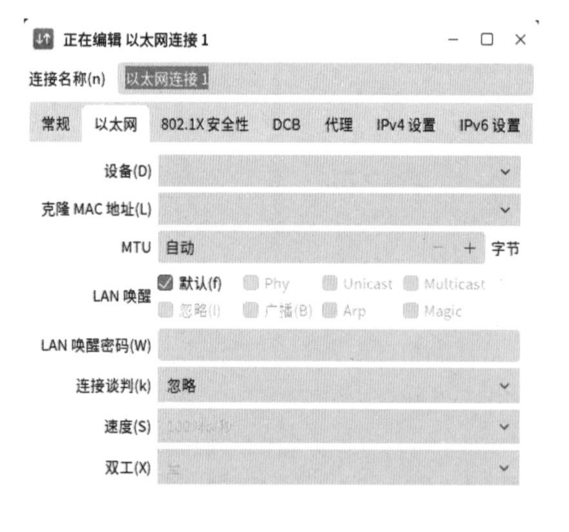

图 3-5　编辑以太网连接界面

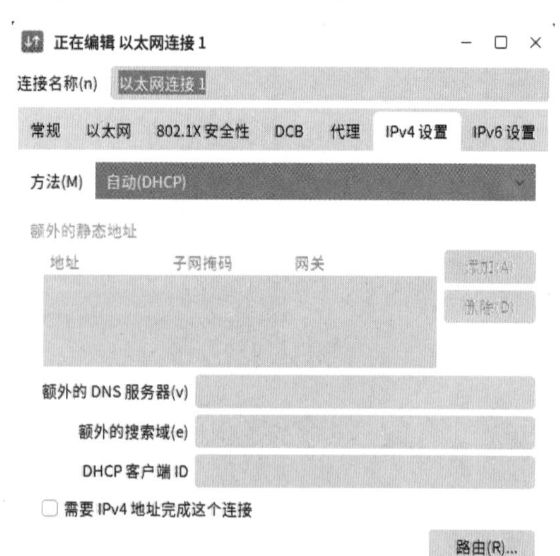

图 3-6　IPv4 设置界面

若选择手动配置 IP 地址，可在如图 3-6 所示的“方法”下拉列表中选择“手动”，然后单击“添加”按钮，在地址栏内输入地址、子网掩码、网关等信息，还可以根据当前网络来配置对应的选项，如图 3-7 所示。

为了连接多个网段，还可以在一个网卡上配置多个 IP。例如同时连接外网和局域网，可避免反复设置网络的麻烦。此功能需要这些网段的物理层是连通的。具体操作步骤如下：

步骤一：在如图 3-7 所示的界面中，增加两个不同网段的 IP 地址，如图 3-8 所示。

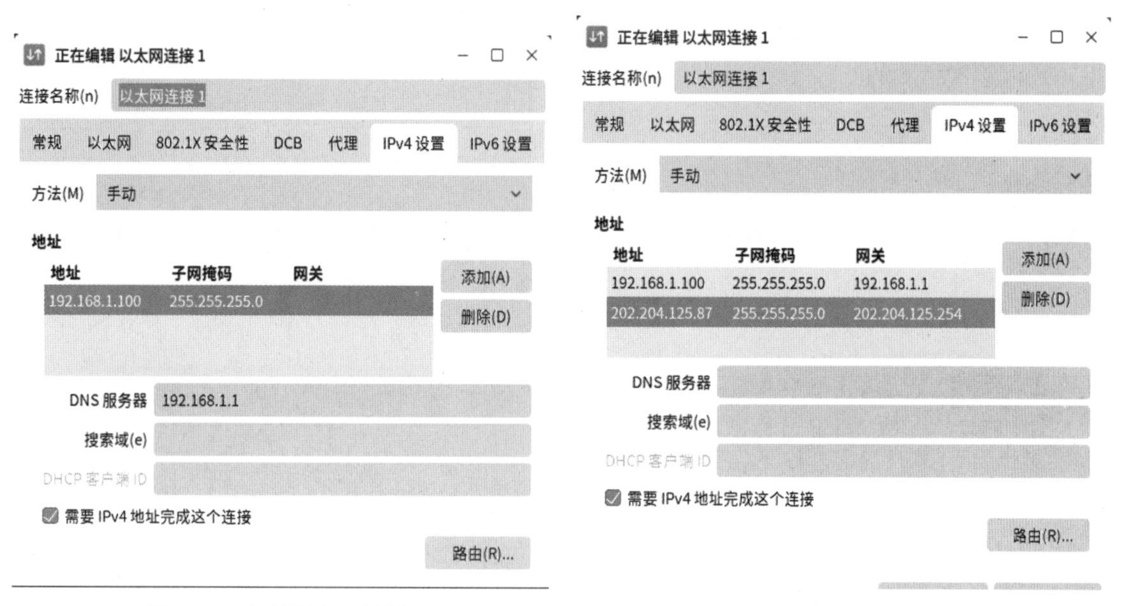

图 3-7　手动配置 IP 地址　　　　图 3-8　增加两个不同网段的 IP 地址

步骤二：单击图 3-8 中右下角的“路由”按钮，在弹出的如图 3-9 所示界面中，输入 IP 的具体信息，并勾选“仅将此连接用于相对应的网络上的资源”复选框。

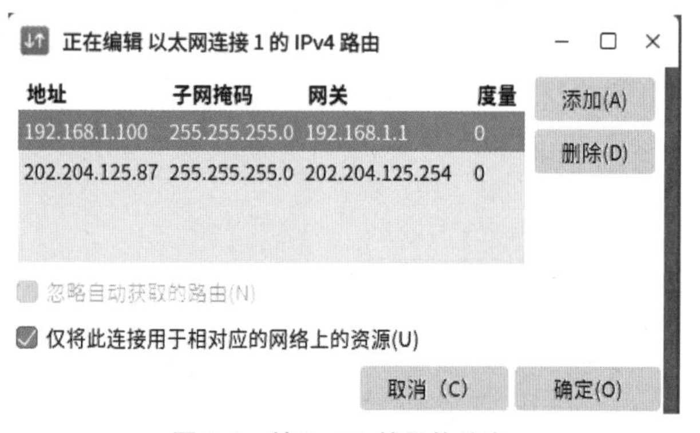

图 3-9　输入 IP 的具体信息

步骤三：单击“确定”按钮并保存后，对于不同的 IP 需要不同的 DNS，可通过单击“开始”菜单按钮，选择“终端”选项，打开终端并执行命令“sudo vim /etc/resolv.conf”，修改并保存 DNS 配置文件，如图 3-10 和图 3-11 所示。

图 3-10　打开终端并执行命令

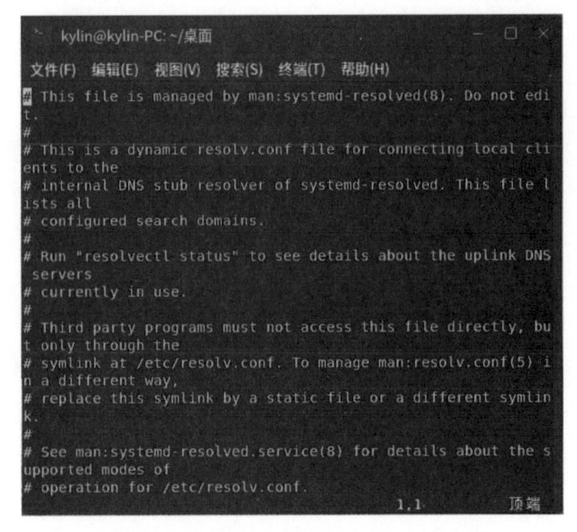

图 3-11　修改并保存 DNS 配置文件

3.1.2　无线网络

在如图 3-3 所示的“网络连接”界面中，单击“+”按钮，进入选择连接类型界面，选择“Wi-Fi”选项，如图 3-12 所示。

在图 3-12 中单击“新建”按钮，进入如图 3-13 所示的设置 Wi-Fi 连接界面，用户可输入服务集标识 SSID、模式（客户端、热点、Ad-hoc）、基本服务集 BSSID 及设备等信息。单击“IPv4 设置”选项卡，可设置自动或手动方式。

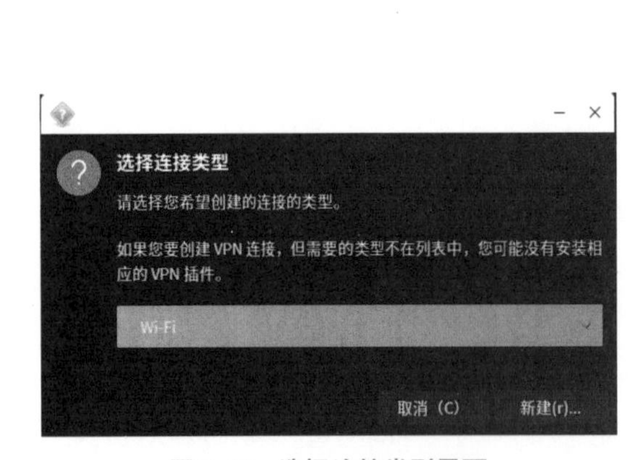

图 3-12　选择连接类型界面

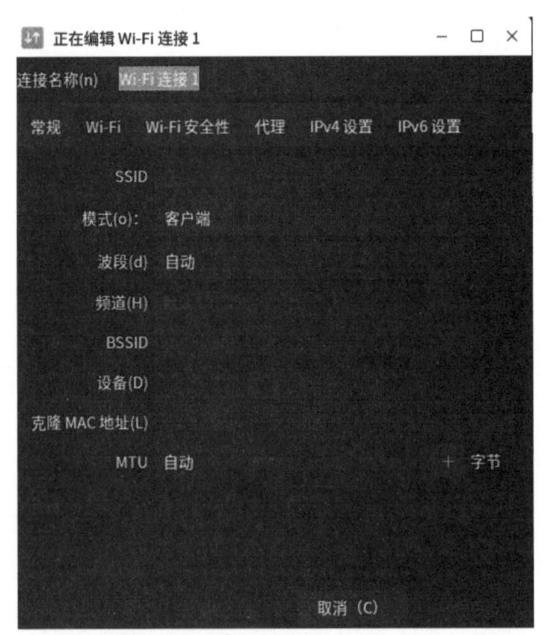

图 3-13　设置 Wi-Fi 连接界面

3.2　Firefox 浏览器操作与使用

Firefox 浏览器又称火狐浏览器。本节主要介绍浏览器的启动方法、基本设置及使用技巧。

3.2.1　启动浏览器

浏览器的启动方法有以下两种。

方法一：单击任务栏上的 Firefox 网络浏览器图标。

方法二：选择“开始”→“Firefox 网络浏览器”菜单，出现如图 3-14 所示的 Firefox 网络浏览器。

图 3-14　Firefox 网络浏览器

3.2.2　浏览网页

打开浏览器后默认的网址是 http://www.kylinos.cn/，如图 3-15 所示。

图 3-15　Firefox 网络浏览器默认网址

如需浏览网页，可在地址栏中输入具体的网址，如“http://m.bjfu.edu.cn”，如图 3-16 所示。

图 3-16　浏览网页

3.2.3　Firefox 浏览器基本设置

单击浏览器右上角“打开菜单”按钮，可对浏览器进行基本设置，包括“新建窗口”“首选项”等。“打开菜单”界面如图 3-17 所示。

（1）“保护信息面板”按钮。单击该按钮进入保护信息面板，可对当前浏览的信息进行保护及设置在线安全的个性化工具，如图 3-18 所示。

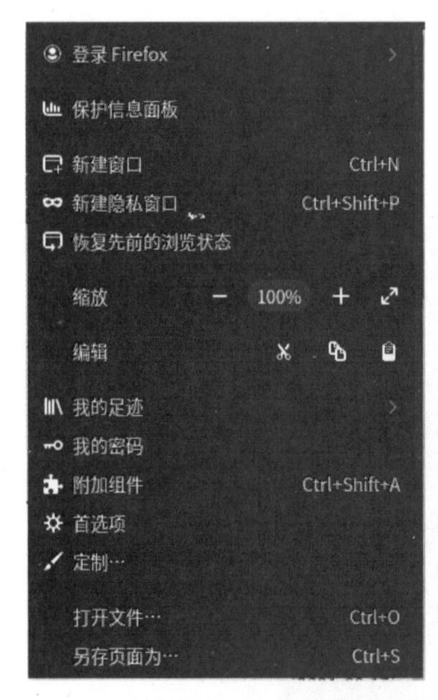

图 3-17　浏览器的“打开菜单”界面

图 3-18　保护信息面板

（2）“新建窗口”按钮。可添加一个新的浏览器窗口。

（3）“新建隐私窗口”按钮。可启动隐私浏览器，对用户浏览的信息进行安全保护，如图 3-19 所示。

图 3-19　隐私浏览器

（4）“我的足迹”按钮。可查看收藏的网址、浏览历史和下载项，可显示曾经浏览的页面信息。

（5）“我的密码”按钮。可查看保存在 Firefox 浏览器中的密码。

（6）“附加组件”按钮。可为当前的浏览器添加各类组件。Firefox 推荐的附加组件在安全性、性能和功能等方面表现优秀。“扩展”和“主题”相当于手机上的应用，可帮助保管密码、下载视频、查找优惠信息、拦截骚扰广告、改变浏览器外观等，如图 3-20 所示。

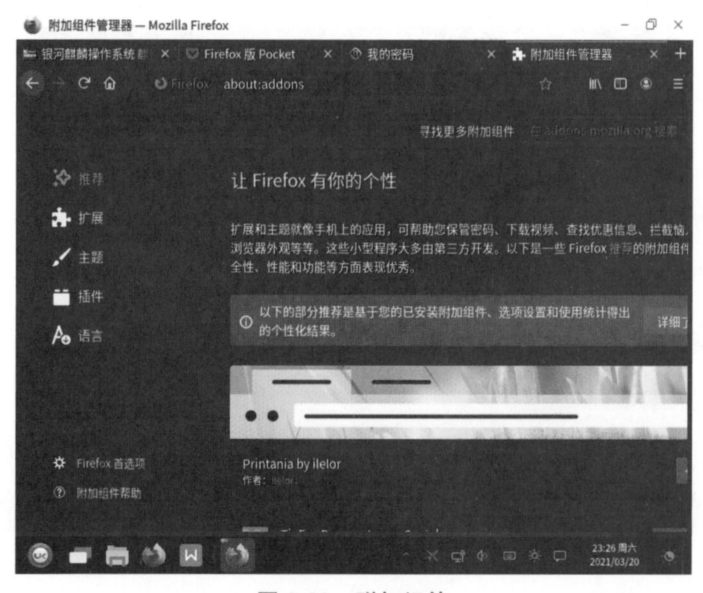

图 3-20　附加组件

（7）“首选项”按钮。可设置浏览器的参数，相当于 IE 浏览中的“Internet 选项”设置。“首选项”设置包括“常规”“主页”“搜索”“隐私与安全”“同步”选项，如图 3-21 所示。

（8）“定制”按钮。可自由定制浏览器的各种功能。

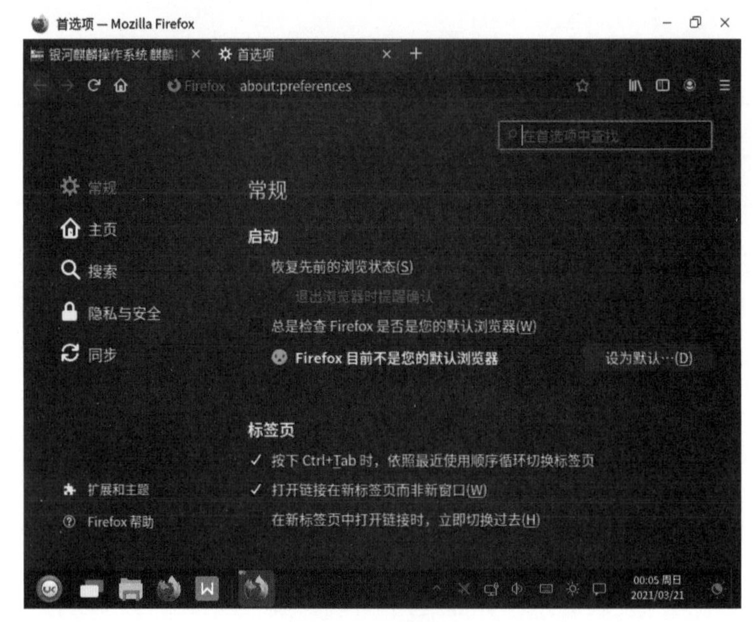

图 3-21　首选项

3.2.4　浏览器使用技巧

打开 Firefox 浏览器，按 F10 功能键，页面最上方会出现菜单栏，如图 3-22 所示。浏览器菜单栏中包括七个菜单项，分别是“文件”“编辑”“查看”“历史”“书签”“工具”“帮助”，用户可以根据需要进行相关的操作。

图 3-22　菜单栏

在同一个浏览器窗口中可以同时打开多个窗口，而不用打开另一个全新的窗口。分页浏览的方法有以下两种。

方法一：单击“文件”下拉菜单，选择“新建标签页”选项。

方法二：右键单击任何一个标签，并选择“在新建标签页打开链接”选项。

启动 Firefox 浏览器并单击“查看”下拉菜单，选择“缩放”选项，单击“放大”或“缩小”，可改变当前窗口的大小。另外，也可以采用以下方法来改变字体的大小。

方法一：按下“Ctrl + +”组合键可以增大网页中文字的大小。

方法二：按下“Ctrl + -”组合键可以缩小网页中文字的大小。

方法三：按下“Ctrl + 0”组合键可以把网页中的文字恢复正常。

在 Firefox 浏览器窗口中单击“工具”下拉菜单，选择“Web 开发者”选项，单击“页面源代码”可查看网页的源代码。另外，还可以查看网页局部的源代码，选中要查看源代码的部分，单击右键选择“查看选中部分源代码”，弹出显示源代码的界面，其中选中的部分即网页中选中部分的源代码。

在 IE 浏览器中只能设置一个网页为首页，Firefox 浏览器则可以设置多个首页。首先用 Firefox 浏览器打开要设置为首页的多个网站，然后单击“编辑”下拉菜单，选择“首选项”选项，出现如图 3-23 所示的界面，最后单击“使用当前所有页面”按钮，即可将当前打开的几个页面同时作为首页。

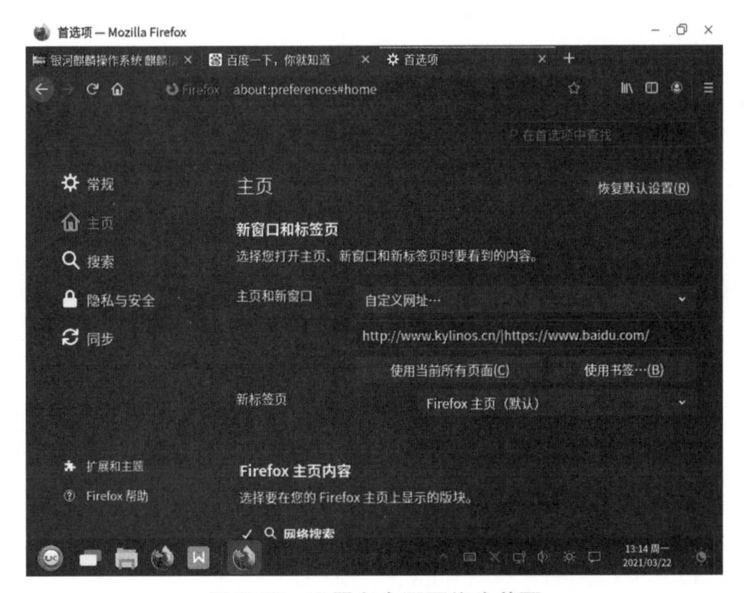

图 3-23　设置多个网页作为首页

在浏览器的地址栏中输入“about:config”，可以在屏幕上显示所有的配置，如图 3-24 所示。

（1）加快页面加载速度

如果使用宽带网，可以通过 Pipelining 技术来加快页面加载速度，这样可以允许同时加载多个页面。具体方法如下：

方法一：将“network.http.pipelining”项设置为“true”。

方法二：将“network.http.proxy.pipelining”项设置为“true”。

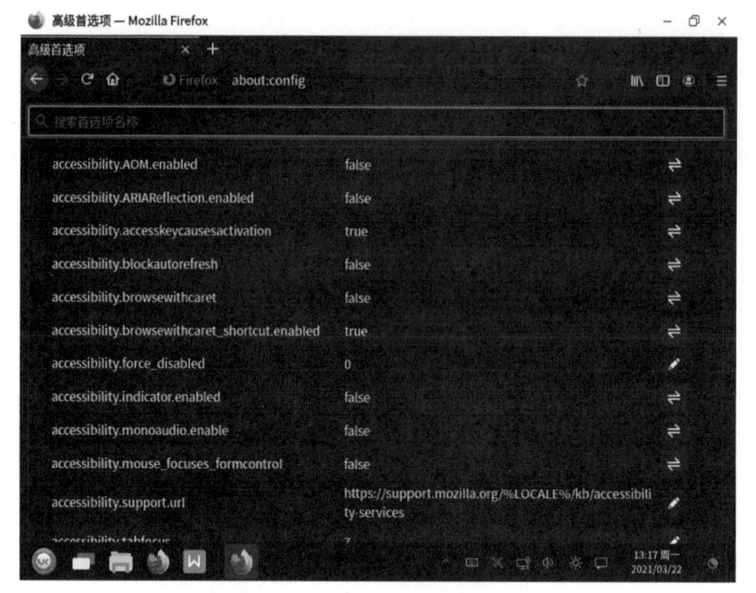

图 3-24　显示浏览器的配置

方法三：给“network.http.pipelining.maxrequests”项输入数值，如“30”，可以同时加载 30 个链接。

（2）限制内存的使用

如果 Firefox 占用大量计算机内存，可以限制 RAM 的使用。具体方法如下：

将“browser.cache.disk.capacity”的值设置为“50000”，通常在内存是 512MB 或 1GB 的情况下推荐将其设置为“15000”。

（3）当 Firefox 最小化时减少 RAM 使用量

这个设置是在 Firefox 最小化时，使其占用很少的内存。具体方法如下：

在地址栏中输入“about:config”，单击右键从出现的快捷菜单中选择“布尔”。在新的布尔值界面中输入“config.trim_on_minimize”，并将其设定为“true”。重新打开 Firefox 后此设置生效。

（4）调整会话恢复保存频率

默认情况下，Firefox 每 15 秒保存一次会话，但用户可以更改数值，以便 Firefox 以更长的时间间隔保存会话。具体方法如下：

修改“browser.sessionstore.interval”的值，系统默认值为“15000”（以毫秒为单位，相当于 15 秒），将其设置为目标值，如“60000”（表示 1 分钟）。

（5）增加/减少磁盘缓存的数量

加载页面时，Firefox 会将其缓存到硬盘中，下次加载时无须重新下载。为 Firefox 提供的存储空间越大，它可以缓存的页面就越多。

在增加磁盘缓存之前，将“browser.cache.disk.enable”项设置为“true”，修改配置名称“browser.cache.disk.capacity”的值，默认值为“50000”（KB），当值为“0”时，禁用磁盘缓存；当值小于“50000”时，会减少磁盘缓存；当值大于“50000”时，会增加磁盘缓存。

3.3　本章任务

通过本章的学习，我们要学会有线网络的连接方法、无线网络的连接方法及浏览器的使用方法。

3.3.1　配置 IPv4 网络

单击“开始”菜单按钮，单击“设置”按钮，在“设置”界面中单击“网络”，在打开的“网络连接”界面中选择“有线连接 1”选项，单击“编辑选中的连接”按钮，在弹出的编辑网络连接界面中选择“IPv4 设置”选项，这时将进入“IPv4 设置”选项卡。对 IPv4 网络进行如下设置：IP 地址为“192.168.1.112”，子网掩码为“255.255.255.0”，网关为“192.168.1.1”，DNS 服务器为“10.26.192.1”，如图 3-25 所示。若系统处于不同的网络中，修改上述参数即可。

3.3.2　编辑 VLAN 连接

在打开的“网络连接”界面中，单击“+”按钮，弹出选择连接类型界面，在此界面中选择“VLAN”选项，并单击“新建”按钮，出现编辑 VLAN 连接 1 界面，在此界面中可设置必需的参数进行无线连接，如图 3-26 所示。在“VLAN”选项卡中，单击“上级接口”最右边的选择按钮▼，选择系统默认的参数即可。在“IPv4 设置”选项卡中，单击“方法”最右边的选择按钮▼，选择“自动”选项即可。完成设置后单击“保存”按钮。

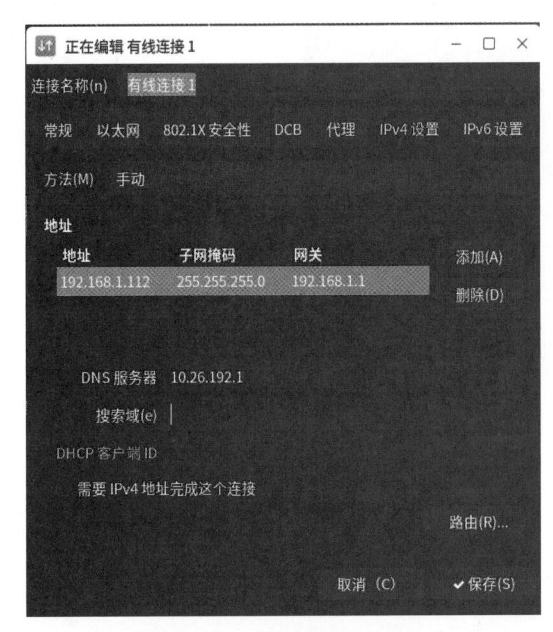

图 3-25　IPv4 网络设置

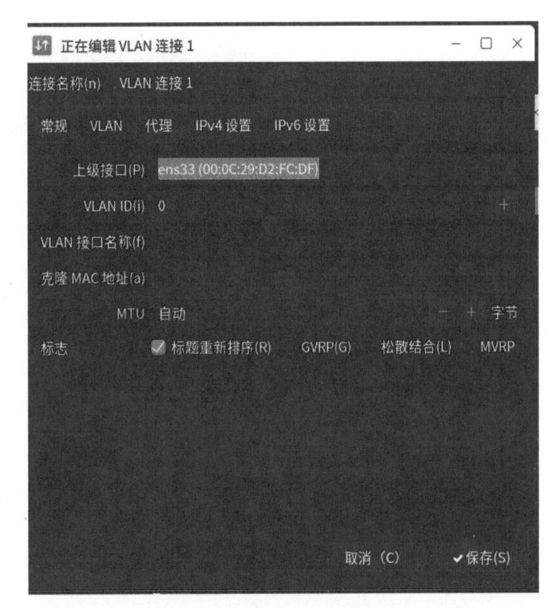

图 3-26　编辑 VLAN 连接 1

第 4 章　网络应用

麒麟操作系统附带了很多网络应用程序。本章重点介绍 BT 下载工具、FTP 客户端、麒麟传书、邮件客户端和远程桌面客户端。

4.1　BT 下载工具

在麒麟操作系统中，选择“开始”→“BT 下载工具”，打开“BT 下载工具”界面，如图 4-1 所示。首次使用该程序，需单击“确定”按钮，然后选择“开始本地会话”或“连接远程会话”，选择后单击“确定”按钮。再次使用时直接进入“BT 下载工具”界面。

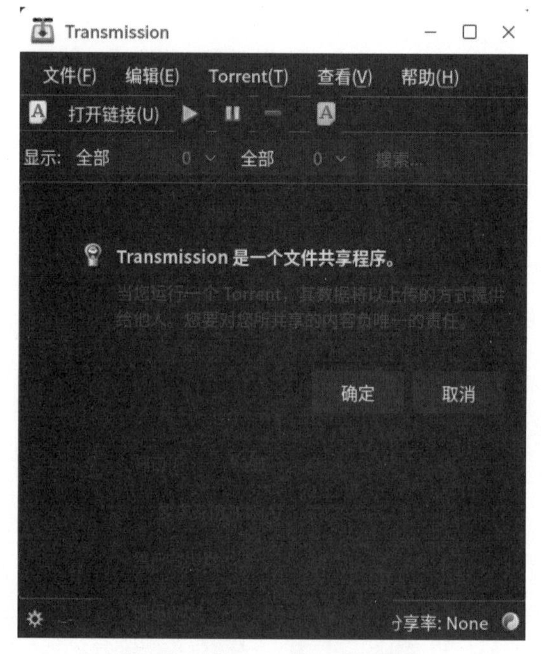

图 4-1　“BT 下载工具”界面

“BT 下载工具”界面有“文件”“编辑”“Torrent”“查看”“帮助”五个菜单。

4.1.1　“文件”菜单

“文件”菜单中有“打开”“打开链接”“新建”等选项。

（1）“打开”选项

选择“打开”选项，弹出打开界面，然后单击“打开”按钮，如图 4-2 所示。在下载文件夹中选择要下载的文件，如图 4-3 所示。

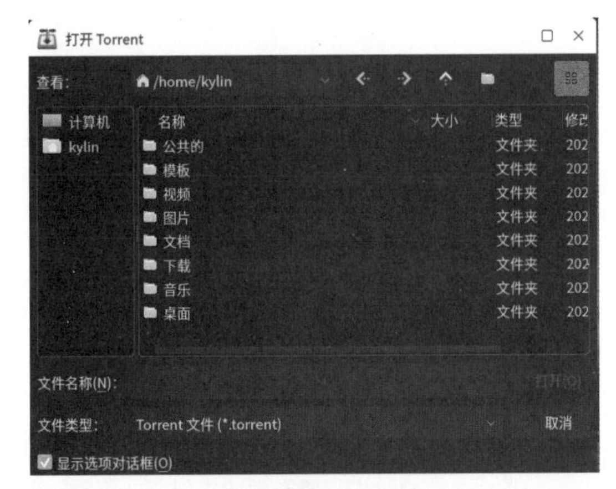

图 4-2　打开界面

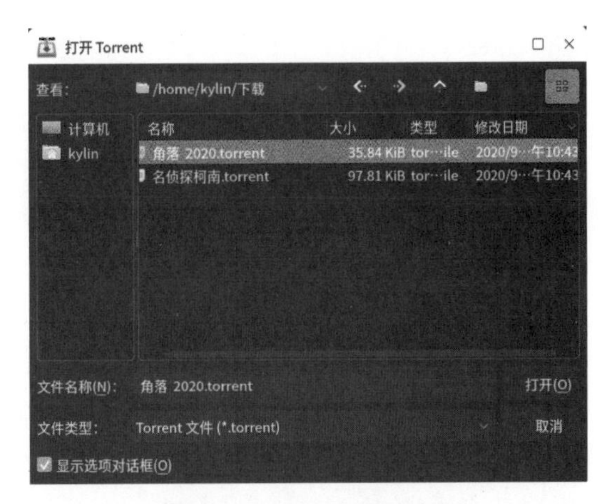

图 4-3　打开一个种子界面

单击“打开”按钮后，弹出种子选项界面，如图 4-4 所示。

选择需要下载的内容后，进入下载界面，如图 4-5 所示。

图 4-4　种子选项界面

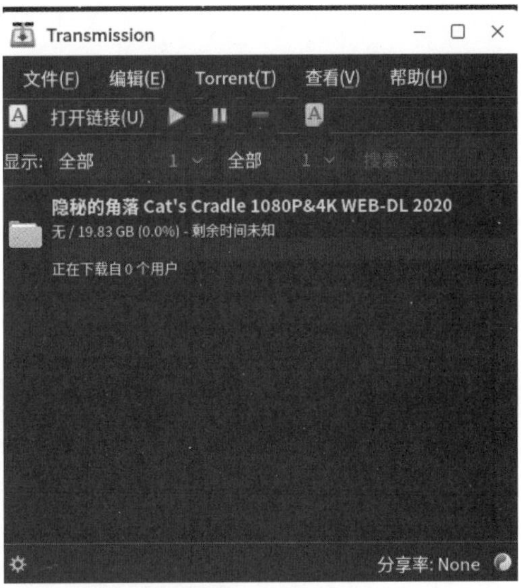

图 4-5　下载界面

(2)“打开链接”选项

在“文件”菜单中，选择“打开链接”选项后，出现“打开链接”界面，如图 4-6 所示。单击“打开”按钮后，即可下载 URL 指定的文件。

(3)“新建”选项

在“文件”菜单中，选择“新建”选项后，弹出新建种子界面，如图 4-7 所示。

选择要创建种子的源文件，单击“新建”按钮。种子文件创建成功界面如图 4-8 所示。

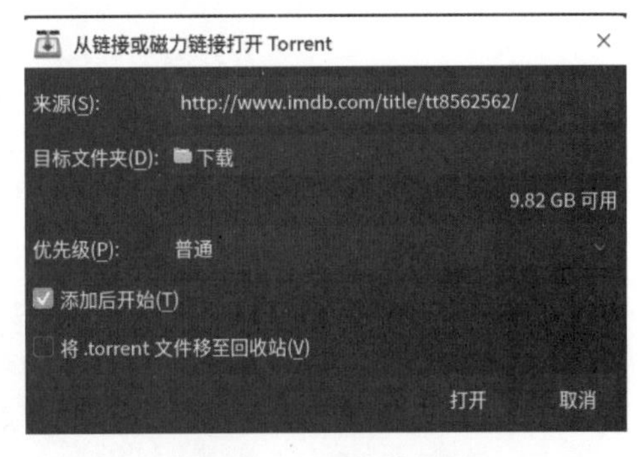

图 4-6　打开链接界面

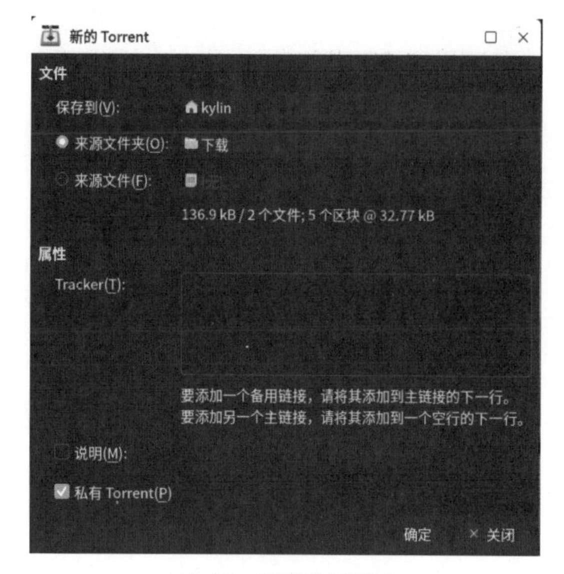

图 4-7 新建种子界面

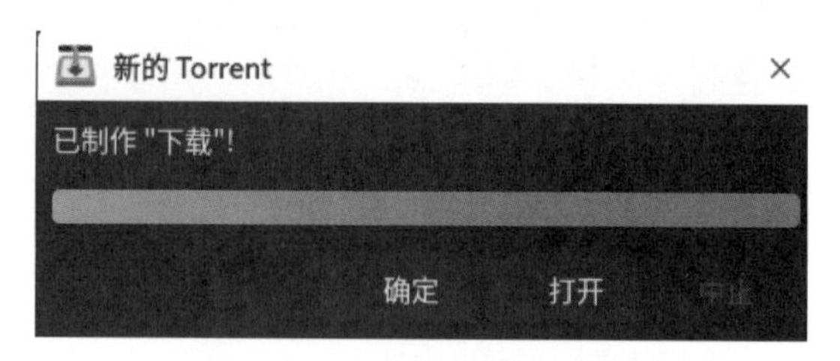

图 4-8 种子文件创建成功界面

4.1.2 “编辑”菜单

“编辑”菜单中有“全选”“取消全选”“更改会话”“首选项”等选项。“全选”和“取消全选”选项是针对正在下载的文件而言的；选择“首选项”选项时，弹出“Transmission 首选项”界面，如图 4-9 所示。该界面中包括“速度”“下载”“做种”“隐私”“网络”“桌面”“远程”选项卡。

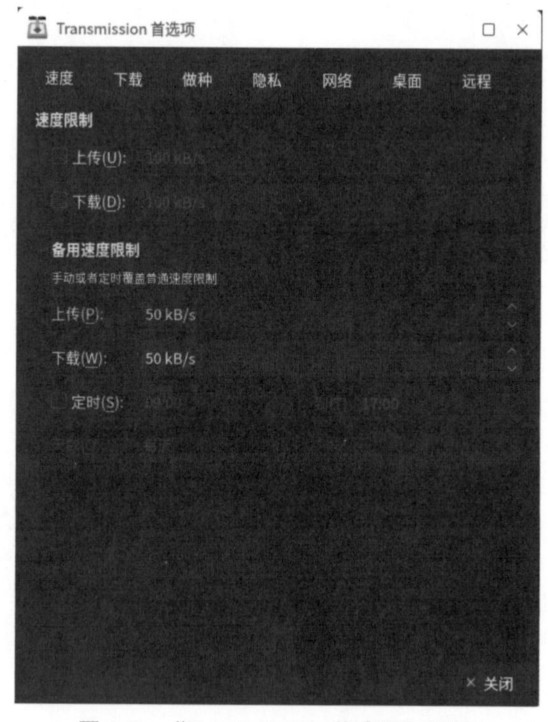

图 4-9 “Transmission 首选项”界面

4.1.3　“Torrent”菜单

“Torrent”菜单中有“属性”“打开文件夹”“开始”等选项，如图 4-10 所示。

（1）“属性”选项

选择“属性”选项，弹出显示当前正在下载文件属性的界面，如图 4-11 所示。

图 4-10　“Torrent”菜单

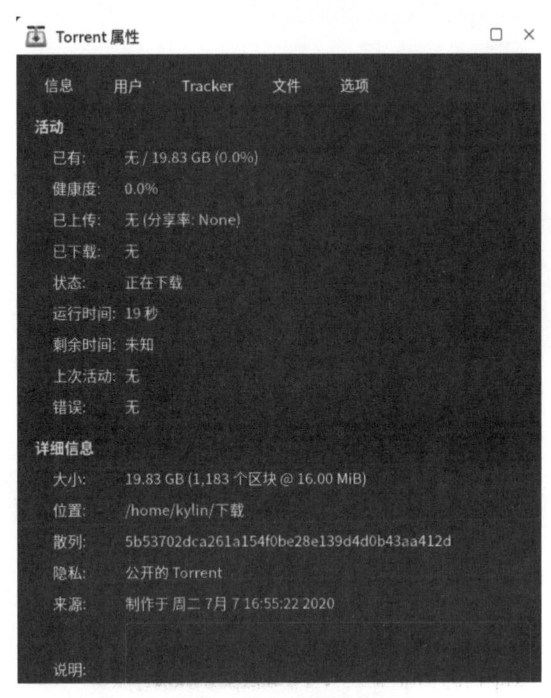

图 4-11　文件属性界面

（2）“打开文件夹”选项

选择“打开文件夹”选项，会显示当前下载文件所存放的路径，如图 4-12 所示。

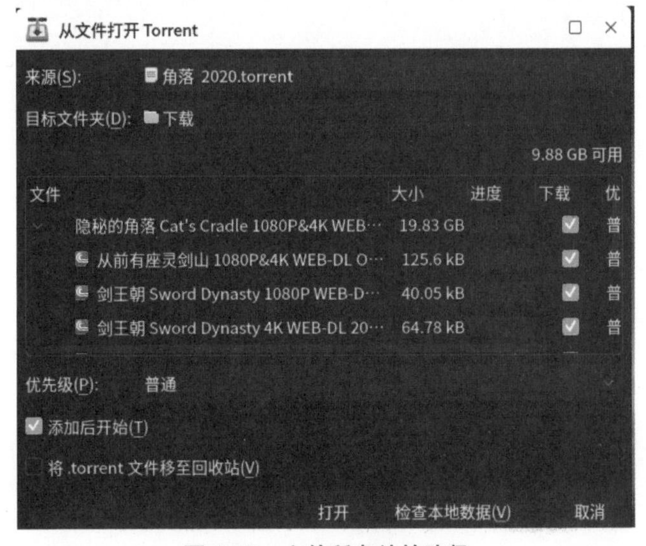

图 4-12　文件所存放的路径

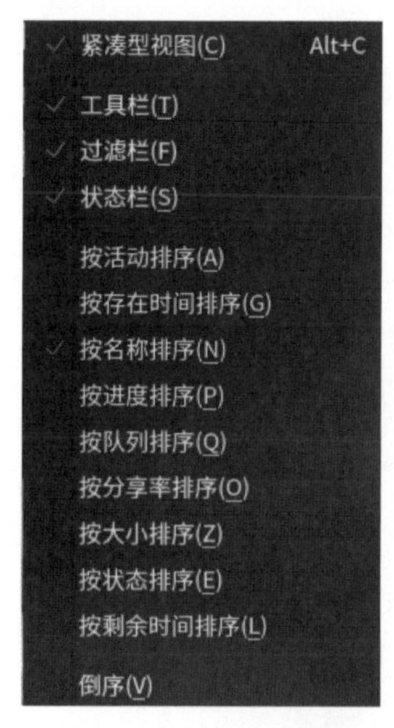

图 4-13 “查看”菜单

（3）“开始”和“删除文件并移除”选项

选择“开始”选项，可将暂停下载的文件继续下载；选择“删除文件并移除”选项，可删除选定的文件并将其移除。

4.1.4 “查看”菜单

“查看”菜单中有“工具栏”“过滤栏”“状态栏”等选项，如图 4-13 所示。

4.2 FTP 客户端

FTP 客户端是一款网络应用软件，可连接到 FTP 服务器上，进行目录、文件的上传和下载。在麒麟操作系统中，选择“开始”→“FTP 客户端”，如图 4-14 所示为“ FTP 客户端”界面。

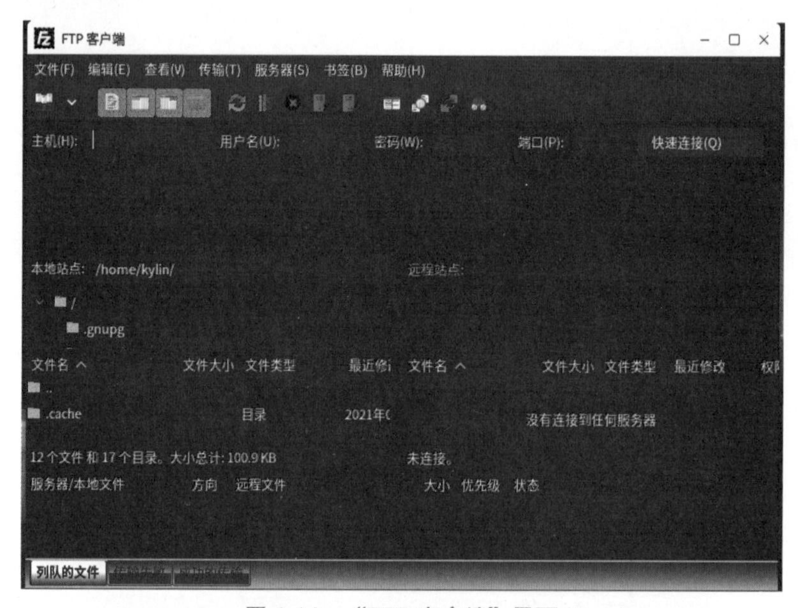

图 4-14 “FTP 客户端”界面

4.2.1 基本功能

FTP 客户端的基本功能包括连接服务器、查看远程目录并下载、查看本地文件并上传、查看传输任务。

（1）连接服务器

在“ FTP 客户端”界面中输入 FTP 服务器的地址，以及登录的用户名、密码和端口，连接到 FTP 服务器，如图 4-15 所示。

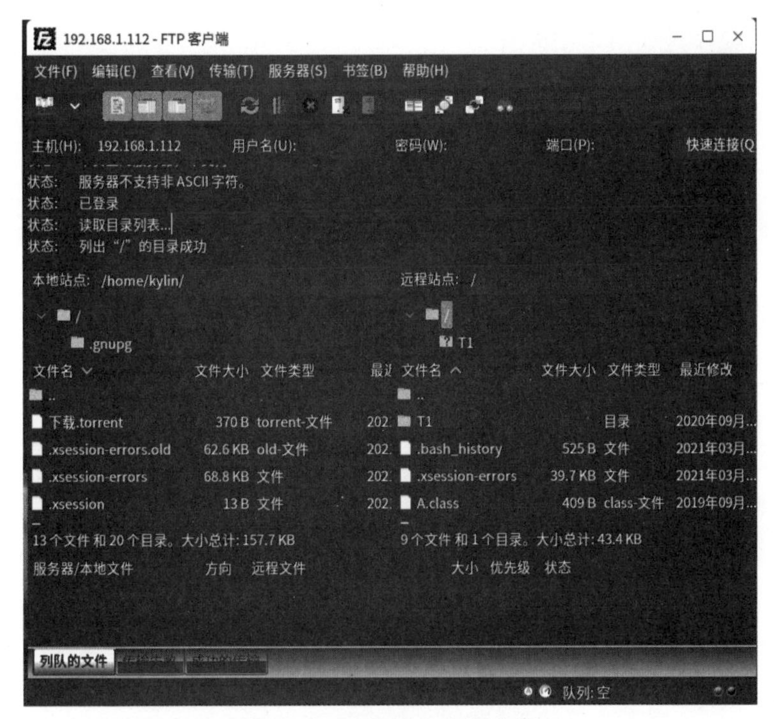

图 4-15　连接到 FTP 服务器

（2）查看远程目录并下载

右侧显示服务器上的目录和文件详情，如图 4-16 所示。在右侧选定一个文件并右击，可在弹出的快捷菜单中选择下载文件等操作。

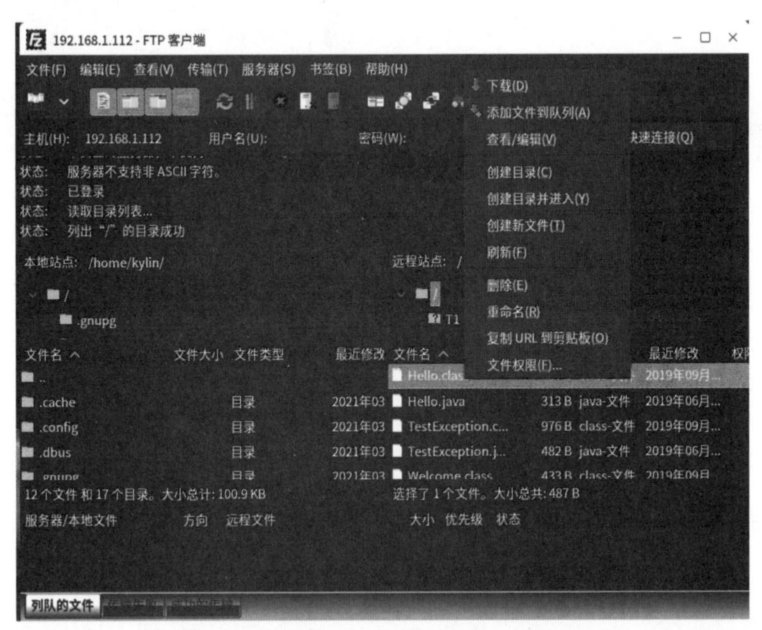

图 4-16　服务器上的目录和文件详情

（3）查看本地文件并上传

左侧是本机上的目录和文件详情。在左侧选定一个文件后右击，可在弹出的快捷菜单中选择上传文件等操作，如图 4-17 所示。

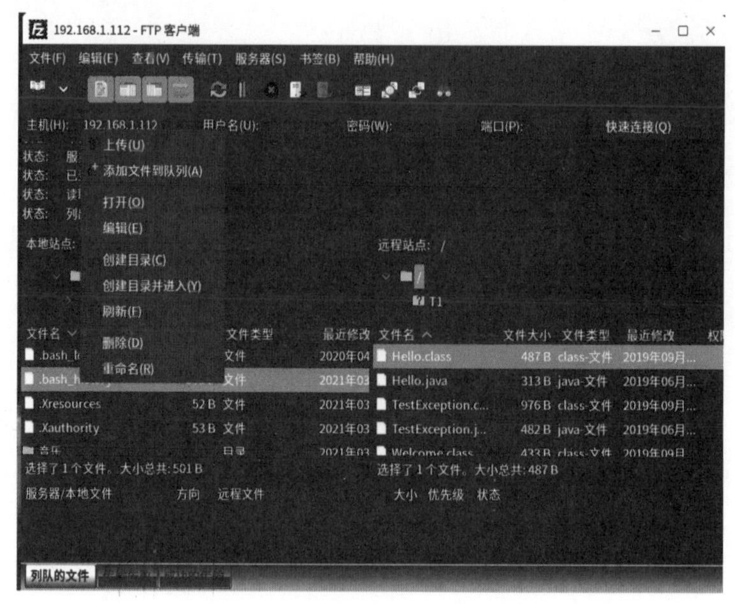

图 4-17　本机目录和文件详情

（4）查看传输任务

当用户上传或下载一个文件时，在界面底部可以看到文件传输的状态及进度，如图 4-18 所示。

图 4-18　传输记录

4.2.2　高级功能

FTP 客户端的高级功能包括站点管理、导入和导出、清除个人信息、界面布局显示、对已存在文件的默认操作、速度限制、手动传输、搜索远程文件。

（1）站点管理

在如图 4-14 所示的“FTP 客户端”界面中，选择“文件”菜单，选择“添加当前连接到站点管理器”选项，打开“站点管理器”界面，如图 4-19 所示。单击“确定”按钮可保存当前连接的信息，便于下次快速连接。再次选择“文件”菜单，选择“站点管理器”选项时，可快速连接已保存的站点。

（2）导入和导出

选择“FTP 客户端”界面中的“文件”菜单，选择“导入”或“导出”选项，可从文件中导入设定，或者把站点管理器记录、设置等导出。“导出设置”界面如图 4-20 所示。

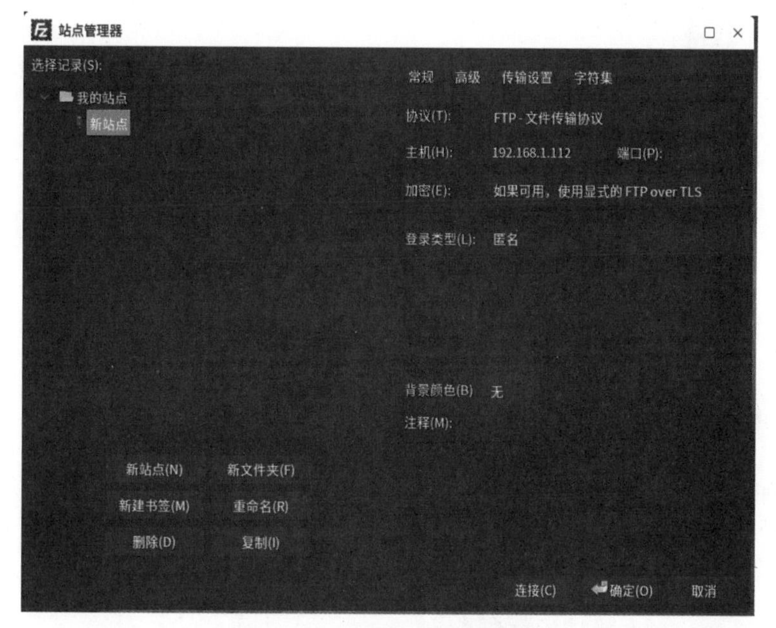

图 4-19　“站点管理器”界面

（3）清除个人信息

选择“FTP 客户端”界面中的“编辑”菜单，选择“清除个人信息”选项，可选择要删除的分类，如图 4-21 所示。

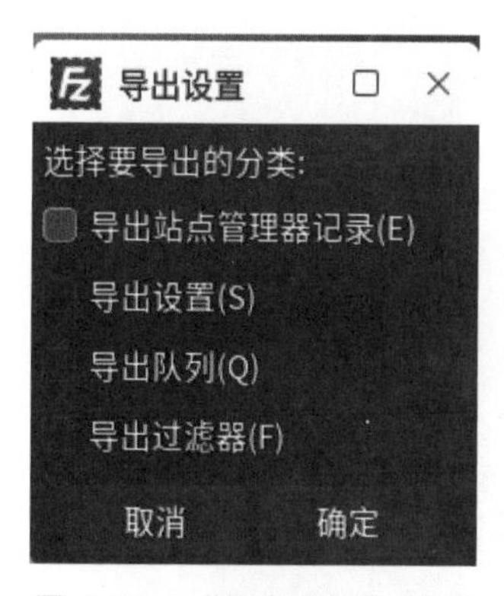

图 4-20　“导出设置”界面

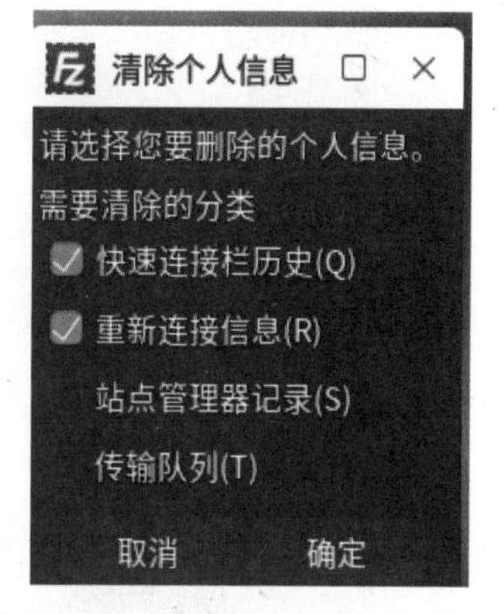

图 4-21　“清除个人信息”界面

（4）界面布局显示

选择“FTP 客户端”界面中的“查看”菜单，可进行勾选，选择在主界面上显示的区块，并提供目录列表过滤、目录对比功能，如图 4-22 所示。

（5）对已存在文件的默认操作

选择“FTP 客户端”界面中的“传输”菜单，选择“对已存在文件的默认操作”选项，打开“文件存在时的默认操作”界面，如图 4-23 所示。可对上传或下载中出现重复文件时的处理方式进行设置。

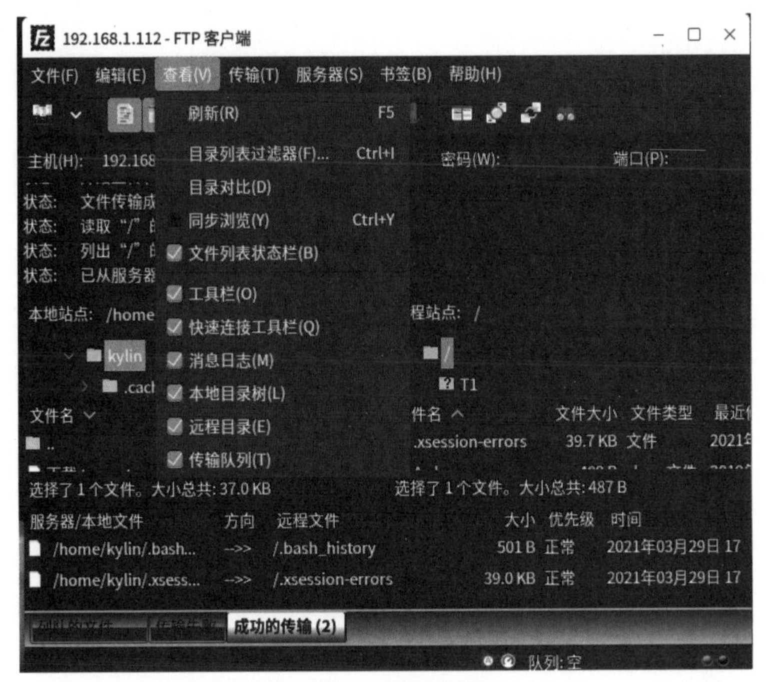

图 4-22 “查看”菜单

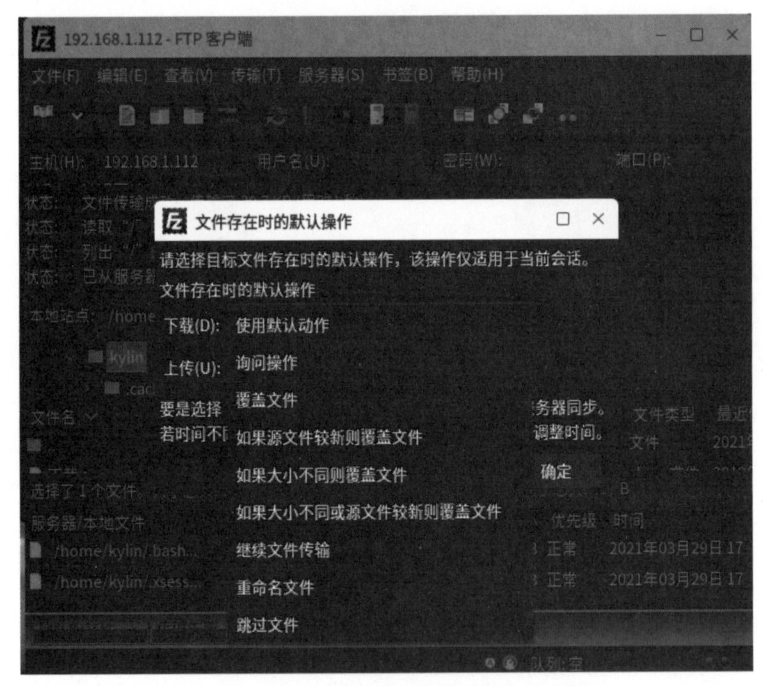

图 4-23 “文件存在时的默认操作”界面

（6）速度限制

选择“FTP 客户端”界面中的“传输”菜单，选择“速度限制”选项，可选择“启用”和“配置”来完成速度限制功能，如图 4-24 所示。

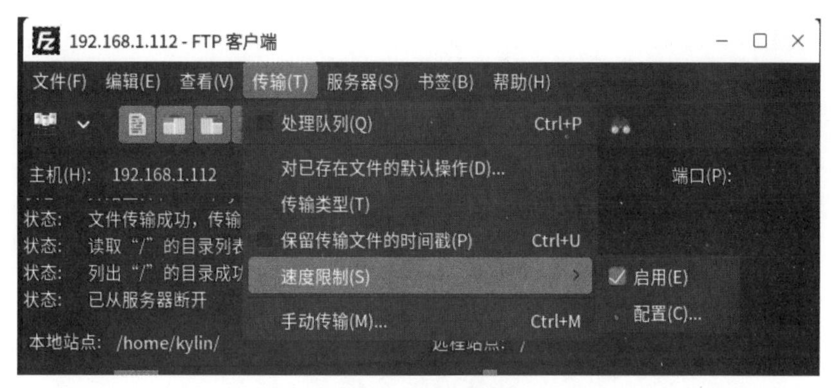

图 4-24　速度限制

（7）手动传输

选择“FTP 客户端”界面中的“传输”菜单，选择“手动传输”选项，打开“手动传输”界面，如图 4-25 所示。用户可以对某个文件的上传和下载进行设置。

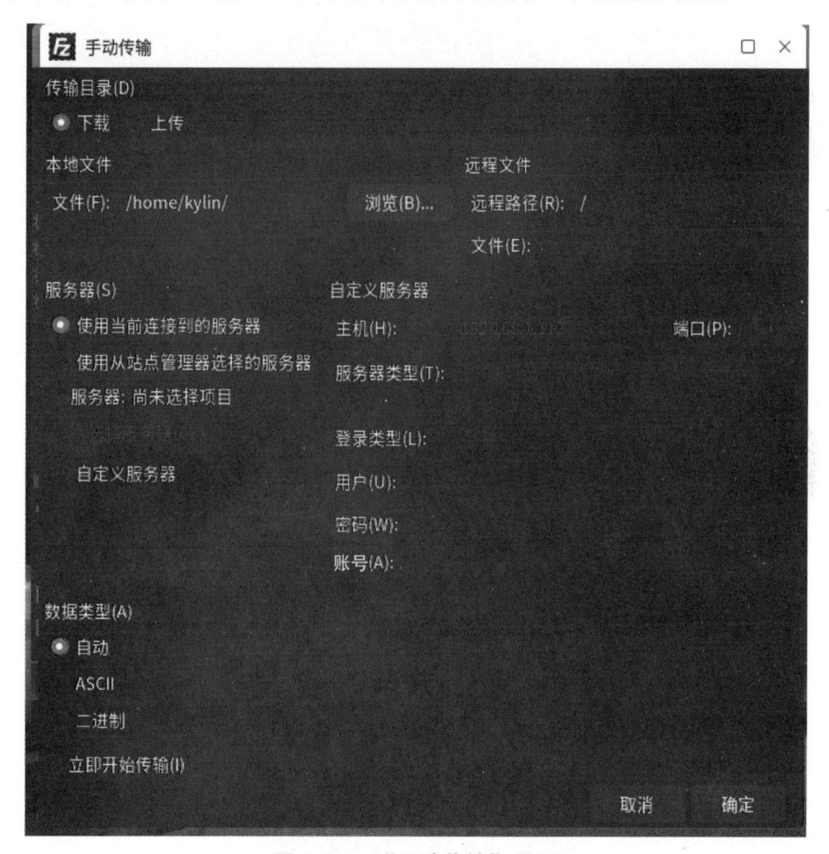

图 4-25　“手动传输”界面

（8）搜索远程文件

选择“FTP 客户端”界面中的“服务器”菜单，选择“搜索远程文件”选项，打开“文件搜索”界面，如图 4-26 所示。可以搜索符合条件的文件及其路径。

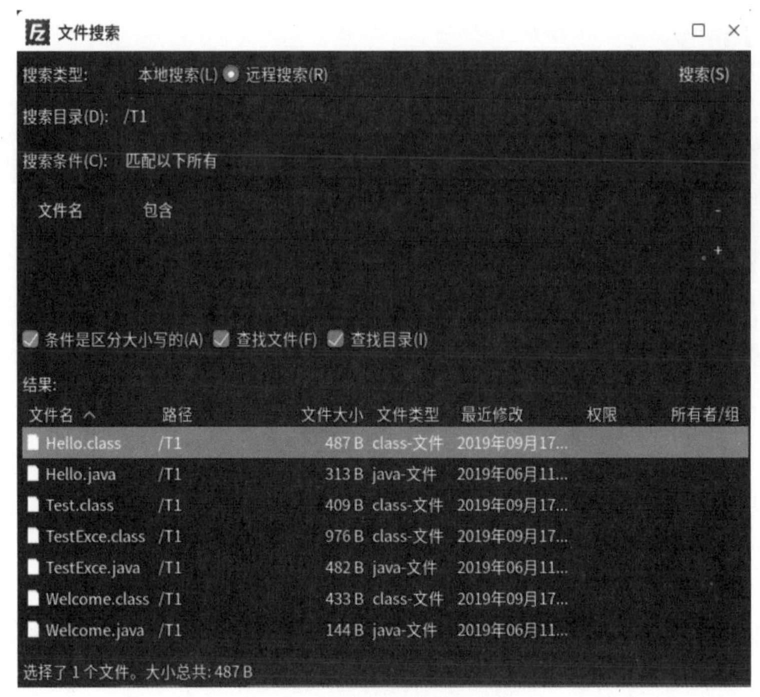

图 4-26　“文件搜索”界面

4.3　麒麟传书

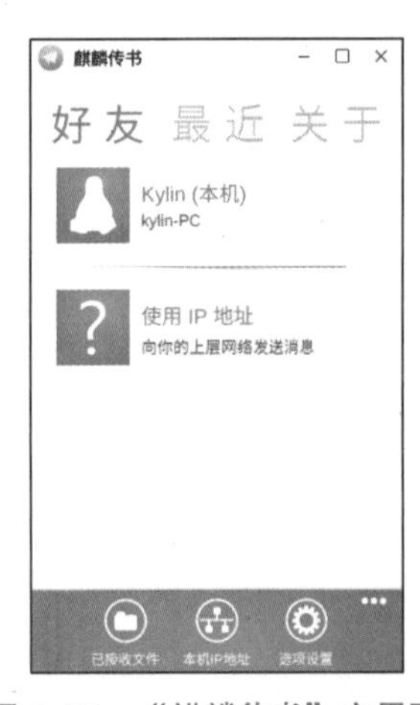

图 4-27　“麒麟传书”主界面

麒麟传书是一个跨平台、高效的文字和文件传输工具。在传输文件时，会与本地文件名相互比较，避免覆盖原有的文件，损失重要信息。

麒麟传书为无服务器设计，所有功能都通过客户端来完成。在麒麟操作系统中选择“开始”→“麒麟传书”，打开“麒麟传书”主界面，如图 4-27 所示。

在主界面中可以看到本机信息、局域网中在线的用户、已接收文件和选项设置。

（1）查看已接收的文件

单击“已接收文件”按钮，打开接收文件界面，在该界面下可以看到接收到的全部文件，如图 4-28 所示。

（2）查看本机 IP 地址

用户如果想要查看本机的 IP 地址，可以单击“本机 IP 地址”按钮，打开显示本机 IP 地址界面，如图 4-29 所示。

（3）选项设置

单击“选项设置”按钮，打开选项设置界面，可设定保存文件的目录及主题颜色，如图 4-30 所示。

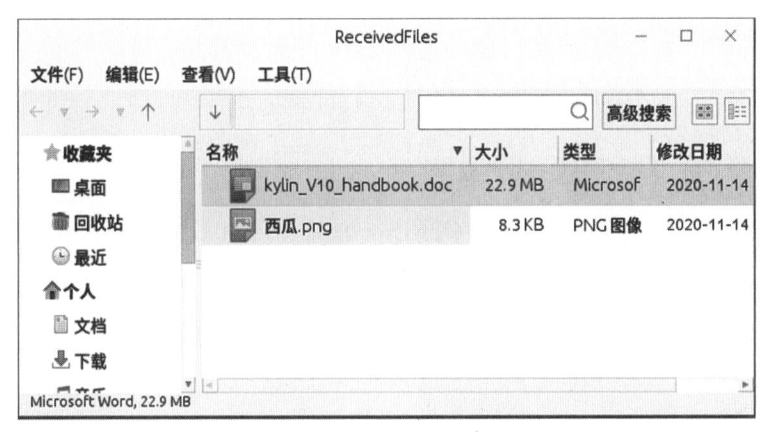

图 4-28　查看已接收文件

图 4-29　本机 IP 地址界面

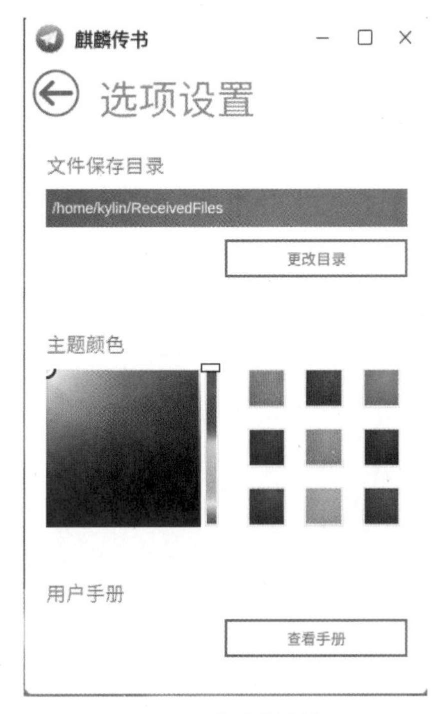

图 4-30　选项设置界面

（4）消息界面

在“麒麟传书”界面中，选择“使用 IP 地址”选项，弹出如图 4-31 所示的发送消息界面，在此界面里输入对方的 IP 地址和聊天信息后单击“发消息”按钮或按“Enter”键即可发送消息。

接收消息界面如图 4-32 所示。

（5）发送和接收文件

在发送消息界面中，单击“传文件”按钮，可发送选定的文件，如图 4-33 所示。

接收对方发送的文件时，可在接收消息界面选择需要接收的文件，如图 4-34 所示。

图 4-31　发送消息界面

图 4-32　接收消息界面

图 4-33　发送文件

图 4-34　接收文件

4.4　邮件客户端

邮件客户端是一款基于 GTK 的网络应用软件，它具有发送速度快、可配置性强、使用灵活方便等优点。在麒麟操作系统中，选择“开始”→“所有程序”→“互联网”，打开“邮件客户端”界面，如图 4-35 所示，进入欢迎界面。

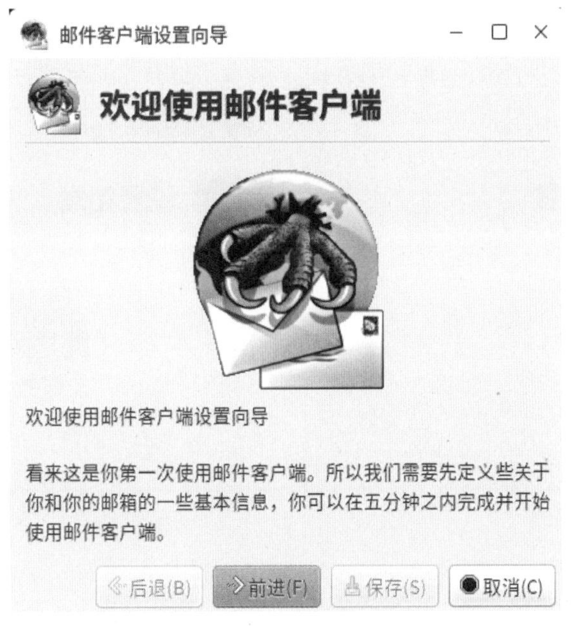

图 4-35　欢迎界面

4.4.1　邮件客户端的配置

单击图 4-35 中的“前进”按钮，进入用户信息设定界面，在此界面内输入名字、邮件地址、组织机构等信息，如图 4-36 所示。

单击“前进”按钮，进入收件服务器配置界面，如图 4-37 所示。在此界面内可配置邮件服务器地址、用户名、密码等信息。若邮箱使用的是 POP3 协议，可在服务器地址一栏内直接填写 POP 地址。

图 4-36　用户信息设定界面

图 4-37　收件服务器配置界面

在图 4-37 中，单击“前进”按钮，进入发件服务器配置界面，如图 4-38 所示。在此界面内可配置 SMTP 服务器地址，还需要配置 SMTP 用户名和密码，配置完成后，单击“前进”按钮，出现图 4-39 所示的设置完成界面，单击“保存”按钮即可完成配置工作。

图 4-38　发件服务器配置界面

图 4-39　设置完成界面

4.4.2　账号设置

单击邮件客户端的“设置”菜单，打开下拉子菜单，如图 4-40 所示。选择“目前账号的偏好设置”，在 V10 版本中执行此操作，即可进入图 4-41 所示的界面，可在该界面内对账号的各种信息进行设置。

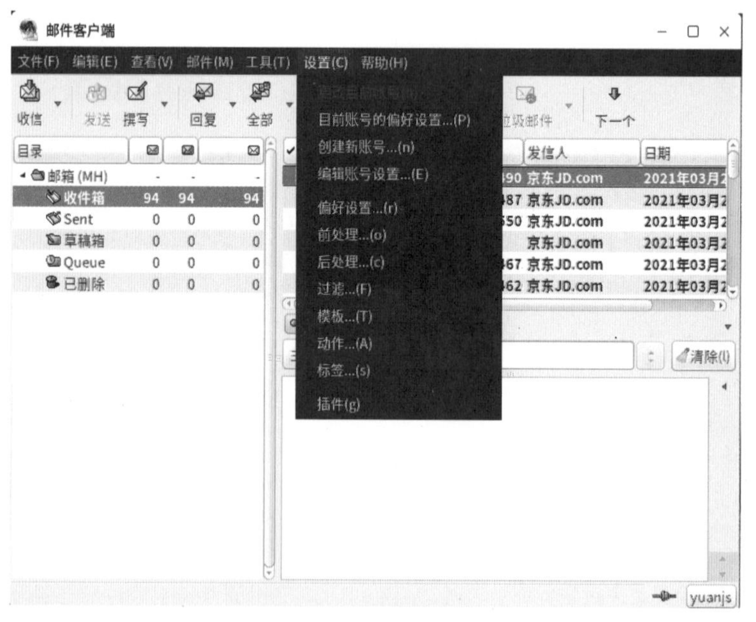

图 4-40　“设置”子菜单

图 4-41　账号设置界面

在图 4-40 中，选择“编辑账号设置”，可对当前账号进行编辑、复制和删除，也可新建一个账号，如图 4-42 所示。单击“新建”按钮，可设置新账号，如图 4-43 所示。在新账号中，用户可以对一个全新的账号进行各种设置，包括基本设置、接收、发送、隐私等。

图 4-42　编辑账号设置界面

图 4-43　设置新账号

4.4.3　收发邮件

当用户想要接收新邮件时，可以单击“邮件”菜单，选择“接收”→“从当前账号收取”，或者单击工具栏上的“收信”图标，邮件客户端即可将用户设定邮箱的信件下载到本地，在 V10 版本中，收件箱如图 4-44 所示。单击右侧的“主题”按钮，可在右侧底部显示邮件的具体内容。

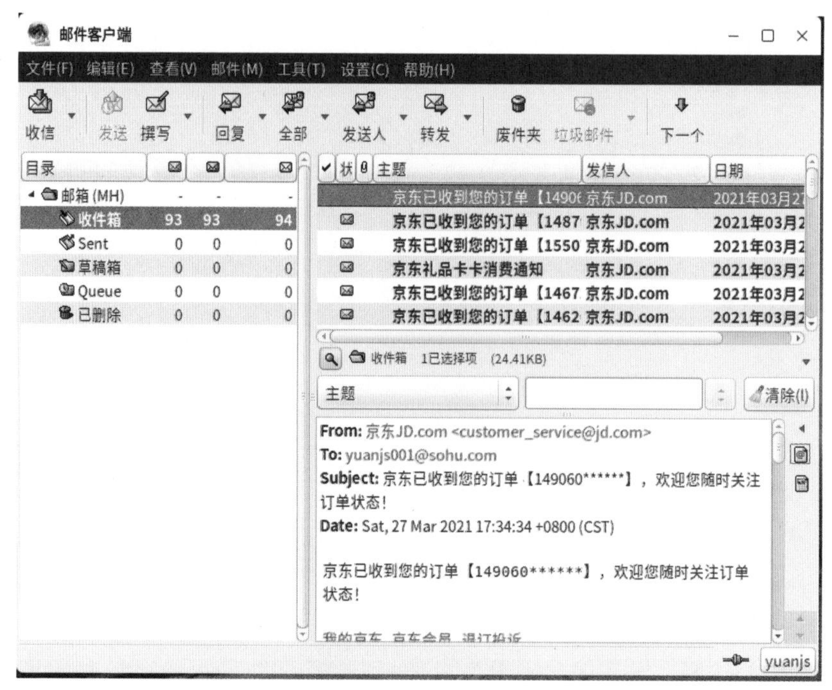

图 4-44　收件箱

若要发送邮件，可单击工具栏上的“撰写”图标，打开新邮件撰写界面，如图 4-45 所示。在该界面内可输入收件人的邮箱、主题、内容等信息，单击工具栏上的“发送”按钮，可将撰写的信件发送到收件人的邮箱中。

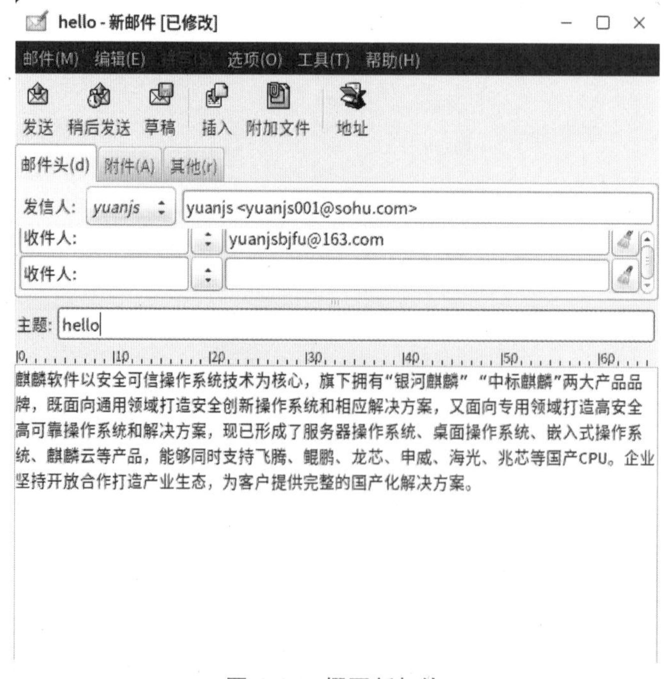

图 4-45　撰写新邮件

单击邮件客户端的“Sent”（已发送），可查看已发送成功的邮件，如图 4-46 所示。

图 4-46　邮件发送成功

4.5　远程桌面客户端

远程桌面客户端可以通过 VNC、SSH 和 RDP 协议远程连接计算机。选择“开始”→“远程桌面客户端”，在 V10 版本中，进入如图 4-47 所示的主界面。

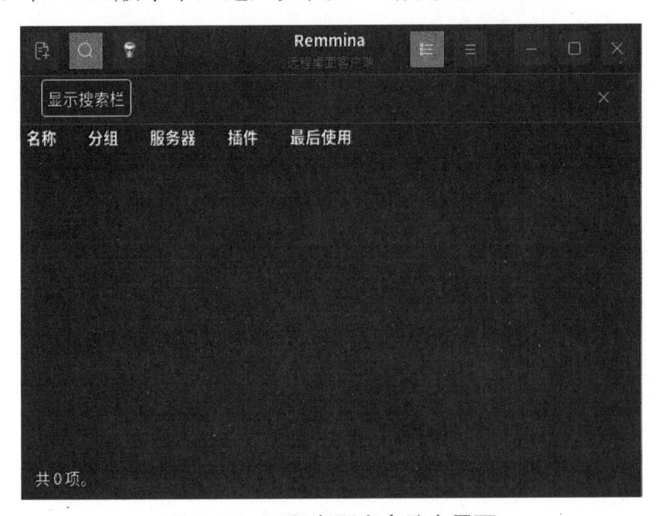

图 4-47　远程桌面客户端主界面

4.5.1　图标及其功能

在已经连接的窗口中，提供了一些图标，在 V10 版本中，部分图标的功能说明如表 4-1 所示。

表 4-1　图标及其功能

图标	图标功能说明	图标	图标功能说明
	全屏幕		捕获所有键盘事件
	复制/粘贴/全选/键盘监听		截屏
	最小化窗口		断开连接

4.5.2　新建远程连接

单击工具栏上的“新建”图标，可建立一个远程桌面连接，在 V10 版本中，如图 4-48 所示。以 SSH 协议为例，连接主机的 IP 地址为 192.168.1.110，具体步骤如下。

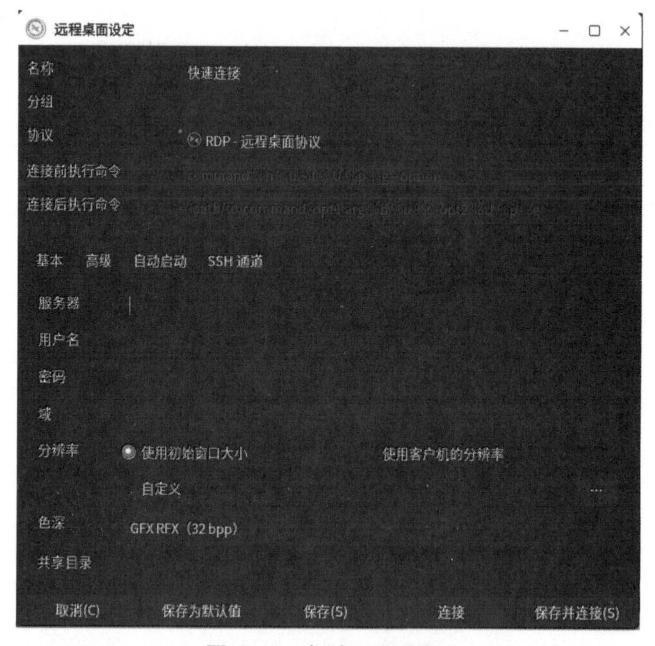

图 4-48　新建远程连接

首先，确定两台计算机的 sshd 服务是否能正常运行。其次，在图 4-48 的“协议”栏中选择 RDP-远程桌面协议，在“服务器”栏中输入目标计算机的 IP 地址：192.168.1.110，用户名和密码为目标计算机的名称和密码，完成后单击“连接”按钮，如图 4-49 所示。最后，连接成功的画面如图 4-50 所示。在远程终端上输入“ifconfig”命令，可看到远程连接主机的 IP 地址为 192.168.1.110，如图 4-51 所示。

4.5.3　首选项

单击“≡”图标，打开“首选项”对话框，如图 4-52 所示。“首选项”对话框有“选项”“外观”“小程序”“键盘”“SSH 选项”“安全”“终端”“RDP”8 个选项卡，用户可以根据需要进行选定。

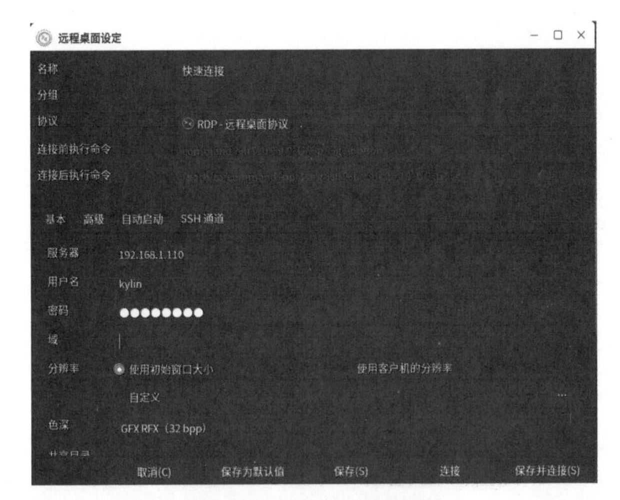

图 4-49　远程连接配置

图 4-50　远程连接成功

图 4-51　在远程终端上执行“ifconfig”命令

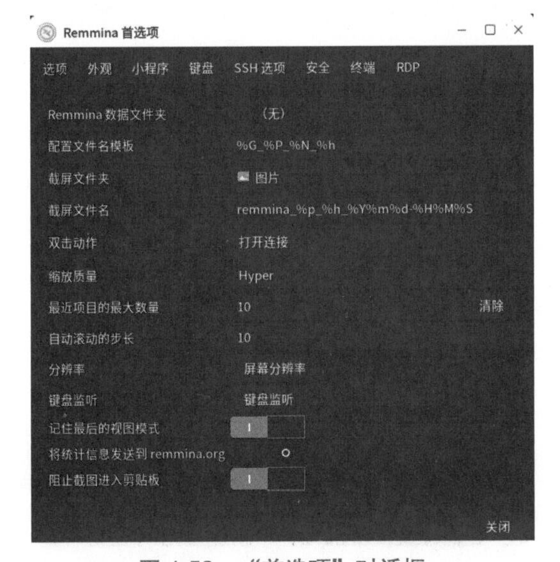

图 4-52　“首选项”对话框

4.5.4 高级功能

在远程桌面客户端的菜单项中，除了首选项，还有“调试”“导入”“导出”等功能。在V10版本中，如图4-53所示。

若选择“导入”功能，则可以导入一个其他连接文件；若选择“导出”功能，则可以生成一个连接的配置文件，若选择“插件”功能，则可查看当前插件的信息，包括名称、类型等，如图4-54所示。

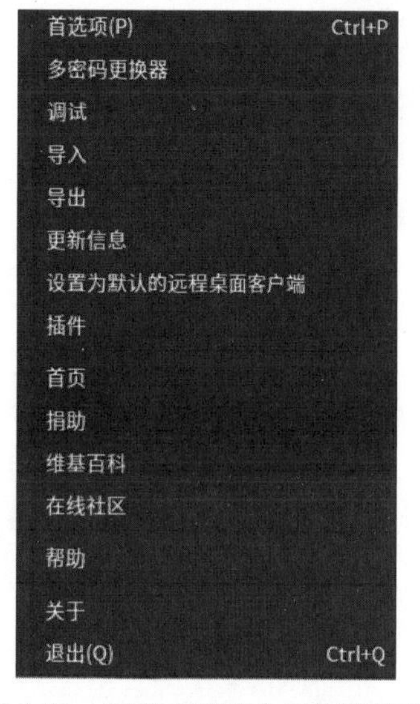

图4-53 远程桌面客户端的菜单项

插件

名称	类型	描述	版本
RDP	协议	RDP - 远程桌面协议	RDP plugin: 1.4.2 (Git n/a),
RDPF	文件	RDP - RDP 文件处理器	RDP plugin: 1.4.2 (Git n/a),
RDPS	首选项	RDP - 首选项	RDP plugin: 1.4.2 (Git n/a),
SFTP	协议	SFTP - 安全文件传输	1.4.2
SSH	协议	SSH - 安全 Shell 连接	1.4.2
VNC	协议	Remmina VNC 插件	1.4.2
VNCI	协议	Remmina VNC 侦听插件	1.4.2
glibsecret	机密	存储在 GNOME 密钥环中的安全密码	1.4.2

确定(O)

图4-54 “插件”功能

4.6 本章任务

通过本章学习，用户能够掌握BT下载工具、FTP客户端、麒麟传书以及邮件客户端的使用方法。

4.6.1 BT快速入门

使用BT下载工具可以下载文件、创建种子。

（1）下载文件

参照4.1节内容打开BT下载工具界面，单击“文件”菜单在下拉子菜单中选择“打开”选项，选择种子文件，如图4-55所示。单击“打开”按钮，出现如图4-56所示的界面，此时单击工具栏上的开始任务按钮▷，开始下载选定的文件。

（2）创建种子

单击“文件”菜单，在下拉子菜单中选择“新建”选项，出现新建种子界面，将种子文件保存到“文档”文件夹下；选择“来源文件”单选按钮，选定要制作成种子文件的源文件，如选择“tu.jpg”为来源文件，如图4-57所示。单击“确定”按钮后，系统在“文档”文件夹中创建名为“tu”的种子文件，如图4-58和图4-59所示。

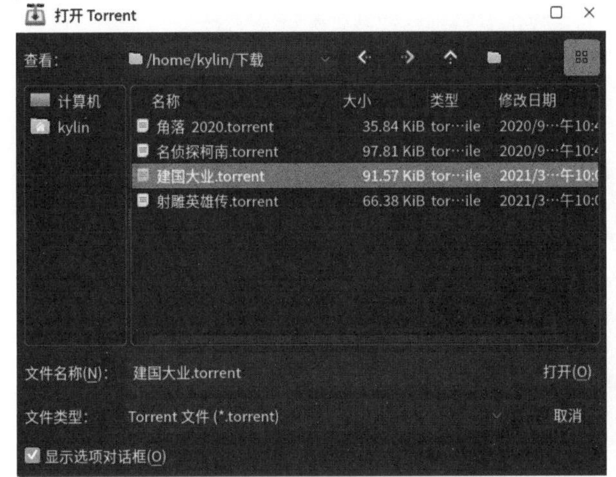

图 4-55　选择种子文件

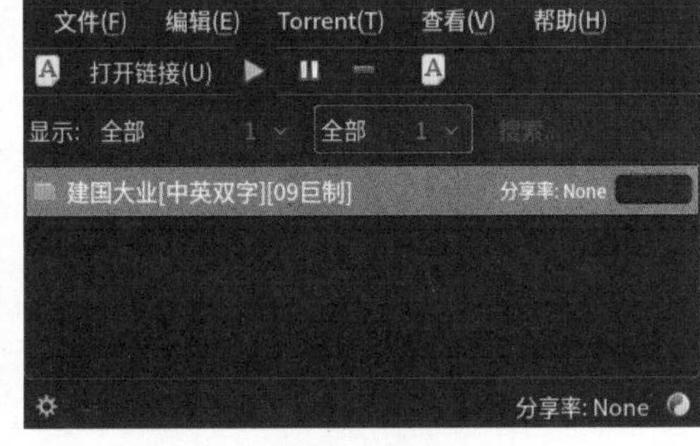

图 4-56　开始下载选定的文件

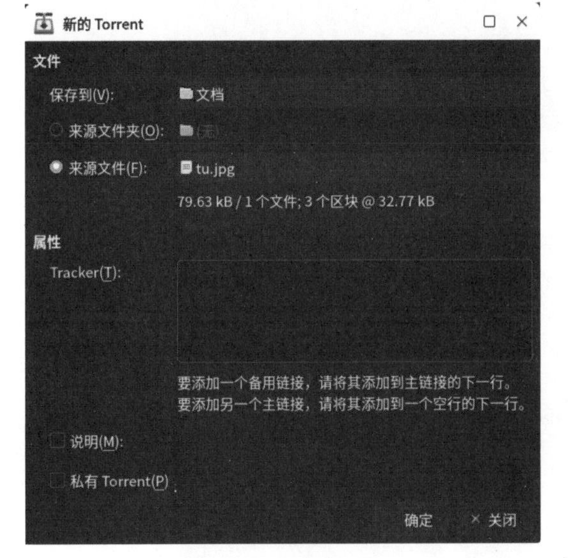

图 4-57　新建种子

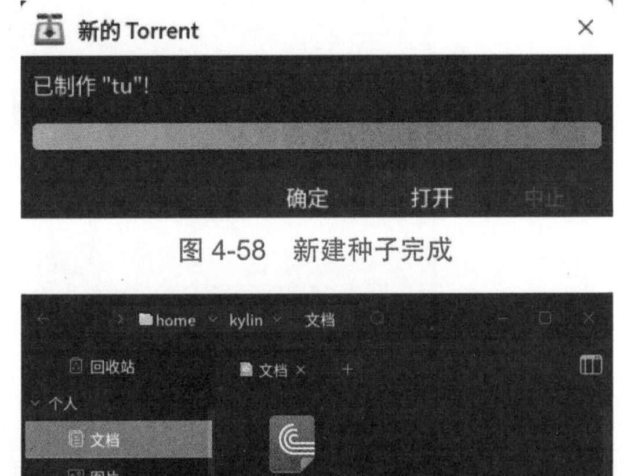

图 4-58　新建种子完成

图 4-59　种子文件所在目录

4.6.2　使用 FTP 远程下载文件

用户可以掌握使用 FTP 远程下载文件、上传文件的方法。

（1）下载文件

参照 4.2 节内容打开 FTP 客户端界面，输入要访问的远程主机的 IP 地址、用户名、密码、端口号等。例如，要访问 IP 地址为 192.168.1.112 的 FTP 服务器，可在“主机”栏中输入“192.168.1.112”，单击“快速连接”按钮后，弹出如图 4-60 所示的界面。选择远程站点的任意一个文件，按住左键，把选定的文件拉入左侧需要下载的文件夹内，如“文档”文件夹。操作结果如图 4-61 所示。

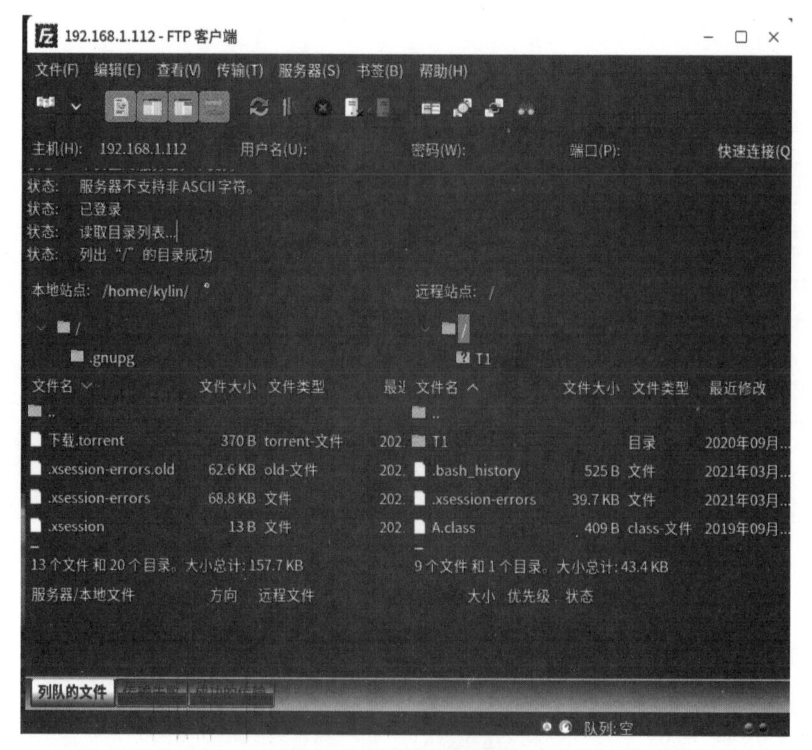

图 4-60 快速连接界面

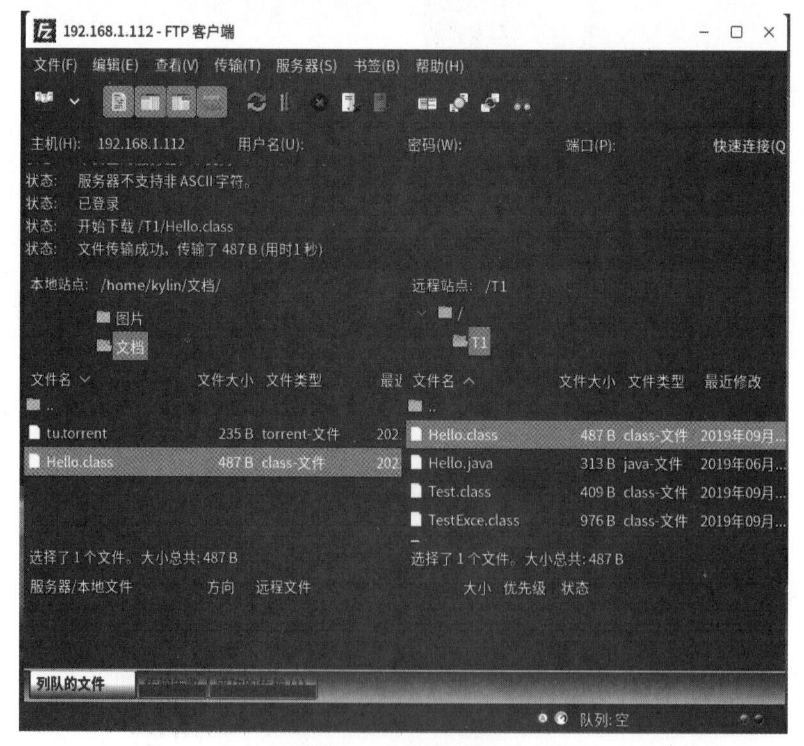

图 4-61 下载后的文件

（2）上传文件

在图 4-61 中，选中要上传的文件，如“tu.torrent”，单击右键，在弹出的菜单中选择

“上传”，即可完成文件的上传，如图 4-62 所示。

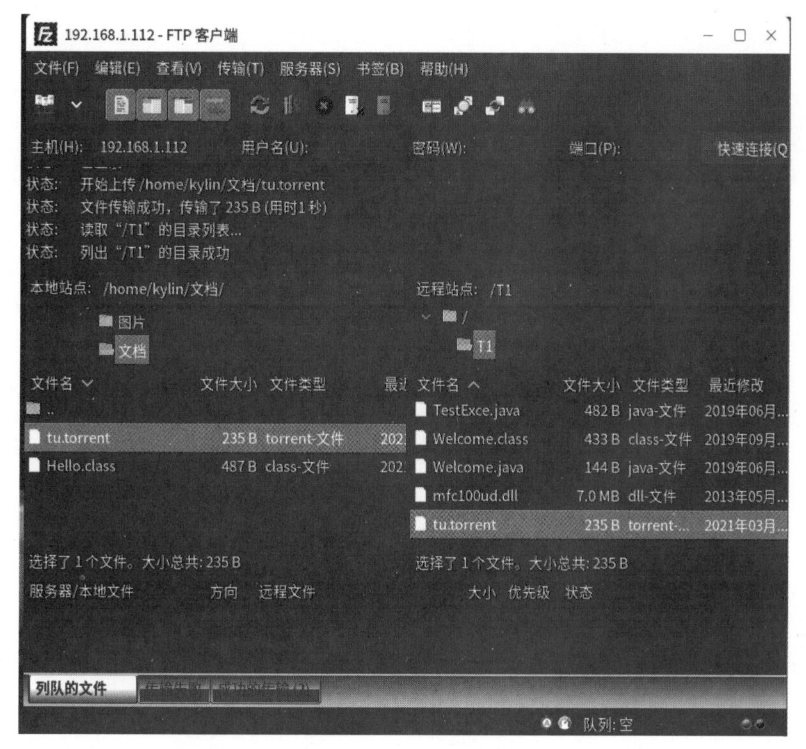

图 4-62　文件上传

4.6.3　使用麒麟传书聊天

参照 4.3 节内容打开麒麟传书界面，如图 4-63 所示。

（1）和好友聊天

麒麟传书界面会显示在线好友的名称和 IP 地址，单击好友的图标，进入消息界面，即可和好友聊天。在消息界面输入聊天的内容并单击“发消息”按钮，如图 4-64 所示，可以发送消息。

接收消息的界面如图 4-65 所示。

（2）传输文件

若要发送文件给对方，可以使用麒麟传书中的文件传输功能。单击“传文件”按钮，选择要传送的文件，单击“打开”按钮后，弹出如图 4-66 所示的界面。

在接收端的消息界面，选择“打开目录”即可查看已传输的文件，如图 4-67 和图 4-68 所示。

图 4-63　麒麟传书界面

4.6.4　使用邮件客户端收发邮件

参照 4.4 节内容打开邮件客户端界面并进行配置。邮件客户端界面如图 4-69 所示。

图 4-64　发送消息

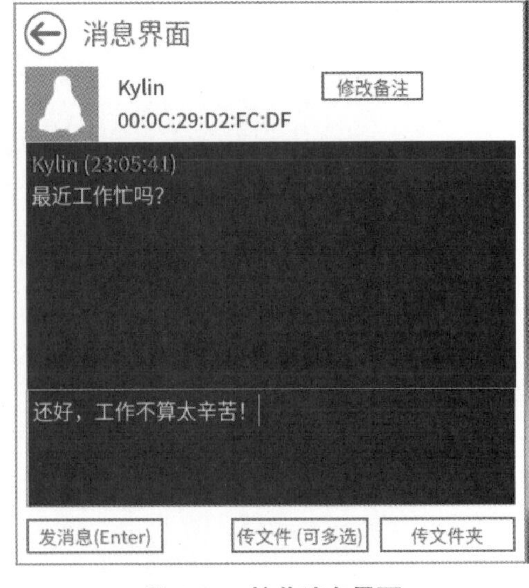

图 4-65　接收消息界面

图 4-66　文件传输

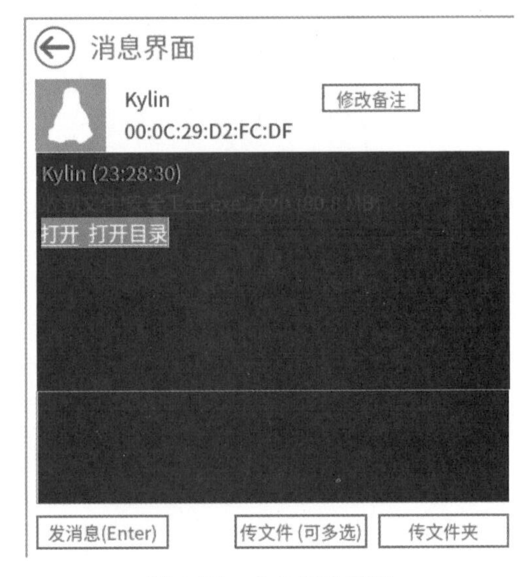

图 4-67　文件接收界面

图 4-68　接收到的文件

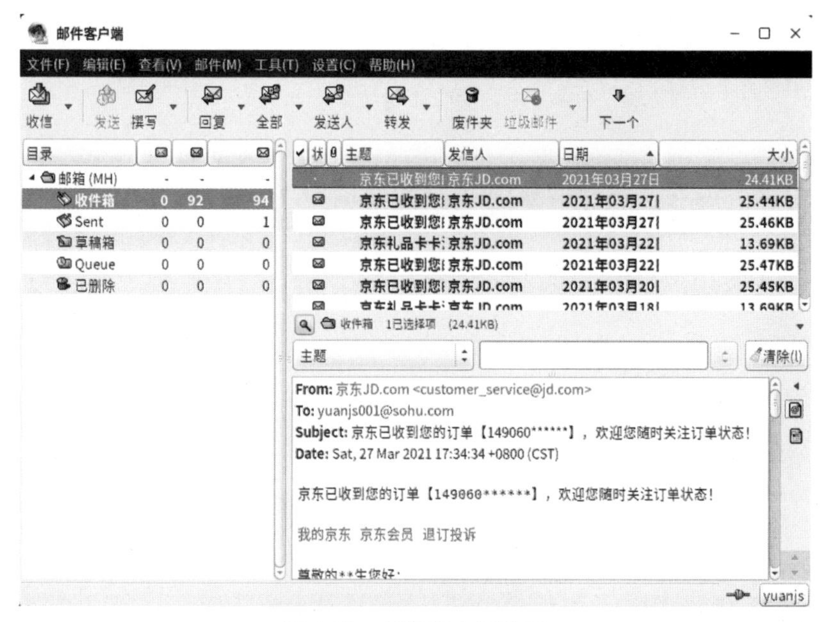

图 4-69　邮件客户端界面

（1）接收邮件

在图 4-69 中，单击“收信”图标，从当前账号收取信件，如图 4-70 所示。

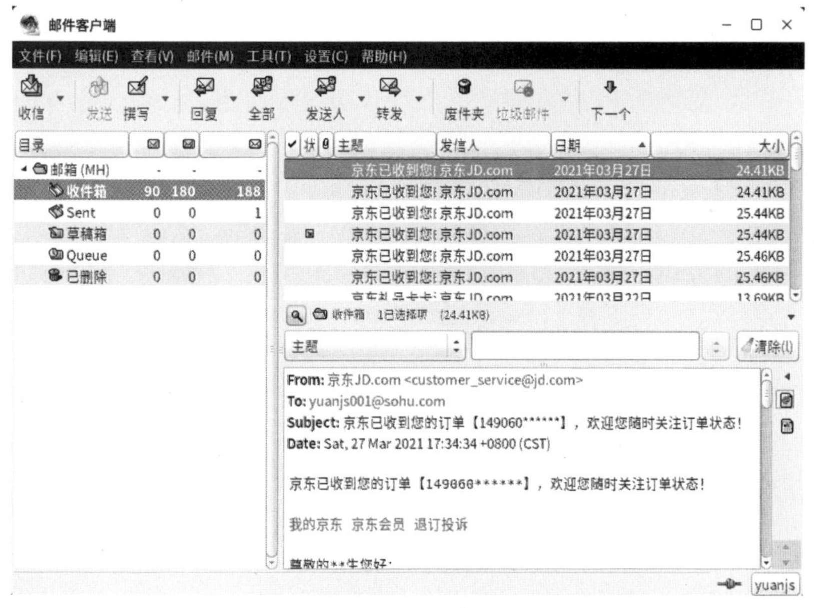

图 4-70　接收邮件

（2）发送邮件

在图 4-70 中，单击工具栏上的“撰写”图标，出现如图 4-71 所示的新邮件撰写界面，在该界面可输入收件人的邮箱、主题、内容等信息，单击工具栏上的“发送”按钮，可将撰写的信件发送到收件人的邮箱中。单击邮件客户端的“Sent”（已发送），可看到刚才撰写的邮件已经发送成功，如图 4-72 所示。

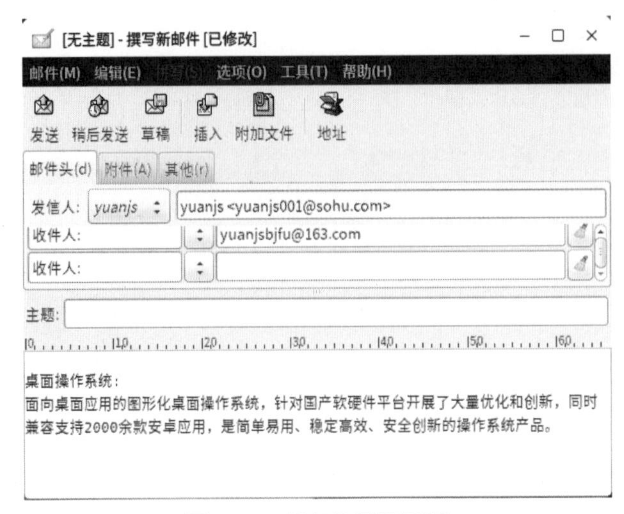

图 4-71　新邮件撰写界面

图 4-72　邮件发送成功

第 5 章　文件和文件夹管理

文件和文件夹存储着计算机中所有的数据和信息，熟练掌握文件和文件夹的管理方法，是运用操作系统进行工作和学习的基础。本章主要介绍麒麟操作系统中文件和文件夹的管理方法。

5.1　认识文件和文件夹

文件是最小的数据组织单位。文件中可以存放文本、图像、声音和数据等信息。文件存储在磁盘中，在磁盘中可以存储大量文件。为了便于管理这些文件，可将文件组织到若干目录中，也称文件夹。

文件夹是计算机中为了分门别类地有序存放文件而建立的独立路径的目录，它提供指向对应磁盘空间的路径地址。在系统中有一个根文件夹（也称根目录），它包含若干文件和文件夹。文件夹中既可以包含文件，也可以包含文件夹（称为子文件夹），这样类推下去形成多级文件结构，便于用户存放文件。

5.1.1　文件

文件是磁盘上存储的信息的集合。在计算机中，文件包含的信息范围很广，可以是文本、图片、影片或一个应用程序等。计算机中存储的文件，在 V10 版本中，如图 5-1 所示。

图 5-1　计算机中存储的文件

每个文件都有唯一的名称，可以通过文件名对文件进行管理。

（1）文件名的组成

在计算机中，每个文件都有文件名，文件名由文件主名和扩展名组成，两者之间用分隔符“.”隔开。文件主名用来标注文件的名字，是用户给文件的命名，用户可以在规则下随意更改文件主名。扩展名用来注明文件的类型。例如“test.wps”文件，“test”是文件主名，“wps”是扩展名，说明该文件是 WPS 文字文档。

（2）文件命名规则

文件的命名需要遵守一定的规则，否则文件名无效。文件命名规则如下。

① 系统文件名长度最大可以为 255 个字符，通常由字母、数字、“.”（点号）、“_”（下

画线）和“-”（减号）组成。

② 文件名不能含有“/”符号，因为“/”在操作系统中表示根文件夹或路径中的分隔符号。

③ 同一文件夹中不能有相同的文件名，但不同文件夹中可以有相同的文件名。

（3）路径

某个文件所在的位置称为路径。使用当前文件夹下的文件时可以直接引用文件名。假设当前文件夹是/home/kylin，则该文件夹中的文件名可以直接引用，如 test.wps。如果要使用其他文件夹下的文件，则必须指定该文件所在的文件夹（路径）。

按查找文件的起点不同，路径可以分为两种：绝对路径和相对路径。

从根文件夹开始的路径称为绝对路径。例如“/home/kylin/test.wps”，其中后一个文件夹是前一个文件夹的子文件夹，这里 kylin 是 home 的子文件夹。

从当前所在文件夹开始的路径称为相对路径，相对路径是随着用户工作文件夹的变化而变化的。例如位于/home 文件夹下时，test.wps 文件的相对路径为“kylin/test.wps”。

每个文件夹下都有代表当前文件夹的“.”文件和代表当前文件夹上一级文件夹的“..”文件，相对路径名就是从“..”开始的。例如当位于/etc 文件夹下时，test.wps 文件的相对路径可表示为“../home/kylin/test.wps”。

（4）文件类型

系统支持以下文件类型。

① 普通文件。包括文本文件、数据文件、可执行的二进制程序等。

② 目录文件。简称目录，系统把目录看作一种特殊的文件，利用它构成文件系统的分层树型结构。

③ 设备文件。一种特别文件，系统用它来识别各个设备驱动器，内核使用它们与硬件设备通信。系统有两类特别设备文件：字符设备文件和块设备文件。

④ 符号链接。一种特殊文件，存放的数据是文件系统中通向某个文件的路径。当调用符号链接文件时，系统将自动访问保存在文件中的路径。

（5）文件管理器

系统中的文件管理器可方便地浏览和管理系统中的文件，可以分类查看系统中的文件和文件夹，支持文件和文件夹的常用操作。

文件管理器有以下三种打开方式。

方法一：双击桌面上的图标。

方法二：选择“开始”→“所有程序”→“文件管理器”菜单命令，如图 5-2 所示。

方法三：单击任务栏上的“文件管理器”按钮。

文件管理器界面可划分为工具栏和地址栏、文件夹标签预览区、侧边栏、窗口区、状态栏、预览窗口等部分。文件管理器界面如图 5-3 所示。

① 工具栏和地址栏。位于文件管理器界面上方，包含当前界面或界面内容的一些常用工具和当前地址。工具栏上各图标对应的功能如表 5-1 所示。

图 5-2　通过菜单命令打开文件管理器

图 5-3　文件管理器界面

表 5-1　工具栏上各图标对应的功能

图标	说明
	后退
	前进
	搜索（搜索文件夹、文件等，提供高级搜索功能）
	视图类型（小图标、中图标、大图标）
	排序类型（名称、修改日期等）
	选项（编辑、置顶窗口、显示隐藏文件等高级功能）
	最小化
	最大化/还原
	关闭

② 文件夹标签预览区。位于工具栏和地址栏的下方。用户可通过文件夹标签预览区查看已打开的文件夹，并能够通过单击“+”图标添加其他文件夹，如图 5-4 所示。

图 5-4　文件夹标签预览区

工具栏左侧的是地址栏文件系统 home kylin，显示当前文件夹的路径。单击地址栏空白处，即可看到具体的路径，如图 5-5 所示表示当前路径在/home/kylin 下。在地址栏中直接输入路径地址，单击右侧的“转到”按钮→或按“Enter”键，可以快速到达要访问的地址。

在地址栏文本框中不仅可以输入本机的文件或文件夹路径，还可以输入一个局域网中共享的文件路径，或是一个 http 或 ftp 地址。

文件浏览器为用户提供高级搜索功能，默认情况下使用简单搜索功能。

简单搜索功能：单击“ ”图标按钮，可以切换到搜索输入框，如图 5-6 所示。

图 5-5　地址栏的具体路径

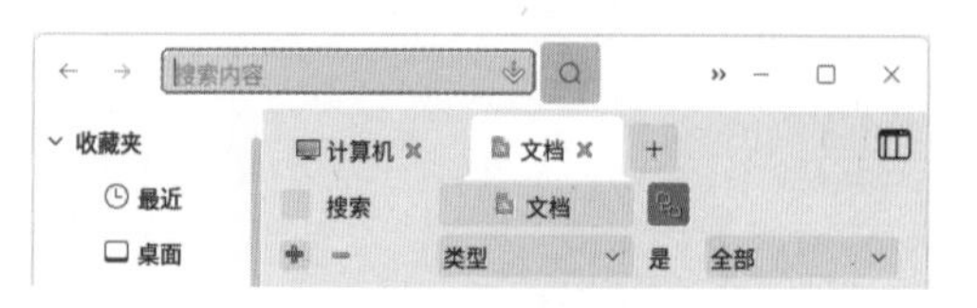

图 5-6　简单搜索功能

在搜索框中输入内容然后按回车键，即可在当前目录下对文件进行搜索。

高级搜索功能：在当前目录下（包含当前目录的子文件夹），用户可以自定义条件，根据名称对应关键字、类型对应文件类型、文件大小对应要搜索的文件大小、修改时间对应某个时间段等进行搜索，如图 5-7 所示。

默认高级搜索框如图 5-8 所示。

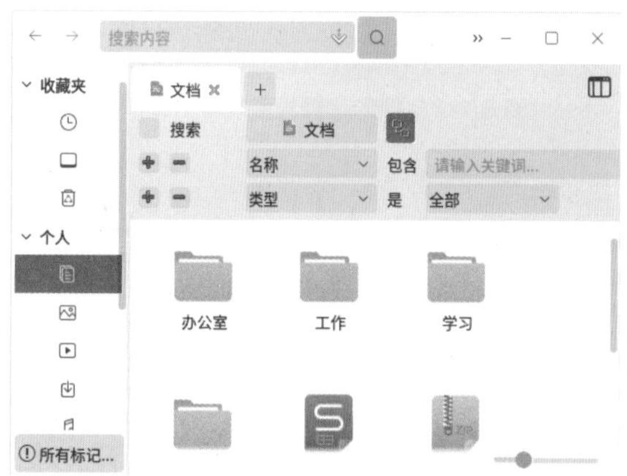

图 5-7　高级搜索功能

图 5-8　默认高级搜索框

展开默认高级搜索框，以修改时间为搜索条件，其弹窗如图 5-9 和图 5-10 所示。

图 5-9　展开默认高级搜索框

图 5-10　展开搜索条件

工具栏和地址栏的最右侧是文件查看方式按钮，分别表示按照“图标视图”和“列表视图”查看，如图 5-11 所示。按照“图标视图”查看文件如图 5-3 所示，按照“列表视图”查看文件如图 5-12 所示。

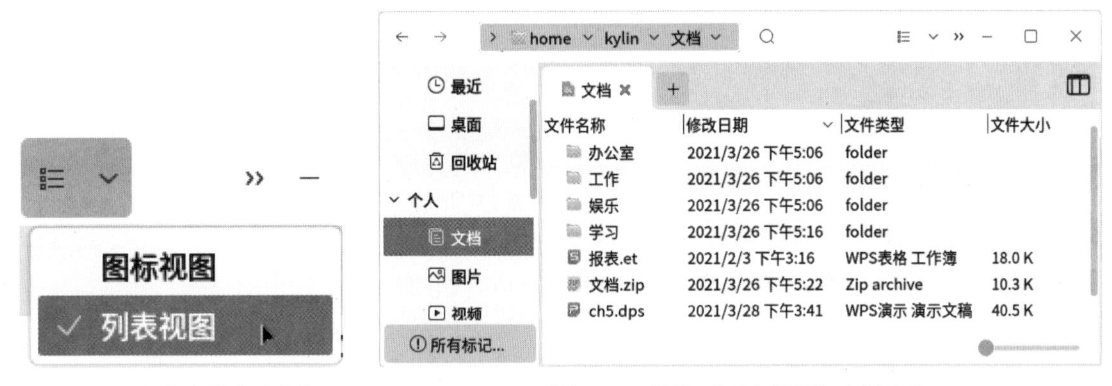

图 5-11　文件查看方式按钮　　　　图 5-12　按照“列表视图”查看文件

③ 侧边栏。列出了所有文件的目录层次结构，提供对操作系统中不同类型文件夹目录的浏览。外接的移动设备、远程连接的共享设备也显示在此处。侧边栏如图 5-13 所示。

④ 窗口区。该区域显示当前文件夹下的子文件夹和文件，在侧边栏列表中单击一个文件夹，其中的内容就会在此处显示，如图 5-14 所示。

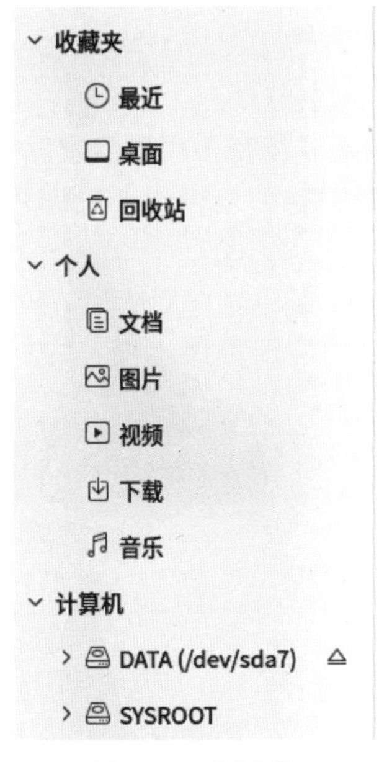

图 5-13　侧边栏

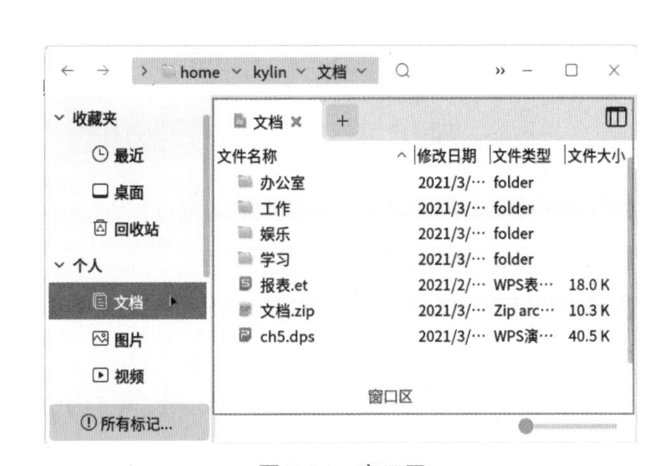

图 5-14　窗口区

⑤ 状态栏。位于界面的最下端，显示界面的状态。状态栏提供以下四种功能。

- 选中某个文件夹时，显示选中的文件夹的名字和选中数量。
- 选中某个文件时，显示选中的文件的名字、大小和选中数量。
- 选中多个文件和文件夹时，显示选中的总数量、文件的数量、文件夹的数量和文件的总大小。
- 右下角的滑动条为缩放条，可对文件图标大小进行拖动调节。

5.1.2 文件夹

图 5-15 文件夹

文件夹主要用来存放文件，是文件的容器。文件夹一般采用多层次结构（树状结构），一个文件夹可以嵌套在另一个文件夹中，即一个文件夹中可以包含多个子文件夹。不同文件夹中可以有同名的文件。计算机中的文件夹如图 5-15 所示。

下面列出主要的文件夹及其简单描述。

/bin：存放普通用户可以使用的命令文件。

/boot：包含内核和其他系统程序启动时使用的文件。

/dev：设备文件所在文件夹。在操作系统中设备以文件形式管理，可按照操作文件的方式对设备进行操作。

/etc：系统的配置文件。

/home：用户主文件夹的位置，保存用户文件，包括配置文件、文档等。

/lib：包含许多由/bin 中的程序使用的共享库文件。

/mnt：文件系统挂载点。一般用于安装移动介质、其他文件系统的分区、网络共享文件系统或可安装文件系统。

/opt：存放可选择安装的文件和程序，主要用于第三方开发者安装软件包。

/proc：操作系统的内存映像文件系统，是一个虚拟的文件系统（没有占用磁盘空间）。查看时，显示的是内存里的信息，这些文件有助于了解系统内部信息。

/root：系统管理员（root 或超级用户）的主文件夹。

/tmp：用户和程序的临时文件夹，该文件夹中的文件系统会被系统定时自动清空。

/usr：包括与系统用户直接相关的文件和文件夹，一些主要的应用程序也保存在该文件夹。

/var：包含一些经常改变的文件，如假脱机（spool）目录、文件日志目录、锁文件和临时文件等。

/lost＋found：在系统修复过程中恢复的文件所在文件夹。

5.2 文件和文件夹的显示与查看

显示与查看文件和文件夹的方法有很多种，用户可以根据自己的习惯进行设置。

5.2.1 显示和查看文件和文件夹

打开文件管理器后，文件和文件夹就显示在窗口中。在 V10 版本中，查看文件有以下三种方法。

方法一：双击浏览。这是查看文件最简单的方法。双击要打开的文件，即可使用相应的应用程序进行显示。

方法二：使用系统的快捷菜单。右键单击要打开的文件，在弹出的快捷菜单中选择“打开方式”选项中相应的应用程序。例如要打开的文件是 test.wps，则右键单击该文件，在弹出的快捷菜单中选择“打开方式”后，再选择“WPS 文字”选项，如图 5-16 所示。

图 5-16　通过右键快捷菜单打开文件

方法三：使用应用程序打开文件。要打开某一个文件，可以先打开相应的应用程序，然后在应用程序中打开文件。以 WPS 文字为例，首先打开 WPS 应用程序，然后在左侧选择“打开”选项，如图 5-17 所示，弹出“打开”对话框，选择要查看的文件，单击“打开”按钮，如图 5-18 所示。也可以在一个 WPS 文字应用程序中，选择“文件”菜单中的“打开”选项，此时也可弹出“打开”对话框。

图 5-17　打开应用程序选择菜单选项

图 5-18　单击“打开”按钮打开文件

文件夹的查看方式与文件类似，有两种方法。

方法一：双击要打开的文件夹，可以查看其内容。

方法二：右键单击要打开的文件夹，在弹出的快捷菜单中有“打开”“在新标签页打开”“在新窗口打开”三个选项，用户可以根据自己的需要进行选择。

5.2.2　更改文件和文件夹的查看方式

系统提供两种视图模式查看文件和文件夹，即图标视图和列表视图。在图标视图中，文件管理器中的文件将以大图标+文件名的形式显示。在列表视图中，文件管理器中的文件将以小图标+文件名+文件信息的形式显示。默认情况下，系统以图标视图模式显示所有的文件和文件夹。

用户在查看文件和文件夹时，可以自行设置文件和文件夹的显示方式。在 V10 版本中，设置方式有以下两种。

方法一：在空白窗口区单击鼠标右键，选择“视图类型”选项，有“图标视图”和“列表视图”两种模式供选择，如图 5-19 所示。以“列表视图”显示文件和文件夹如图 5-20 所示。

方法二：在工具栏和地址栏的右侧查看方式按钮☰ ∨中进行切换。

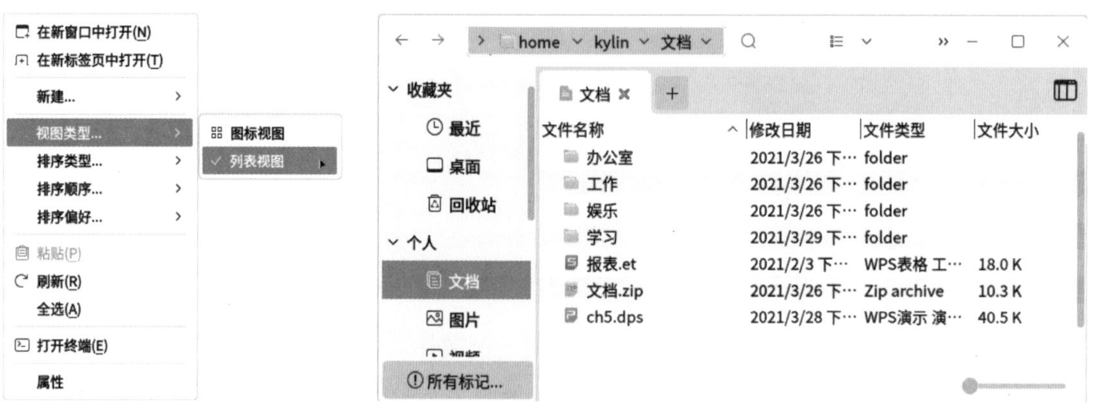

图 5-19　鼠标右键“视图类型”　　　　图 5-20　以“列表视图”显示文件和文件夹

文件和文件夹有四个属性：文件名称、修改日期、文件类型和文件大小，如图 5-20 所示。用户可以根据自己的需求修改文件和文件夹的属性。修改文件夹属性的方法是：将鼠标光标移动到待修改属性的文件夹的图标上方，单击鼠标右键，在弹出的菜单中选择“属性”选项，在弹出的“属性”对话框中即可按需要修改对应属性。

5.2.3　更改文件和文件夹的排序方式

文件和文件夹的排序方式是指其按照一定次序排列的方式。查看文件和文件夹时，用户可以用不同的方式对其进行排序。排列文件的方式取决于当前使用的文件夹视图模式。用鼠标左键单击文件管理器界面的“工具栏与地址栏”中的排序类型图标⇅，弹出排序类型菜单，在 V10 版本中，如图 5-21 所示。

各种文件排序方式介绍如下。

（1）按文件名称排序。按文件名以字母顺序排列。

（2）按修改日期排序。按上次更改文件的日期和时间排序；默认情况下按从最旧到最新排列，文件夹和文件各自排序。

（3）按文件类型排序。按文件类型以字母顺序排列；会将同类文件归并到一起，然后按名称排序。

（4）按文件大小排序。按文件大小（文件占用的磁盘空间）排序；默认情况下按从最小到最大排列。

按“修改日期”排序的结果如图 5-22 所示。

当选择列表视图模式时，单击图 5-22 中文件上方的“文件名称”“修改日期”“文件类型”“文件大小”，即可对文件进行排序。

图 5-21　排序类型菜单

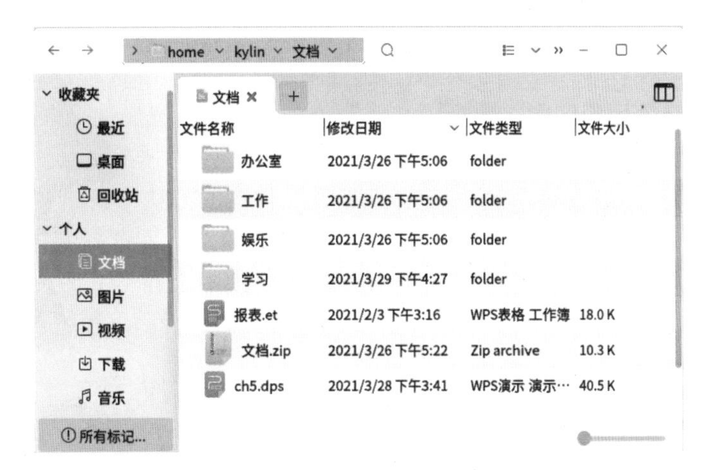

图 5-22　按“修改日期”排序的结果

5.3　文件和文件夹的基本操作

为了便于对文件和文件夹的管理，用户除了需要熟悉文件和文件夹的查看，还需要掌握文件和文件夹的基本操作，如文件和文件夹的创建、重命名、复制、移动等。

5.3.1　新建文件和文件夹

在使用计算机的过程中，经常需要创建新的文件和文件夹。

（1）新建文件

在 V10 版本中，新建文件的方法有以下两种。

方法一：在窗口空白区域，单击鼠标右键，在弹出的快捷菜单中选择“新建”选项，在弹出的菜单项中选择相应的应用程序，如图 5-23 所示，即可新建一个文件。如果选择“WPS 表格工作表”，则新建 WPS 表格工作表文件，系统自动将其命名为“WPS 表格工作表.et”，如图 5-24 所示。

图 5-23　通过快捷菜单新建文件

图 5-24　新建 WPS 表格工作表

方法二：打开应用程序，然后在应用程序中新建文件。以 WPS 文字为例，先打开 WPS 应用程序，在图 5-17 中，选择左侧的“新建”选项，即可新建一个文件。也可以在 WPS 文字应用程序中，选择“文件”菜单中的“新建”选项，也能新建一个文件。

（2）新建文件夹

新建文件夹的方法与新建文件类似。在窗口空白区域，单击鼠标右键，弹出快捷菜单，选择其中的“新建”选项，如图 5-23 所示，在弹出的菜单项中选择“文件夹”选项，即可新建一个文件夹。新建的文件夹如图 5-25 所示，系统自动将其命名为“新建文件夹”。

新建文件夹

图 5-25 新建的文件夹

5.3.2 选中文件和文件夹

在对文件和文件夹进行操作时，需要首先选中文件和文件夹。选中文件和文件夹的操作包括选中一个文件或文件夹、选中全部文件和文件夹、选中连续的文件和文件夹、选中不连续的文件和文件夹。在 V10 版本中，具体操作如下所述。

（1）选中一个文件或文件夹

直接在文件或文件夹上单击鼠标即可选中一个文件或文件夹。

（2）选中全部文件和文件夹

方法一：使用快捷键。在窗口中按下“Ctrl+A”键，即可选中窗口中的全部文件和文件夹，如图 5-26 所示。

方法二：在文件管理器窗口空白区单击鼠标右键，选择“全选”选项，如图 5-27 所示，也可选中窗口中的全部文件和文件夹。

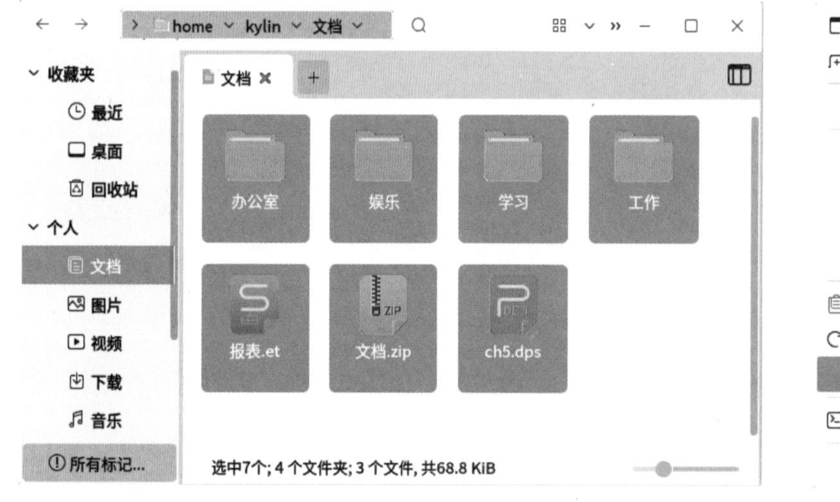

图 5-26 选中全部文件和文件夹

图 5-27 选择“全选”选项

（3）选中连续的文件和文件夹

单击要选择的第一个文件或文件夹，如图 5-28（a）所示选中“娱乐”文件夹，然后按住“Shift”键不放，再单击要选择的连续文件和文件夹的最后一个文件或文件夹，如图 5-28（b）所示选中“文档.zip”，则“娱乐”文件夹和“文档.zip”之间的文件和文件夹全部被选中。

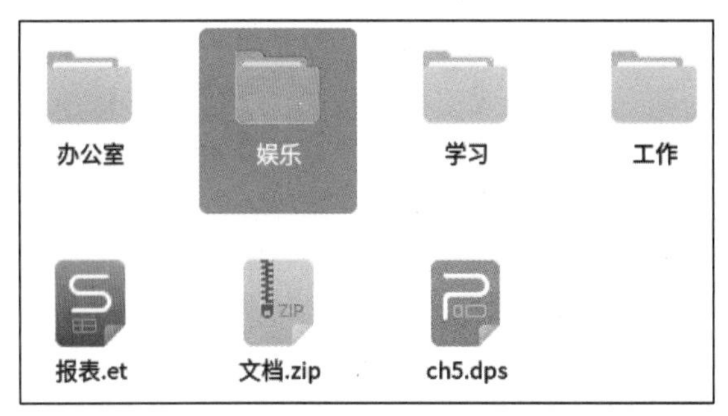

（a）单击连续文件和文件夹的第一个

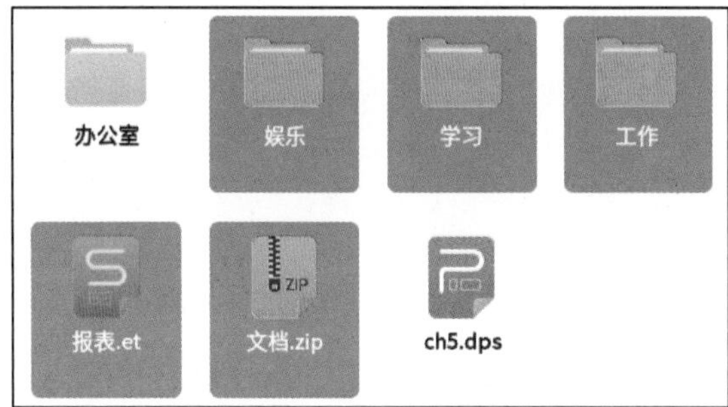

（b）单击连续文件和文件夹的最后一个

图 5-28　选中连续的文件和文件夹

（4）选中不连续的文件和文件夹

单击要选择的第一个文件或文件夹，然后按住“Ctrl”键不放，单击要选择的第二个文件或文件夹，按照同样的方法，依次单击选择文件或文件夹，即可选中所有不连续的文件和文件夹，如图 5-29 所示，单击“娱乐”文件夹，按住“Ctrl”键不放，再单击“工作”文件夹和“文档.zip”，则选中了三个不连续的文件和文件夹。

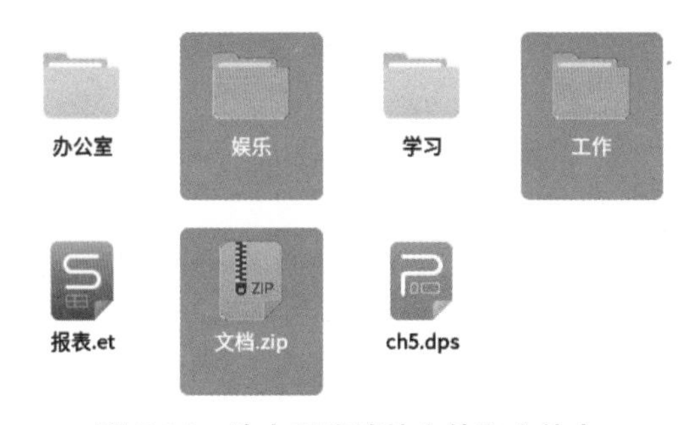

图 5-29　选中不连续的文件和文件夹

（5）选中相邻的文件和文件夹

单击要选择的文件或文件夹最左侧的空白处，然后拖动鼠标框选要选择的所有文件和文件夹，如图 5-30（a）所示。松开鼠标后，相邻的文件和文件夹即被选中，如图 5-30（b）所示。

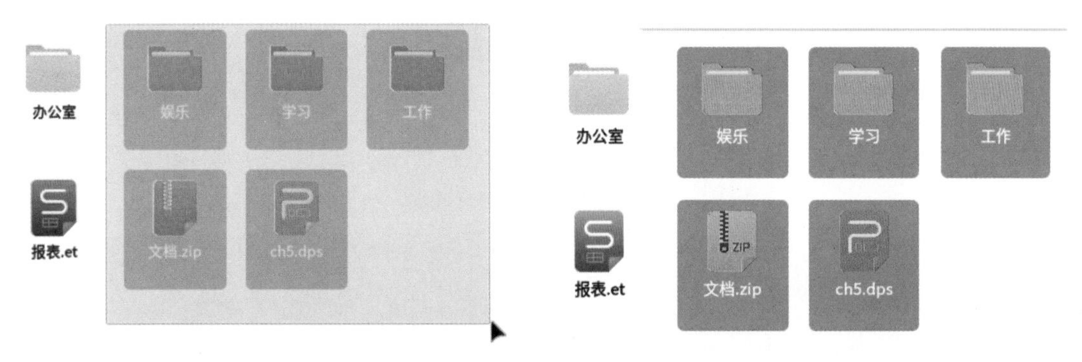

（a）拖动鼠标框选文件和文件夹　　（b）相邻的文件和文件夹被选中

图 5-30　选中相邻的文件和文件夹

5.3.3 重命名文件和文件夹

在新建一个文件或文件夹时，系统会自动为新建的文件或文件夹命名，但是这种情况下用户不容易区分文件夹中的内容，此时可以为文件和文件夹重命名。在 V10 版本中，重命名文件夹的方法有以下四种。

方法一：在要重命名的文件夹图标上单击鼠标右键，在弹出的快捷菜单中选择“重命名”选项，如图 5-31（a）所示。此时文件夹名称变为可编辑状态，如图 5-31（b）所示。删除原来的名字，输入文件夹的新名称后，如图 5-31（c）所示，按“Enter”键或单击空白处，即可完成文件夹重命名的操作。

方法二：选中要重命名的文件夹后，再次单击文件夹名称，文件夹名称变为可编辑状态，此时可进行重命名操作。注意，两次单击中间需要停顿一小段时间。如果两次单击间隔太短，系统会认为是双击操作。

方法三：当新建文件夹时，文件夹名默认是可编辑状态，也可在新建文件夹的同时完成重命名。

方法四：使用快捷键进行重命名。选中需要重命名的文件，按“F2”键即可进行重命名操作。

重命名文件的方法与重命名文件夹的方法一样，注意在重命名时不要修改扩展名。

若要撤销重命名，按“Ctrl+Z”键即可恢复。

（a）选择“重命名”选项

（b）可编辑状态

（c）输入文件夹的新名称

图 5-31　重命名文件夹

5.3.4 创建文件和文件夹的快捷方式

在使用计算机的过程中，创建快捷方式可以方便用户进行操作。文件、文件夹和应用程序等都可以使用快捷方式进行启动。在 V10 版本中，创建文件夹快捷方式的方法有以下两种。

方法一：右键单击要创建快捷方式的文件夹，在弹出的快捷菜单中选择“发送快捷方式到…”选项，如图 5-32（a）所示，在弹出窗口中选择创建链接的目录，如图 5-32（b）所示，即可在目标目录下创建快捷方式，如图 5-32（c）所示。

（a）选择“发送快捷方式到…”选项

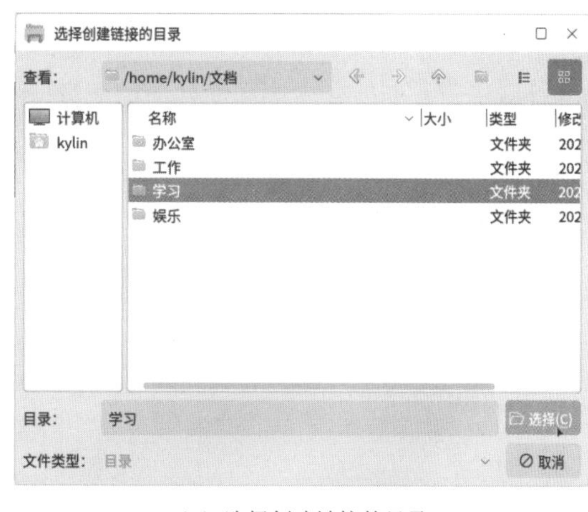

（b）选择创建链接的目录

（c）创建快捷方式

图 5-32　在目标目录下创建快捷方式

方法二：右键单击要创建快捷方式的文件夹，在弹出的快捷菜单中选择“发送到桌面快捷方式”选项，如图 5-33（a）所示，即可在桌面为其创建一个快捷方式，如图 5-33（b）所示。

（a）选择“发送到桌面快捷方式”选项

（b）创建桌面快捷方式

图 5-33　在桌面创建快捷方式

5.3.5 复制和移动文件及文件夹

复制文件和文件夹是指将文件或文件夹从原位置复制到目标位置，原位置的文件或文件夹依然保留，适用于备份文件或文件夹的情况。移动文件和文件夹是指将文件或文件夹从原位置移动到目标位置，即改变文件和文件夹的放置位置。移动后，原位置的文件或文件夹消失。

在 V10 版本中，复制文件和文件夹的方法有以下三种。

方法一：右键单击要复制的文件或文件夹，在弹出的快捷菜单中选择“复制”选项，如图 5-34（a）所示，然后在目标位置单击鼠标右键，在弹出的快捷菜单中选择“粘贴”选项，如图 5-34（b）所示，即可完成复制，如图 5-34（c）所示。

（a）选择“复制”选项　　（b）选择“粘贴”选项　　（c）完成复制

图 5-34　复制文件或文件夹

方法二：选中要复制的文件或文件夹，按“Ctrl+C”键，复制选中的文件或文件夹；然后在目标位置按“Ctrl+V”键，将其粘贴到目标位置。

方法三：选中要复制的文件或文件夹，在按住“Ctrl”键的同时，拖动文件或文件夹，当拖动到目标位置后，松开鼠标，即可复制选中的文件或文件夹。

移动文件和文件夹的方法有以下三种。

方法一：右键单击要移动的文件或文件夹，在弹出的快捷菜单中选择“剪切”选项，如图 5-35 所示，然后在目标位置单击鼠标右键，在弹出的快捷菜单中选择“粘贴”选项，即可完成移动。

图 5-35　选择“剪切”选项

方法二：选中要移动的文件或文件夹，按“Ctrl+X”键，剪切选中的文件或文件夹；然后在目标位置按“Ctrl+V”键，将其粘贴到目标位置。

方法三：选中要移动的文件或文件夹，拖动文件或文件夹，当拖动到目标位置后，松开鼠标，即可移动选中的文件或文件夹。如果两个文件夹都在计算机的同一硬盘上，则项目将被移动；如果是从 U 盘拖动到系统文件夹中，则项目将被复制（因为这是从一个设备拖动到另一个设备）。

5.3.6　删除和恢复文件及文件夹

当不再需要某个文件或文件夹时，应该将其删除，释放其占用的存储空间。文件和文件夹可以删除到回收站，也可以永久删除。删除文件和删除文件夹的方法相同。

在 V10 版本中，删除文件和文件夹到回收站有以下三种方法。

方法一：选中要删除的文件或文件夹，单击右键，在弹出的菜单中选择“删除到回收站”选项，如图 5-36 所示，即可将文件或文件夹删除到回收站。

方法二：选中要删除的文件或文件夹，按“Delete”键即可删除文件或文件夹到回收站。

方法三：选中要删除的文件或文件夹，按住鼠标左键不放，拖动文件或文件夹到桌面上的回收站。

若删除的文件为可移动设备上的，在未进行清空回收站的情况下弹出设备，则可移动设备上已删除的文件在其他操作系统上可能无法显示，但这些文件仍然存在；当移动设备重新插入删除该文件所用的系统时，可在回收站中显示已删除的文件。

永久删除文件和文件夹有以下三种方法。

方法一：如果文件或文件夹已经删除到回收站中，若要永久删除该文件或文件夹，则双击桌面上的回收站图标，在回收站中选中该文件或文件夹，单击鼠标右键，在弹出的快捷菜单中选择“删除”选项，如图 5-37 所示，在弹出的对话框中单击“是”按钮。

图 5-36　选择“删除到回收站”选项

图 5-37　选择“删除”选项

方法二：如果要将回收站中的所有文件和文件夹永久删除，则在桌面选中回收站图标后，单击鼠标右键，然后选择图 5-38 中的“清空回收站”选项，在弹出的对话框中单击“是”按钮。

方法三：选中要删除的文件和文件夹，按“Shift+Delete”键，则文件和文件夹不会被删除到回收站中，而是直接被永久删除。

如果误删某个文件或文件夹到回收站中，可以将其恢复。但是永久删除的文件或文件夹则不能恢复。

双击回收站图标，在回收站窗口选中误删的文件或文件夹后，单击鼠标右键，在弹出的快捷菜单中选择“还原”选项，如图 5-39 所示，即可在原位置恢复误删的文件或文件夹。

图 5-38 选择“清空回收站”选项

图 5-39 选择“还原”选项

5.3.7 查找文件和文件夹

随着计算机中文件和文件夹的增多，用户有时会忘记某个文件或文件夹的存放位置，这时就要对其进行查找。如果要查找某个文件或文件夹，可以使用计算机的查找功能。

打开文件管理器窗口，单击“🔍”图标按钮，在搜索框中（如图 5-6 所示）输入要查找的文件或文件夹的关键字，此时窗口中将显示包含该关键字的文件和文件夹，这时可以方便地查找需要的文件或文件夹。在 V10 版本中，查找关键字为“e”的文件和文件夹的结果如图 5-40 所示。也可以使用 5.1.1 节中所述的高级搜索功能自定义文件所在的路径和搜索文件使用的规则。

图 5-40 查找关键字为“e”的文件和文件夹的结果

5.3.8 压缩和解压缩文件及文件夹

用户可以对文件和文件夹进行压缩，便于传输和节省存储空间。在使用时，可以对压缩的文件和文件夹进行解压缩。

右键单击要压缩的文件或文件夹，在弹出的快捷菜单中选择“压缩…”选项，在 V10 版本中，如图 5-41（a）所示。打开“压缩”对话框，在该对话框中输入压缩文件的名称，选择压缩的格式和保存的位置，如图 5-41（b）所示压缩文件的名称为“下载”，压缩的格式是“.zip”，这是默认的压缩格式，保存位置在“kylin”，单击“创建”按钮，即可压缩该文件夹。

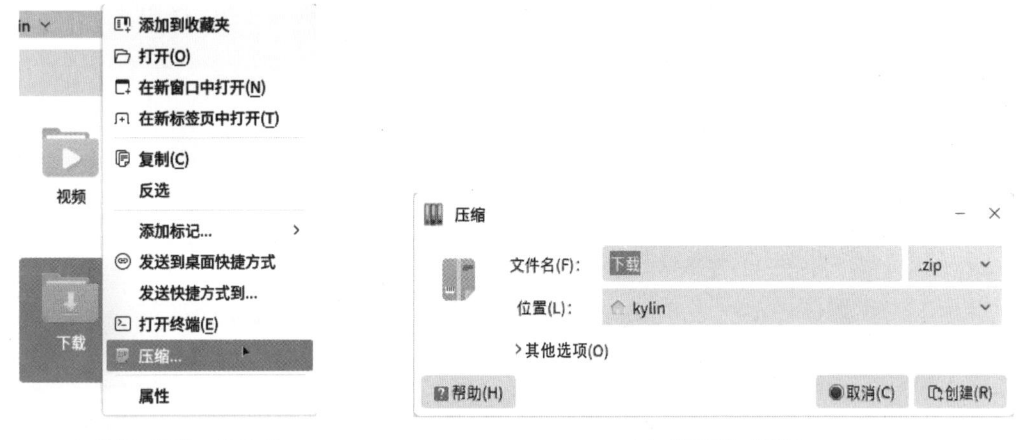

（a）选择“压缩…”选项　　（b）“压缩”对话框

图 5-41　压缩文件或文件夹

单击图 5-41（b）第一行压缩格式的下拉菜单按钮，可以更改压缩格式，如图 5-42 所示，系统提供了 20 种压缩格式。

单击图 5-41（b）第二行“位置”后的下拉菜单按钮，可以选择存储的位置，如果用户不想在如图 5-43 所示的位置存储该压缩文件，则可选择“其他…”选项打开“位置”对话框，如图 5-44 所示，选择要存储的位置，单击“打开”按钮即可。

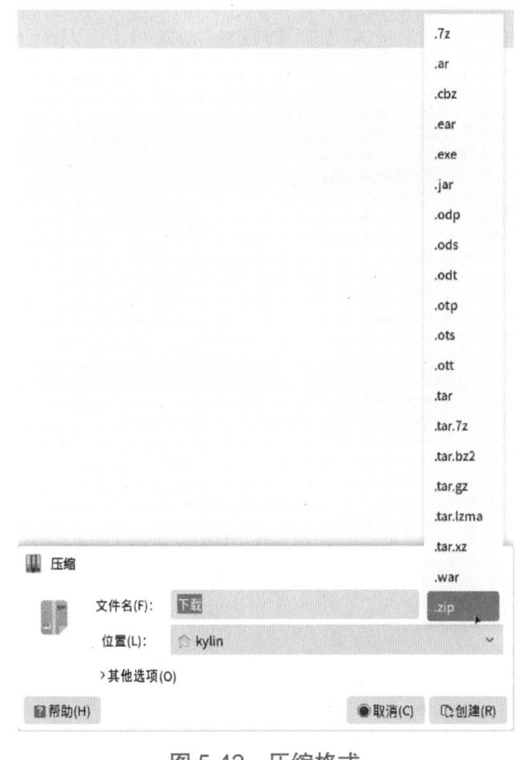

图 5-42　压缩格式

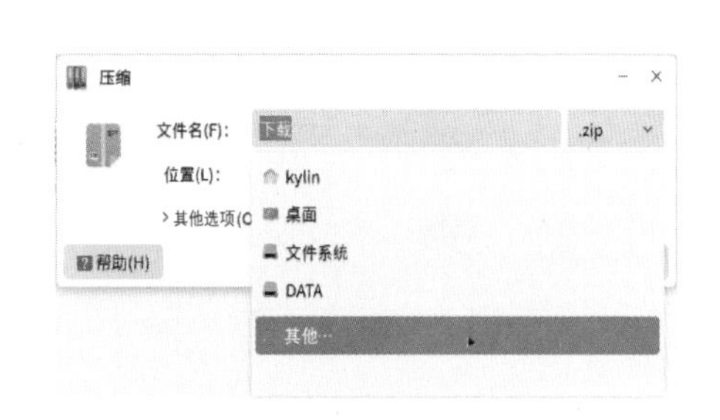

图 5-43　选择存储的位置

当用户使用的压缩格式是 7z、jar、war、ott、ots、otp、odt、ods、odp、exe、ear、cbz 和 zip 时，可以对压缩文件进行加密。如图 5-45 所示压缩格式是 zip，此时可单击“其他选项”，打开折叠菜单，在“密码”后的文本框中输入密码，单击“创建”按钮即可。

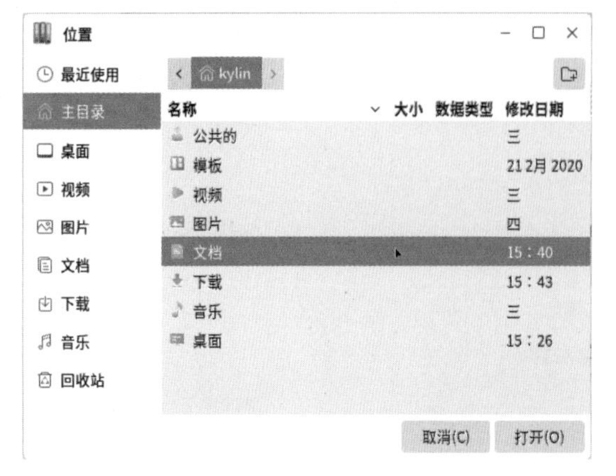

图 5-44 “位置”对话框

图 5-45 设置密码

压缩后的文件和文件夹在使用时需要进行解压缩。右键单击压缩文件，弹出的快捷菜单如图 5-46（a）所示。如果选择“解压缩到此处”，则在当前文件夹解压缩；如果选择“解压缩到…”，则打开“解压缩”对话框，输入位置，单击“解压缩”按钮，如图 5-46（b）所示。如果该压缩文件受密码保护，则要求用户输入密码，如图 5-46（c）所示。输入密码后单击“确定”按钮，即可解压缩文件。解压缩时，在如图 5-46（b）所示的“解压缩”对话框的底部，可以指定要解压缩的文件，如图 5-46（d）所示。指定解压缩的文件名后，所有为该名字的文件都会被提取出来。若是在压缩文件的子文件夹里，解压缩的文件也会包含文件目录。

（a）压缩文件的右键快捷菜单

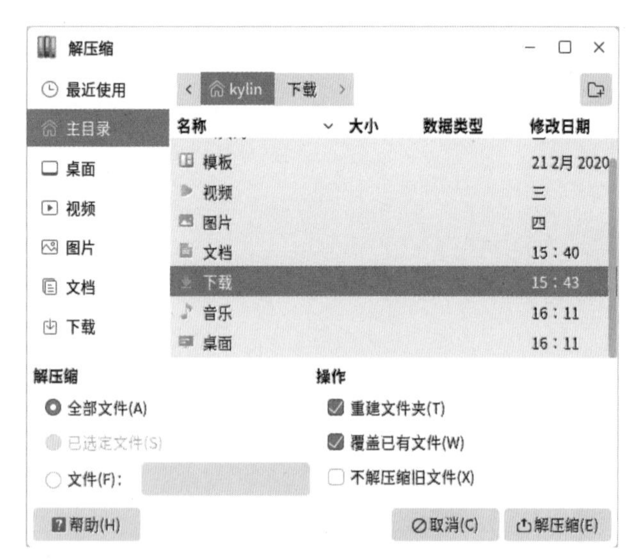

（b）“解压缩”对话框

图 5-46 解压缩文件

（c）输入密码　　（d）解压缩指定文件

图 5-46　解压缩文件（续）

5.4　文件和文件夹的安全

为了防止人为操作失误或系统故障导致数据丢失，系统提供“麒麟备份还原工具”对文件和文件夹进行备份与还原。对于一些比较私密或机密的文件和文件夹，也可以将其隐藏以保护文件和文件夹。为了实现用户私有数据的安全保护与共享，系统提供麒麟文件保护箱保护用户数据。

5.4.1　备份和还原文件及文件夹

对文件和文件夹进行备份和还原需要使用系统提供的“麒麟备份还原工具”。该工具支持新建备份点，也支持在某个备份点上进行增量备份；支持将系统还原到某次备份时的状态，或者在保留某些数据的情况下进行部分还原。

选择“开始”→“所有软件”→“麒麟备份还原工具”菜单命令，打开“麒麟备份还原工具”界面，在 V10 版本中，如图 5-47（a）所示。

选择“数据备份”选项，对用户指定的文件或文件夹进行备份。它包括“新建数据备份”和“数据增量备份”两个功能，如图 5-47（b）所示。“新建数据备份”功能将除备份还原分区、数据分区外的文件进行备份。“数据增量备份”功能是在一个已有备份的基础上继续进行备份。

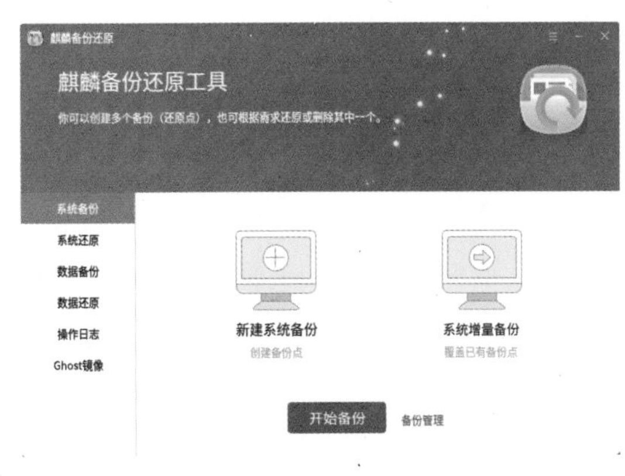

（a）“麒麟备份还原工具”界面

（b）“数据备份”选项功能

图 5-47　使用“麒麟备份还原工具”

单击“新建数据备份”，再单击“开始备份”按钮，弹出“新建数据备份”对话框，在右侧的文本框中输入要备份的文件夹或文件名，如图 5-48（a）所示为备份/home 文件夹中的内容。单击“确定”按钮后，系统会依次给出提示，如图 5-48（b）所示。分别单击“确定”和“OK”按钮，在备份还原分区上新建一个备份。在备份过程中，会出现如图 5-48（c）所示的提示框，备份时间长短与备份内容大小有关。备份完成后会弹出如图 5-48（d）所示的对话框，说明已经完成备份，单击“确定”按钮即可。

麒麟备份还原工具 - 新建数据备份

请输入你想备份的数据目录或文件名，该功能下会忽略左边目录树中的系统文件和目录。

该功能下会忽略

/backup
/boot/efi
/dev
/etc/.bootinfo
/ghost
/mnt
/sys
/tmp/*

输入目录或文件名

/home

指定路径 本地默认路径

移动设备

备注信息 请为本次备份输入一句话说明

*限100个中英文字符

确定

（a）“新建数据备份”对话框

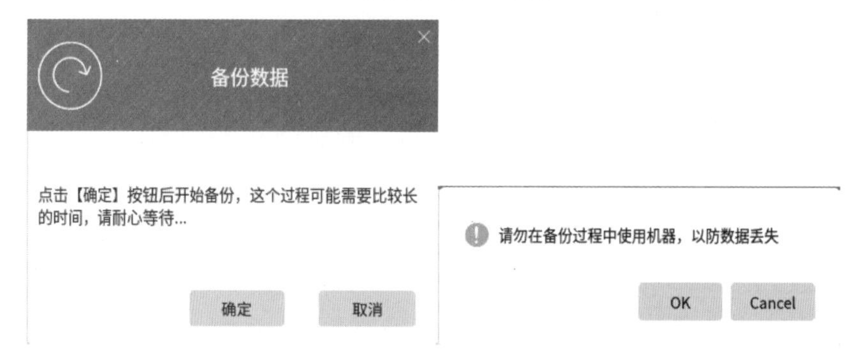

（b）备份提示

（c）正在备份　　　　（d）备份成功

图 5-48　新建数据备份操作过程

在图 5-47（b）中，单击“开始备份”右侧的“备份管理”按钮，弹出“数据备份”对话框，如图 5-49 所示。在该对话框中可以查看系统备份状态，也可以删除无效备份。

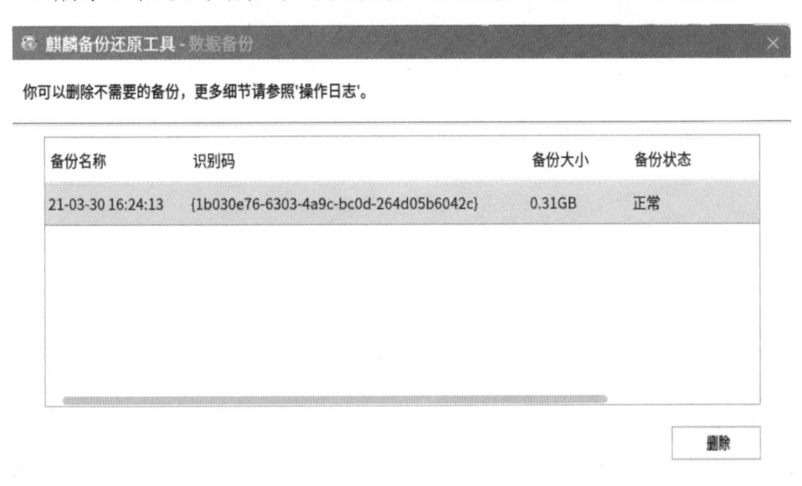

图 5-49　“数据备份”对话框

在图 5-47（b）中，单击“数据增量备份”，再单击“开始备份”按钮，弹出一个列出所有备份的对话框，供用户选择，如图 5-50（a）所示。选中当前的备份，单击“确定”按钮，弹出“数据增量备份”对话框，如图 5-50（b）所示，在右侧的“输入目录或文件名”下的文本框中输入要备份的文件夹或文件名，单击“确定”按钮即可。

（a）数据备份信息列表

麒麟备份还原工具 - 数据增量备份
您可在右侧指定框中输入想要备份的目录或文件，该功能下会考虑历史备份，并且会忽略左侧目录树中的系统文件和目录。
该功能下会自动忽略
输入目录或文件名
/data
/backup
/boot/efi
/dev
/etc/.bootinfo
/ghost
/mnt/*
/proc
/run
/sys
历史备份
/home/
备注(限100个中英文字符)
请为本次备份输入一句话说明
确定

（b）“数据增量备份”对话框

图 5-50　数据增量备份操作过程

使用系统提供的“麒麟备份还原工具”中的“数据还原”功能可以还原到某个数据备份的状态，“数据还原”主界面如图 5-51 所示。

单击“一键还原”按钮，弹出“数据备份信息列表”，选择需要还原的备份，如图 5-52 所示。

单击“确定”按钮，弹出警告信息，如图 5-53 所示。单击“OK”按钮，完成还原后系统自动重启。

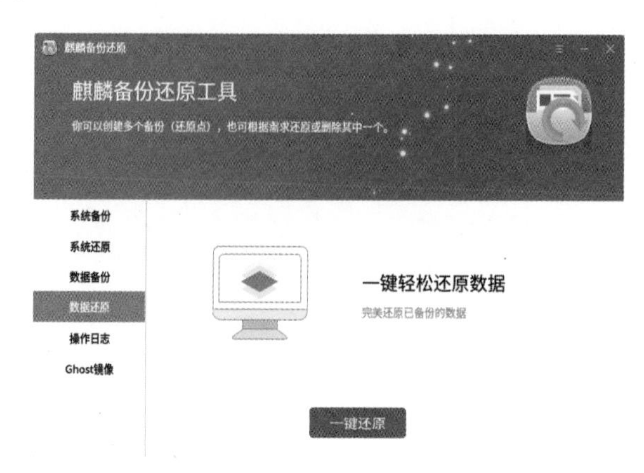

图 5-51　数据还原主界面

图 5-52　选择需要还原的备份

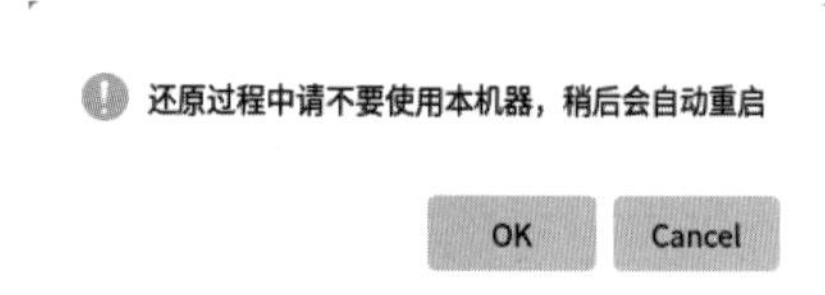

图 5-53　警告信息

5.4.2　隐藏和显示文件及文件夹

对于一些比较私密或机密的文件和文件夹，用户可以将其隐藏起来，以便保护相应的文件或文件夹。

例如，如果希望将“/我的资料/study/os”隐藏，则将“os”文件夹重命名为“.os”即可，在 V10 版本中，如图 5-54（a）所示。

文件夹被隐藏的效果如图 5-54（b）所示。

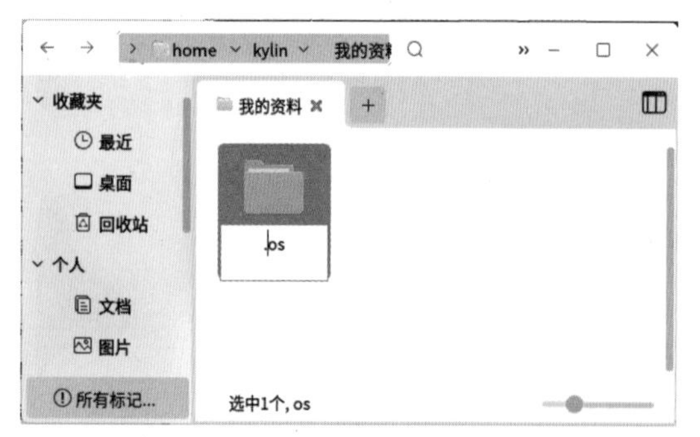

（a）文件夹名前加“.”

（b）文件夹被隐藏

图 5-54　隐藏文件夹

如果希望将隐藏的文件和文件夹显示在窗口，则单击工具栏和地址栏的“选项”图标☰，在弹出的下拉菜单中选择“显示隐藏文件”，如图 5-55（a）所示，此时原来隐藏的文件和文件夹将显示在窗口中，如图 5-55（b）所示。

（a）选择“显示隐藏文件”选项

（b）显示隐藏文件

图 5-55　显示文件和文件夹

5.4.3　麒麟文件保护箱

系统提供了麒麟文件保护箱以保护用户数据。麒麟文件保护箱通过隔离隐藏、加密保护和共享授权相结合的方式，实现用户私有数据的安全保护与共享。

（1）特性

① 新创建的个人目录（保护箱、保护箱目录或 BOX、BOX 目录）是加密状态，仅对用户自己可见，对其他用户不可见。

② 用户可以授权其他用户以只读或读写权限访问私有的 BOX，也可访问其他用户共享的 BOX。

③ 由于新创建的 BOX 默认加密设置，其他用户访问时，除了需要具备共享授权，还要进行密码认证，通过验证方可访问 BOX 中的数据。

④ 已解锁的 BOX 不可删除、重命名，不可进行密码设置、共享设置；如需进行上述变更操作，需先锁定该 BOX。

（2）“麒麟文件保护箱”界面

选择“开始”→“所有软件”→“麒麟文件保护箱”菜单命令，打开“麒麟文件保护箱”界面，在 V10 版本中，如图 5-56 所示。

不同的图标表示保护箱文件夹的不同状态，具体说明如表 5-2 所示。

（3）基本功能

麒麟文件保护箱具有保护箱的创建、重命名、删除、修改密码与共享设置等功能，并支持图标、列表两种方式查看保护箱，用户可以通过功能按钮和右键菜单进行相关操作。

不同用户创建的保护箱位于对应的“/box/［用户名］/”文件夹中，用户可以通过保护箱管理工具界面，双击对应图标，访问该保护箱文件夹。保护箱中的文件、文件夹的操作方法与普通文件、文件夹是一样的。

图 5-56　“麒麟文件保护箱”界面

表 5-2　图标的说明

图标	说明
	保护箱文件夹（锁定状态）
	保护箱文件夹（解锁状态）
	保护箱文件夹（共享状态锁定）
	保护箱文件夹（共享状态已解锁）

① 新建

文件保护箱第一次打开时是空的。用户可以单击“新建”按钮创建新的私有保护箱，输入新建的保护箱名称和密码，然后单击“确认”按钮，如图 5-57 所示。

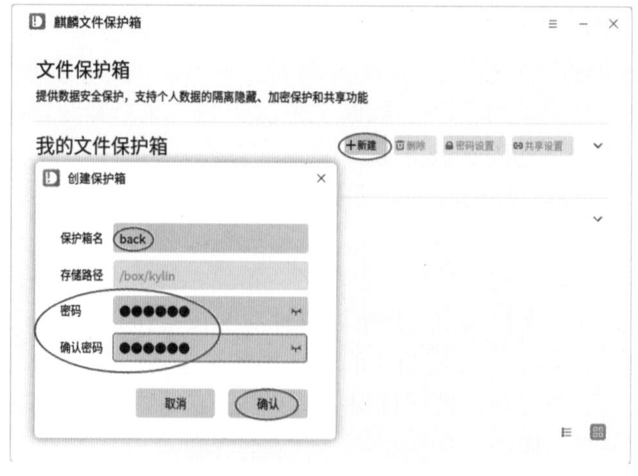

图 5-57　新建文件保护箱

单击“密码”右侧的闭眼按钮，该眼睛睁开，可以显示密码，如图 5-58 所示。

对于加密的保护箱文件夹，使用前需要先对其解锁。解锁的方法有两种：一种是双击图标；另一种是右键单击图标，在弹出的菜单中选择“解锁”选项。“解锁保护箱”对话框如图 5-59 所示。输入密码并单击“确认”按钮即可解锁，解锁后即可像操作普通文件夹一样对其进行操作。

图 5-58　显示密码

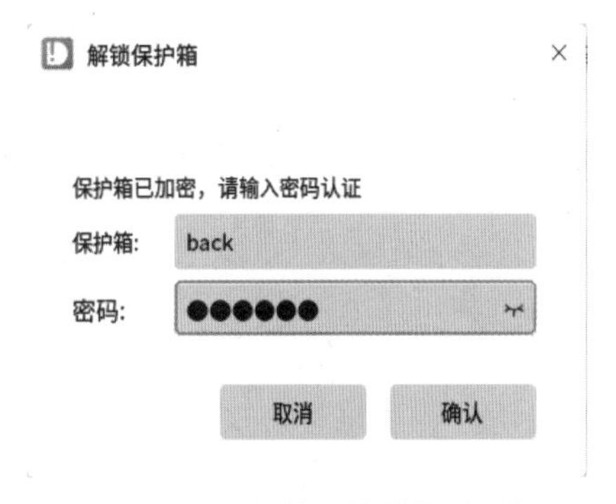

图 5-59　“解锁保护箱”对话框

解锁后还可以对其锁定。右键单击要锁定的保护箱文件夹，弹出如图 5-60 所示的菜单，选择“锁定”选项，即可完成锁定。

图 5-60　锁定保护箱文件夹

② 删除

当用户不再需要某个保护箱文件夹时，可以将其删除。选中要删除的保护箱文件夹，单击“删除”按钮，也可右键单击要删除的保护箱文件夹，在弹出的菜单中选择“删除”选项。“删除保护箱”对话框如图 5-61 所示。输入密码后，单击“确认”按钮，即可删除。

③ 重命名

如果要给已有的保护箱文件夹改名，则可以右键单击要改名的保护箱文件夹，选择右键菜单中的“重命名”选项，如图 5-62 所示，输入新名称和密码后单击“确认”按钮即可，如图 5-63 所示。

解锁状态的文件保护箱不能重命名，需要锁定后再进行操作。

④ 修改密码

用户可以修改文件保护箱密码。选中保护箱文件夹，单击“密码设置”按钮；也可右键单击选中的保护箱文件夹，在弹出的菜单中选择“密码设置”选项，如图 5-64 所示。

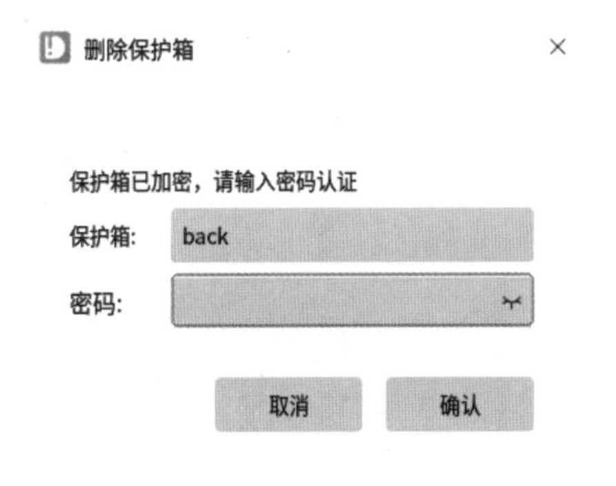

图 5-61　“删除保护箱”对话框

图 5-62　选择“重命名”选项

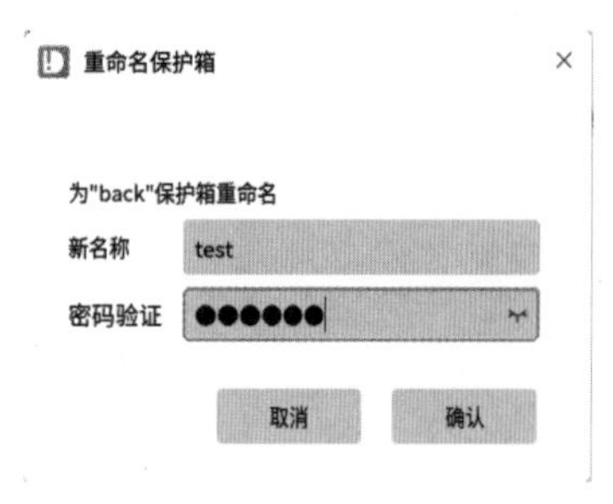

图 5-63　重命名保护箱文件夹

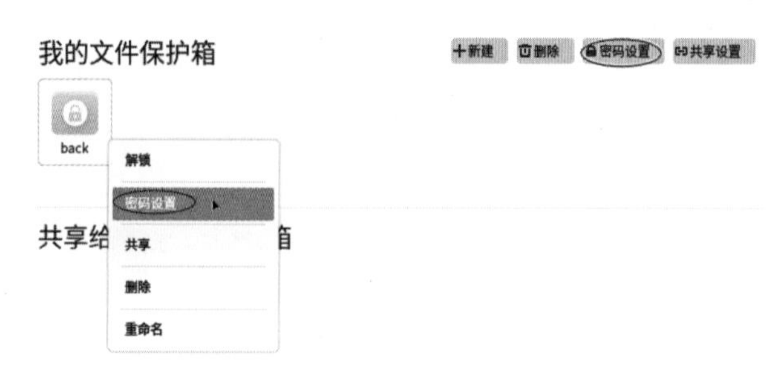

图 5-64　选择“密码设置”选项

修改密码操作如图 5-65 所示。输入“当前密码”“新密码”“确认密码”后，单击“确认”按钮，即可完成修改。

⑤ 共享设置

如果用户需要将私有保护箱文件夹共享给其他用户，则选中待共享的保护箱文件夹后，单击“共享设置”按钮；或者右键单击待共享的保护箱文件夹，在弹出的快捷菜单中选择“共享”选项，如图 5-66 所示。此时需要验证密码，如图 5-67（a）所示；然后弹出“共享设置”界面，如图 5-67（b）所示，在该界面设置共享权限，最后单击“应用”按钮即可生效。设置、修改、取消共享设置的操作步骤与之类似。如果修改共享设置前保护箱文件夹处于解锁状态，则需要先锁定。

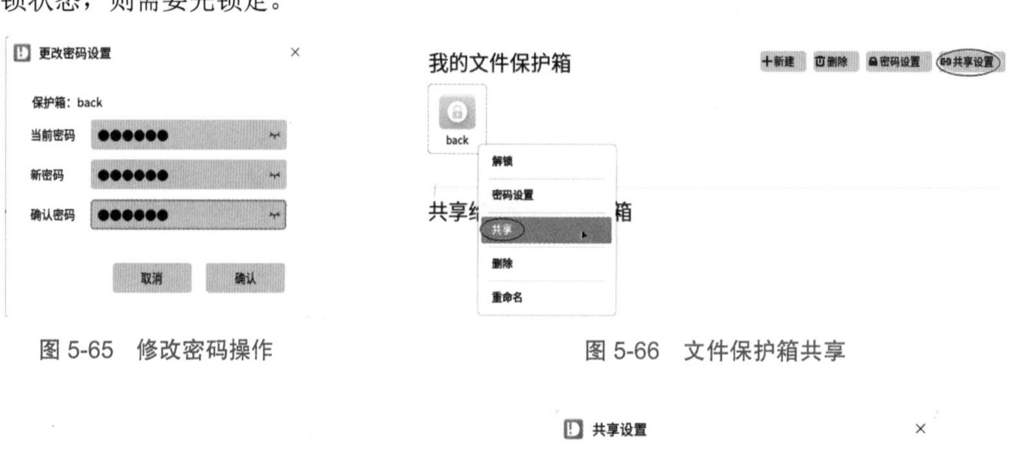

图 5-65　修改密码操作

图 5-66　文件保护箱共享

（a）共享设置密码验证

（b）“共享设置”界面

图 5-67　共享设置操作步骤

⑥ 视图切换

麒麟文件保护箱管理工具支持以图标、列表两种视图方式显示保护箱文件夹，默认为图标视图。图标视图下，光标悬停在保护箱文件夹上，可以显示详细路径，如图 5-68 所示；列表视图支持查看保护箱文件夹的详细信息，可以根据共享情况、创建人以及创建时间进行排序显示。

图 5-68　图标视图

如果需要切换查看方式，单击窗口右下方的功能按钮即可。筛选显示的列表视图如图 5-69 所示。

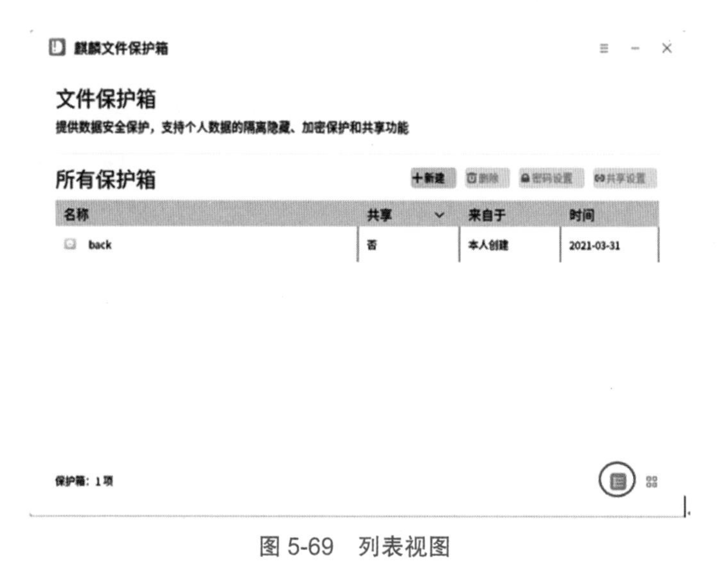

图 5-69　列表视图

5.5　本章任务

通过本章学习，用户可以掌握创建文件和文件夹、压缩多个文件和文件夹等操作技巧。

5.5.1 创建自己的文件和文件夹

用户在使用计算机时，可以创建自己的文件夹和文件，将自己的文件分门别类地放在各个文件夹下，便于整理和查找。例如，可以将学习类的文件和文件夹放在“学习”文件夹中，将工作类的文件和文件夹放在“工作”文件夹中，将娱乐类的文件和文件夹放在“娱乐”文件夹中，将办公室相关的文件和文件夹放在“办公室”文件夹中。

双击桌面的用户文件夹图标，打开文件管理器窗口，双击“文档”图标，在“文档”文件夹中新建四个文件夹，并对其进行重命名，新建的文件夹如图 5-70 所示。

在新建的文件夹中可以创建自己的文件，也可以复制文件到这些文件夹中。例如，在“学习”文件夹中新建“wps 学习心得.wps”文件，如图 5-71 所示。打开该文件可以对其进行编辑。

图 5-70　新建 4 个文件夹　　　　图 5-71　新建自己的文件

也可以将其他关于学习的文件和文件夹复制到“学习”文件夹中。例如，可以使用 5.3.5 节中介绍的方法将“下载”文件夹中的“C++”文件夹和“ch5.dps”文件复制到“学习”文件夹中，可同时打开“下载”界面和“学习”界面，通过调整界面大小，使它们并排显示在屏幕中，如图 5-72（a）所示。选中左侧界面的“C++”文件夹和“ch5.dps”文件，按住“Ctrl”键，再按住鼠标左键不放，拖曳鼠标到右侧窗口，如图 5-72（b）所示。放开鼠标左键，则完成复制操作，如图 5-72（c）所示，“C++”文件夹和“ch5.dps”文件已经在“学习”文件夹中。

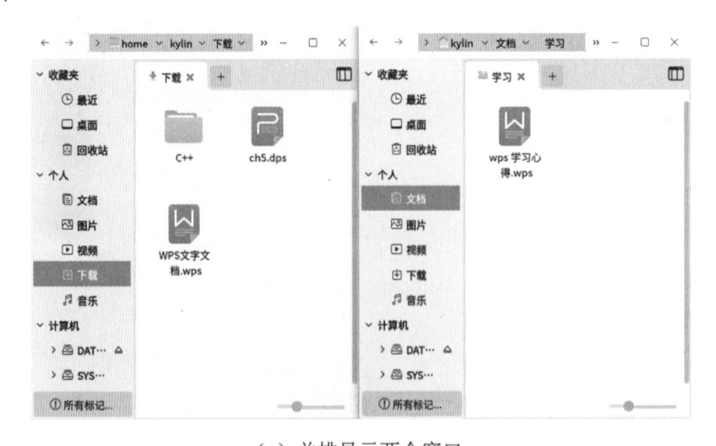

（a）并排显示两个窗口

图 5-72　复制操作

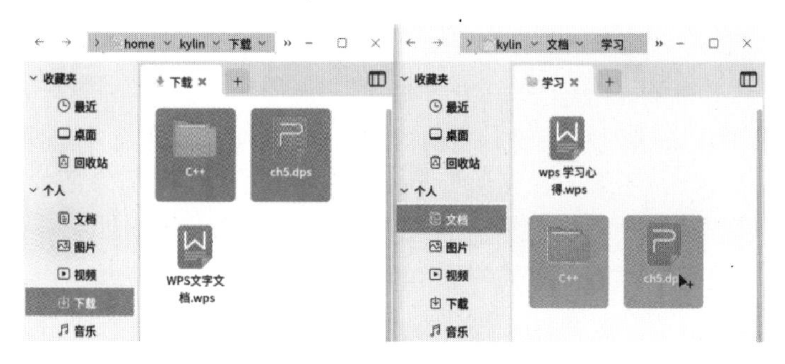

（b）拖动鼠标实现复制

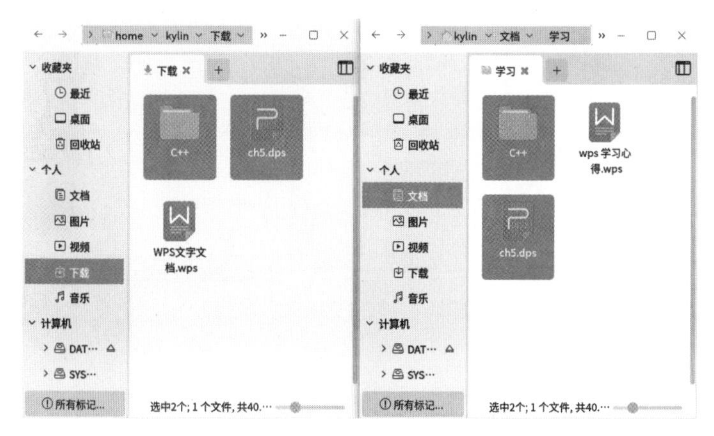

（c）完成复制操作

图 5-72　复制操作（续）

如果要复制的文件和文件夹与原有文件和文件夹重名，则会弹出“文件复制错误”提示。例如，目的文件夹下也有“C++”文件夹和“ch5.dps”文件，在进行复制时会弹出如图 5-73 所示的对话框，提示当前位置下有名为“C++”的文件。若选择“忽略”，则不进行复制；若选择“替换”，则用新文件夹替换原始文件夹；若选择“备份”，则在目标目录下创建复制的文件，但名字后加“(1)”。这里单击“备份”，会创建一个名为“C++（1)”的文件夹。再进行 ch5.dps 文件的复制，这时会继续弹出如图 5-74 所示的“文件复制错误”的提示信息，提示当前位置下有名为“ch5.dps”的文件。若选择“忽略”，则不进行复制；若选择“替换”，则用新文件替换原始文件；若选择“备份”，则创建“ch5（1）.dps”文件。若勾选最后一行开头的“全部应用”，则会对后续的错误都采用相同的处理方式。

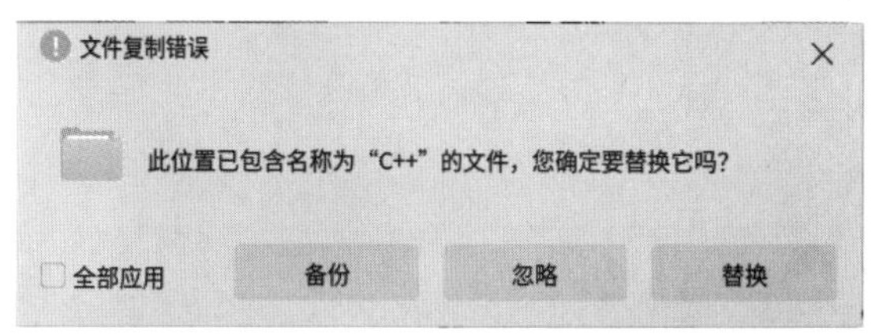

图 5-73　C++文件的“文件复制错误”提示

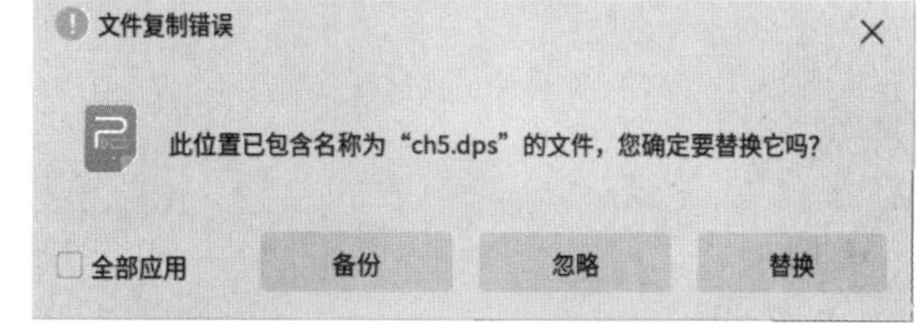

图 5-74　ch5.dps 的“文件复制错误”提示

5.5.2　压缩多个文件和文件夹

5.3.8 节中介绍了压缩文件和文件夹的方法。如果要压缩多个文件和文件夹，可采用以下两种方法。

方法一：选中多个文件和文件夹进行压缩。

选中三个文件夹，单击鼠标右键，在弹出的菜单中选择“压缩”选项，如图5-75（a）所示，打开如图5-75（b）所示的“压缩”界面，在“文件名（F）：”后的输入框中输入压缩文件的名称“资料”，选择保存的文件夹位置，单击“创建”按钮即可看到创建的压缩文件“资料.zip”，如图5-75（c）所示。

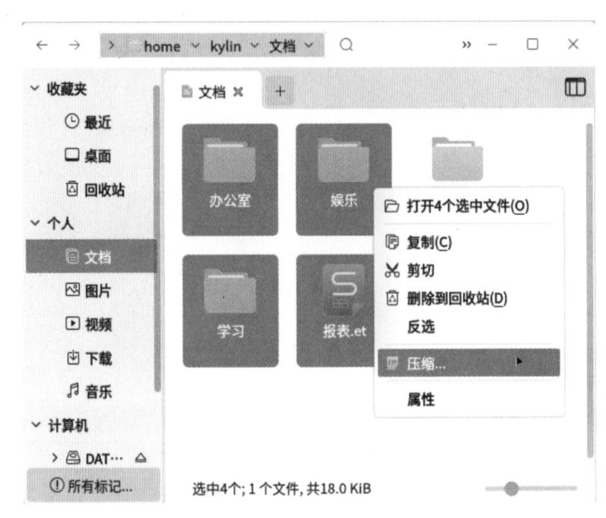

（a）对多个文件夹和文件进行压缩

（b）对压缩文件进行命名　　　　（c）压缩的文件

图5-75　压缩操作

方法二：合并压缩文件和文件夹。

双击图5-75（c）中的“资料.zip”，打开该界面，并与“文档”界面并排显示，如图5-76（a）所示。选中左侧窗口的“学习”文件夹，按住鼠标左键不放，拖曳鼠标至右侧窗口中，则“学习”文件夹添加到压缩文件“资料.zip”，如图5-76（b）所示。

压缩后的文件在使用时需要解压缩，如果只需解压缩其中的一个文件夹，则可以单击图5-76（b）中的“解压缩”，在弹出的如图5-77（a）所示的界面中选择解压缩的位置为“桌面”，解压缩的文件是“学习”，单击“解压缩”按钮，解压缩成功后会弹出如图5-77（b）

所示的对话框，单击“显示文件”按钮，则打开“学习”文件夹所在的文件夹；单击“关闭”按钮，则关闭对话框；单击“退出”按钮，则关闭“资料.zip”；单击“显示文件并退出”按钮，则打开“学习”文件夹所在的文件夹并关闭“资料.zip”。

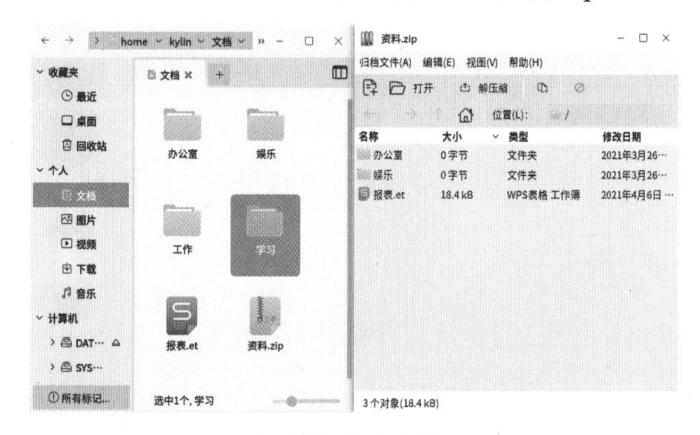

（a）并排显示的两个窗口

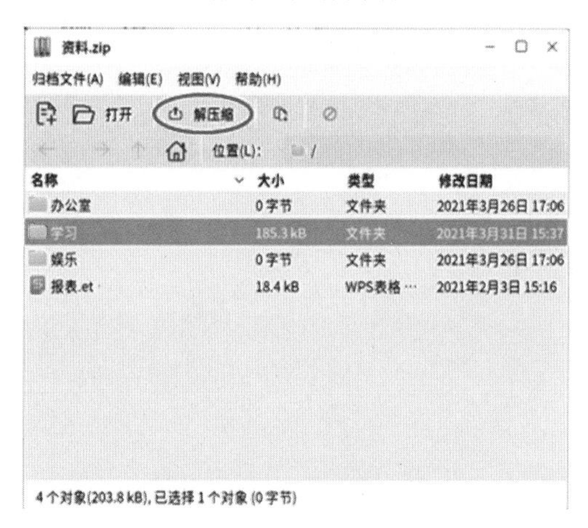

（b）添加新文件夹后的压缩文件夹

图 5-76　添加新文件

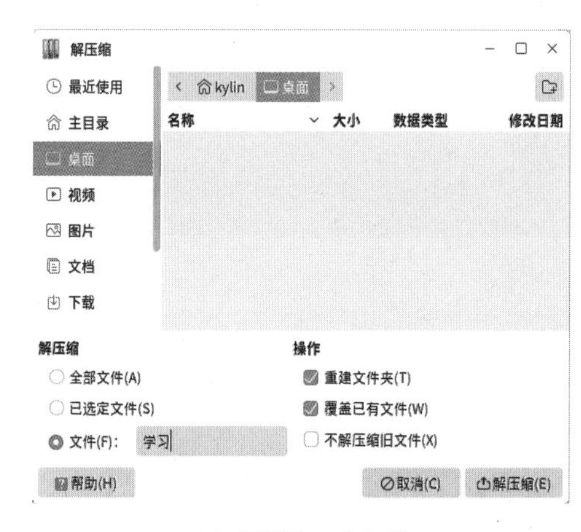

（a）解压缩一个文件

（b）解压缩成功完成

图 5-77　解压缩

第 6 章　个性化麒麟操作系统

麒麟操作系统为用户提供了丰富的个性化设置选项，用户可以根据自己的习惯及喜好对麒麟操作系统进行个性化设置。

6.1　外观的个性化

桌面是用户进行图形界面操作的基础，用户可以对文件进行新建、删除、移动等操作，也可以对应用程序的快捷方式进行添加或删除。用户在进入麒麟操作系统界面后，可以设置桌面壁纸、桌面背景以及替换桌面图标等操作，在 V10 版本中，麒麟操作系统界面如图 6-1 所示。

图 6-1　麒麟操作系统界面

6.1.1　设置麒麟操作系统桌面主题

用户在进入如图 6-1 所示的麒麟操作系统界面后，选择“开始”→“设置”菜单命令，在打开的“控制面板”界面选择“个性化”选项，打开“个性化”窗口，如图 6-2 所示。

单击“主题”选项卡，进入主题设置界面，如图 6-3 所示，系统为用户默认提供两种主题模式：系统默认和深色模式，表现为不同的图标主题和光标主题，左侧主题模式为系统默认主题，右侧主题模式为可选的深色模式。单击相应的主题模式即可完成主题切换。

图 6-2　个性化设置界面

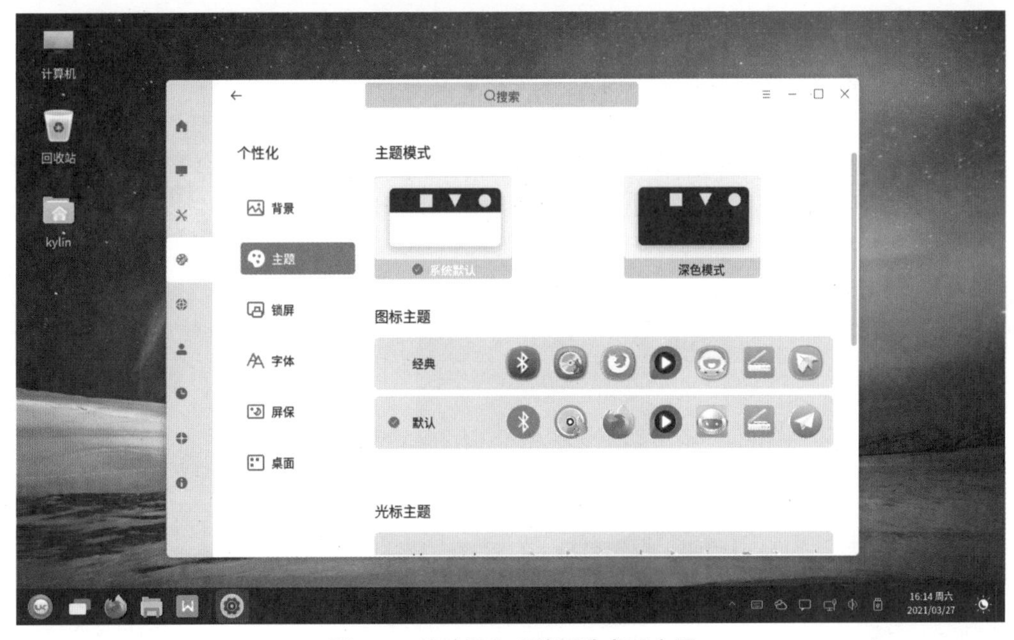

图 6-3　麒麟操作系统可选桌面主题

6.1.2　桌面背景个性化设置

用户可以对桌面背景进行个性化设置，更换成个人喜欢的背景图片。打开桌面背景设置界面的方法有以下两种。

方法一：选择“开始”→“设置”菜单命令，在“个性化”界面，单击“背景”选项，如图 6-4 所示。

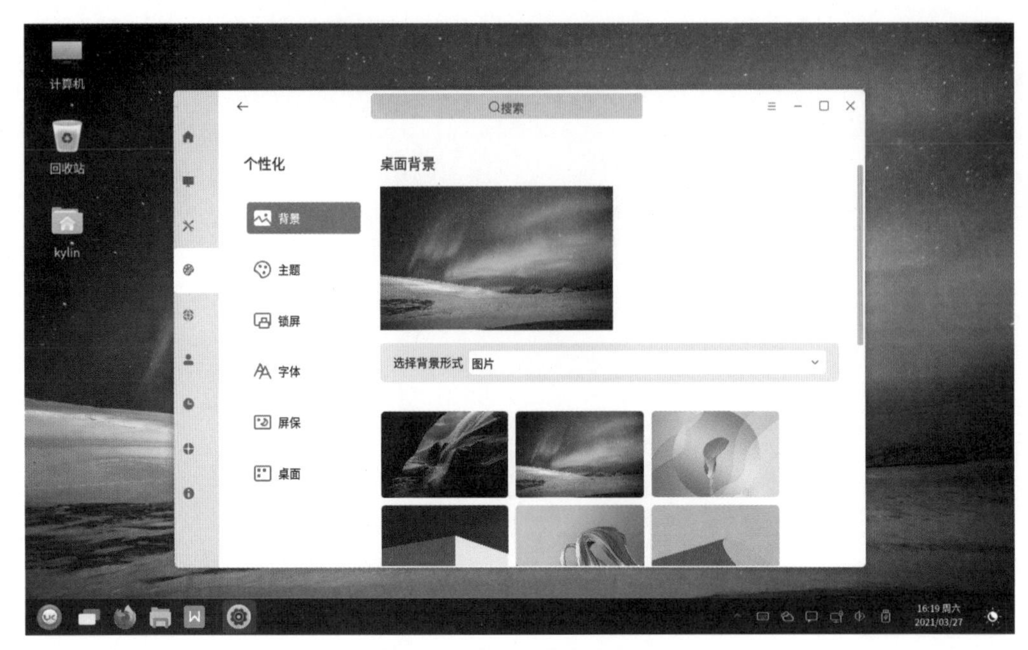

图 6-4　桌面背景设置界面

方法二：在桌面任意空白处单击鼠标右键，在弹出的菜单中选择“设置壁纸”选项。

在桌面背景设置界面，选择图片，即可将该图片设置为桌面壁纸。如选中图 6-4 第一行第一列图片更改为新的桌面壁纸，更改后的桌面如图 6-5 所示。

图 6-5　桌面背景更改后示例

在桌面壁纸设置界面底部，可以浏览线上壁纸、浏览本地壁纸以及恢复默认设置。

（1）浏览线上壁纸

单击桌面背景设置界面下方的“浏览线上壁纸”选项，弹出壁纸下载，浏览器打开的界面中可以下载壁纸合集，也可以按照合集或分类查看用户喜欢的壁纸，然后单击壁纸，单击下方的壁纸下载按钮，即可将喜欢的壁纸下载到本地使用。

（2）浏览本地壁纸

单击桌面背景设置界面下方的“浏览本地壁纸”选项，弹出文件选择框，在文件选择框中选择目标图片的所在路径并查找到该目标图片，选中目标图片，单击“确定”按钮，即可将本机中的图片导入桌面壁纸库，随后在桌面壁纸中单击该图片，即可将此图片设置为桌面壁纸。

6.1.3　桌面图标个性化设置

用户可以根据自己的喜好与使用习惯对桌面应用程序或者文件夹的图标进行个性化设置。首先，用户选中所需要进行个性化设置的桌面应用程序或者文件夹，右击该文件夹，在弹出菜单中选择“属性”选项，进入应用程序或者文件夹的属性设置界面，如图 6-6 所示。

以更改“我的文件”文件夹图标为例。按上述步骤进入“我的文件”文件夹基本属性设置界面后，双击该文件夹的图标，进入“选择自定义图标”界面，如图 6-7 所示。

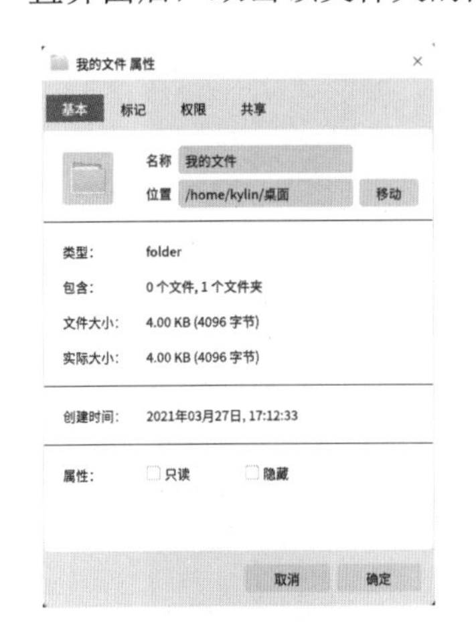

图 6-6　文件夹属性界面

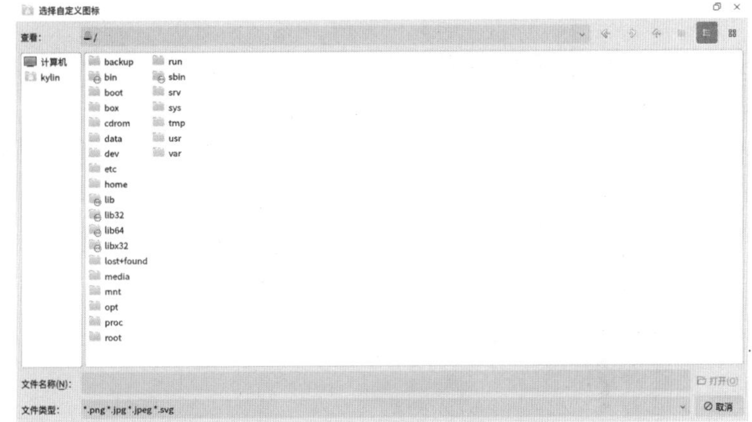

图 6-7　选择自定义图标界面

在“选择自定义图标”界面中，打开图标所在的文件夹，选择相应的图片或图标，单击“确定”按钮即可将选择的图片或者图标设置为当前文件夹（或者应用程序）的图标，如图 6-8 所示。

6.1.4　更改屏幕保护程序

在“控制面板”界面，打开“个性化”窗口，单击“屏保”选项卡，即可进入屏幕保护设置界面，如图 6-9 所示。

（1）开启屏保。默认为开启状态，单击右侧按钮可关闭屏保。

（2）屏幕保护程序。有默认和黑屏两种桌面保护程序样式，单击右侧的下拉列表，选择对应的按钮即可显示屏保效果预览。

（3）等待时间。可设置熄屏的时间间隙长短。

图 6-8　个人文件夹图标更改后界面

图 6-9　屏幕保护设置界面

6.2　“开始”菜单的个性化

“开始”菜单默认显示所有软件，也可以按照用户需求选择按照“字母排序”或者“功能分类”；也可以单击右上角的全屏按钮，实现“开始”菜单的全屏显示。用户也可以单击菜单顶部的搜索框，对软件进行按名称搜索。

6.2.1　字母排序

单击“开始”菜单右侧的“字母排序”，“开始”菜单左侧的所有软件将按照首字母的升序排列显示，方便用户快速检索。用户可以单击对应的大写英文字母，进行快速跳转，选择跳转到指定字母的位置进行查看。在 V10 版本中，按字母排序操作界面如图 6-10 所示。

图 6-10　按字母排序操作界面

6.2.2　功能分类

打开“开始”菜单，选择右侧的“功能分类”按钮。应用程序将会按照相应的类别自动分类显示。有“网络”“社交”“影音”“图像”“游戏”“办公”等多种类别，用户可以按照需求在对应的类别中进行软件的选择。同样，单击类别名称，会进入类别选择的界面，用户可以在不同的类别之间进行快速的跳转，方便用户快速找到需要的软件。在 V10 版本中，按功能分类操作界面如图 6-11 所示。

图 6-11　按功能分类操作界面

6.3 “任务栏”的个性化

任务栏是指位于桌面最下方的小长条，主要由“开始”菜单（屏幕）、应用程序区、语言选项带（可解锁）和托盘区组成。在麒麟操作系统中，用户同样可以对任务栏进行一定程度上的个性化设置。本节主要介绍程序按钮区、任务栏图标以及自定义任务栏的个性化设置。

6.3.1 程序按钮区的个性化

用户可以对固定在任务栏区域的应用程序进行增加、删除与移动顺序的操作。

（1）添加应用程序到任务栏

单击“开始”菜单按钮，打开“所有程序”界面，选择需要固定到任务栏上的应用程序，右击，在弹出菜单中选择“固定到任务栏”选项，即可将该应用程序固定到任务栏中。

（2）移出任务栏上的固定应用程序

选择任务栏上需要移出的应用程序，右击，在弹出的菜单中选择“从任务栏取消固定”选项，操作示例图，在 V10 版本中，如图 6-12 所示。

图 6-12　从任务栏移出应用程序

（3）移动任务栏上图标的顺序

选择任务栏上需要移动的应用程序，右击，在弹出的菜单中选择“左移”“右移”选项，或者单击待拖动的图标向左右拖动，即可实现图标位置的交换。图标移动前后的效果，在 V10 版本中，如图 6-13 所示。

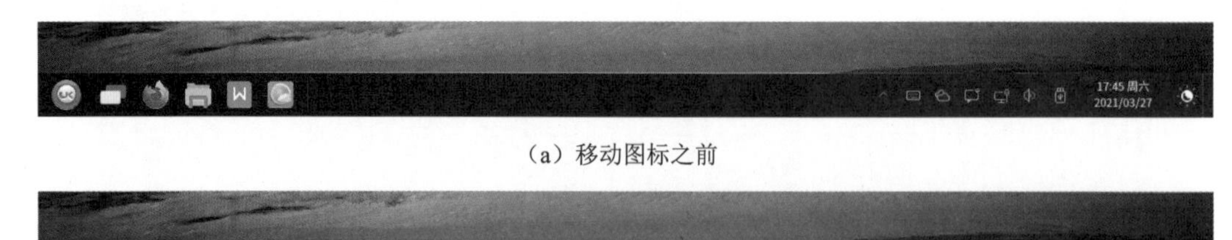

（a）移动图标之前

（b）移动图标之后

图 6-13　移动图标

6.3.2 任务栏图标设置

单击任务栏的空白处，在弹出菜单中选择“设置任务栏”，即可对任务栏的图标进行自定义设置，用户可以对是否锁定在“开始”菜单的图标进行设置，也可以对显示在托盘上的图标进行设置。任务栏图标设置界面，在 V10 版本中，如图 6-14 所示。

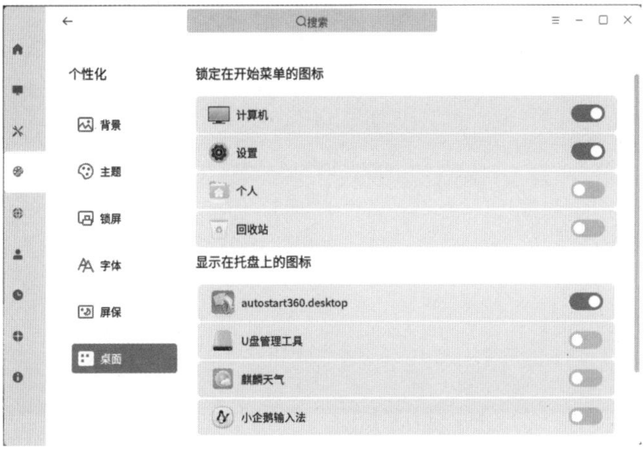

图 6-14　任务栏图标设置界面

6.3.2　自定义任务栏设置

用户可以调整“任务栏”的位置和大小，对其进行个性化设置。单击任务栏的空白处，在弹出菜单中，即可对任务栏进行设置。在 V10 版本中，如图 6-15 所示。

图 6-15　任务栏设置界面

（1）“显示任务视图按钮”选项。表示在任务栏最左侧，默认显示任务视图按钮，单击时即可进行快捷的任务状态切换。默认情况下为自动勾选状态。

（2）“显示夜间模式按钮”选项。表示任务栏最右侧显示夜间模式按钮，用户可以根据需要单击按钮，将系统快捷地切换为夜间模式，默认情况下为自动勾选状态。

（3）“调整大小”选项。通过该选项，用户可以对任务栏进行 3 种尺寸的大小设置，分别为“小尺寸”“中尺寸”“大尺寸”，更改选项为“大尺寸”的效果如图 6-16 所示。

（4）“调整位置”选项。通过该选项，用户可以选择任务栏在整个桌面上的位置，分别有“上”“下”“左”“右”，设置任务栏位置为“上”如图 6-17 所示。

（5）“隐藏任务栏”选项。表示当光标离开任务栏区域后，任务栏会自动向边际隐藏，默认情况下为未勾选状态。

（6）“锁定任务栏”选项。表示任务栏被锁定到当前位置，无法改变其位置，默认情况下为自动勾选状态。

图 6-16　更改选项为大尺寸的效果

图 6-17　设置任务栏位置为“上”

6.4　鼠标和键盘的个性化

麒麟操作系统支持用户对系统必须的外部硬件设备——鼠标和键盘进行相应的个性化设置。用户可以根据硬件设备的使用习惯和方法，对相应的硬件参数进行设置。

6.4.1　鼠标的个性化设置

在“控制面板”界面，单击“设备”选项卡，选择“鼠标”项，即可打开鼠标设置界面，在 V10 版本中，如图 6-18 所示。用户可根据个人对鼠标的使用习惯对鼠标的参数进行修改。

在图 6-18 所示的通用设置界面，在鼠标键设置栏，可以对鼠标键进行惯用手的设置，可以调为惯用左手或者惯用右手，可以通过拖曳鼠标滚轮速度和鼠标双击间隔时长的进度条，来调节适合个人使用习惯的鼠标滚轮速度和鼠标双击间隔时长。在指针设置栏中，指针速度也可以采用同样的方式进行调节，还可以选择是否开启鼠标加速和按“Ctrl”键显示指针位置，以及指针大小。用户还可以对光标进行设置，选择启用文本区域的光标闪烁，进行光标速度的调整，以设置最佳的光标速度。

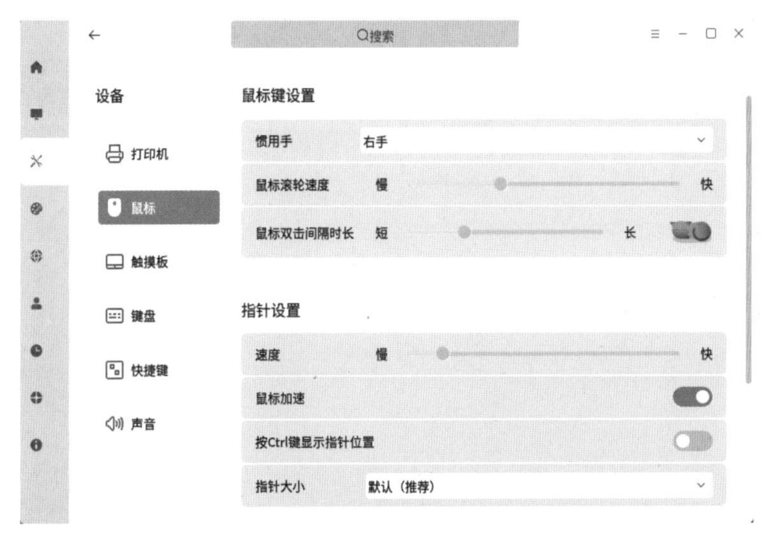

图 6-18　鼠标设置界面

6.4.2　键盘的个性化设置

在“控制面板”界面，单击“设备”下的“键盘”项，即可打开键盘设置界面，共有“通用设置”“输入法设置”2 个选项卡。在 V10 版本中，键盘通用设置界面如图 6-19 所示。

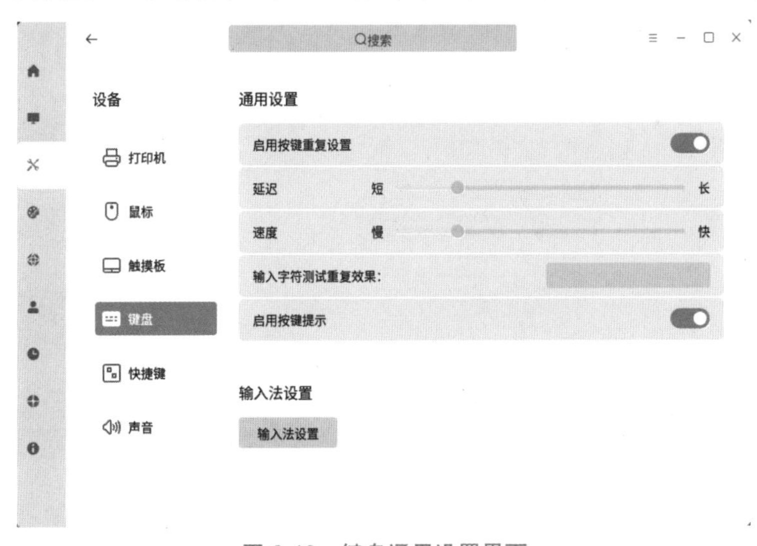

图 6-19　键盘通用设置界面

（1）“通用设置”选项卡

在图 6-19 所示的键盘通用设置界面中，用户可根据个人使用习惯确定是否启用按键重复设置，以及设置键盘的“延时”“速度”。用户可输入字符测试重复效果。此外，还可以选择是否启用按键提示。

（2）“输入法设置”选项卡

在图 6-20 所示的输入法设置界面中，单击左下角的“+”可以将需要的输入法加入列表中，如图 6-21 所示。

单击“-”将列表中的输入法进行移除；

单击“↑”可以对列表内的输入法进行上下移动。

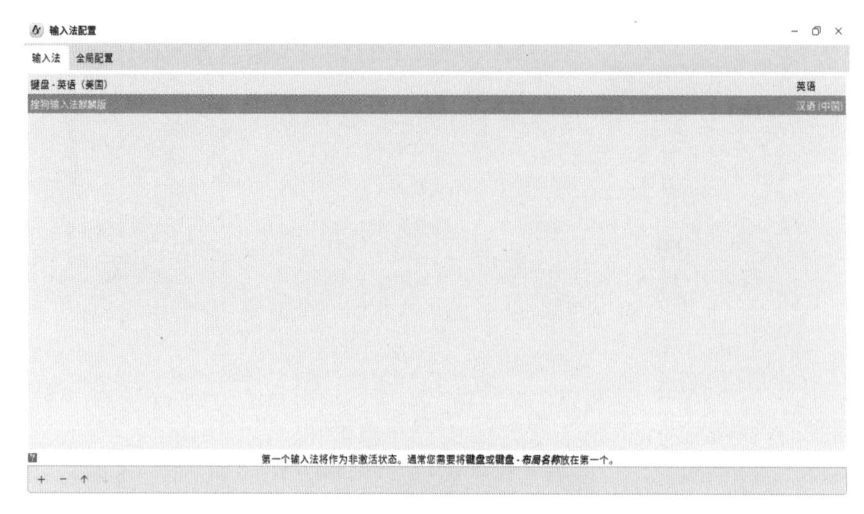

图 6-20　键盘布局界面

图 6-21　添加输入法

输入法配置中，允许用户进行全局配置，可以自定义输入法快捷键和程序。单击相应的行，然后输入按键组合，或按“Backspace”键清除。输入法快捷键编辑界面如图 6-22 所示。

单击输入法切换键右侧的按钮进入快捷键选择界面，用户可以根据个人的使用习惯进行选择，如图 6-23 所示。

6.4.3　屏幕键盘

单击“开始”菜单，在顶部的搜索框输入“屏幕键盘”，如图 6-24 所示。

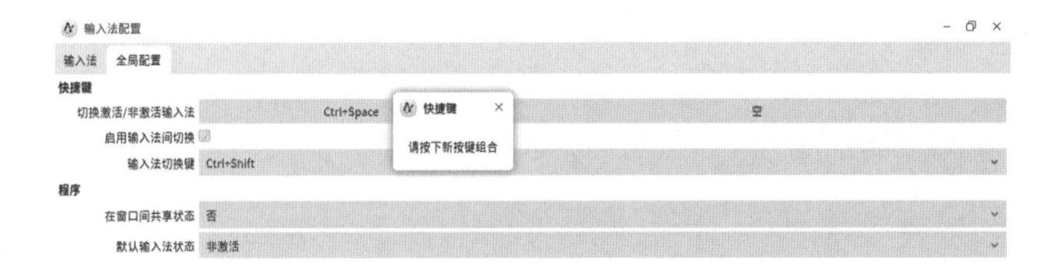

图 6-22　输入法快捷键编辑界面

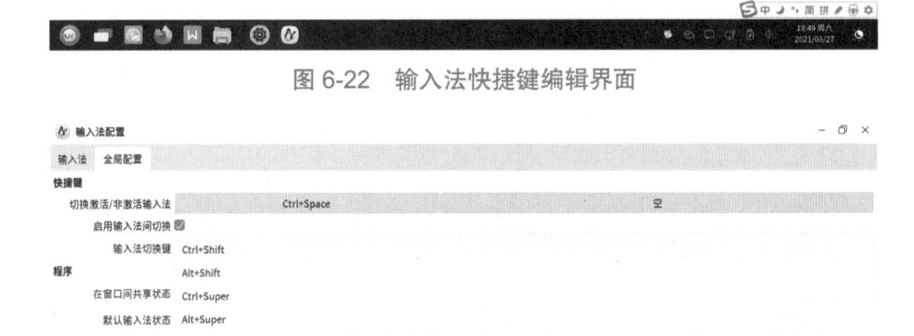

图 6-23　输入法切换键选择界面

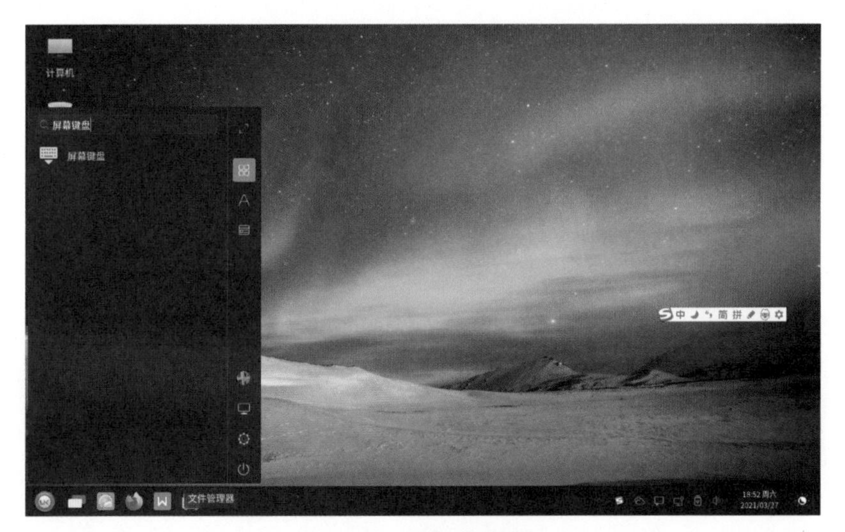

图 6-24　搜索屏幕键盘

单击屏幕键盘应用程序，打开屏幕键盘界面，如图 6-25 所示。

图 6-25　屏幕键盘界面

6.5　字体与屏幕的个性化

麒麟操作系统支持用户改变系统字体的样式、大小以及选择不同风格的字体。字体设置界面，在 V10 版本中，如图 6-26 所示。

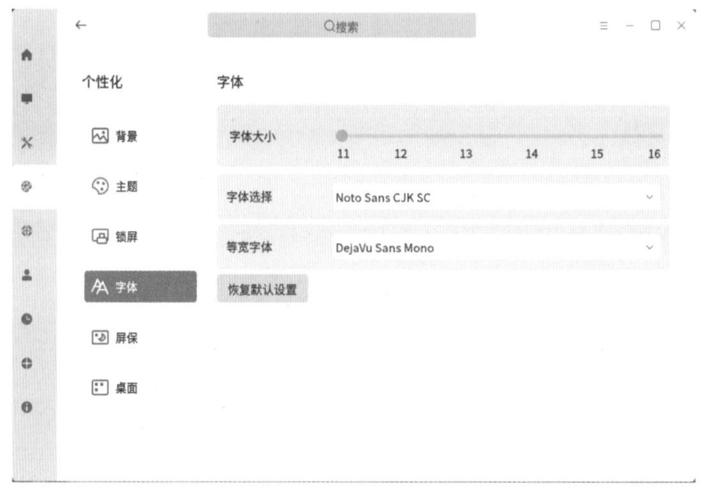

图 6-26　字体设置界面

6.5.1　设置字体大小和样式

麒麟操作系统支持多种不同类型的字体和等宽字体的选择，系统默认字体大小值为 11，默认字体选择为“NotoSansCJKSC”，默认等宽字体为“DejaVuSansMono”。用户可以根据自己的偏好，在字体选择和等宽字体的右侧，单击下拉列表，进行对应字体的选择。

改变字体样式的效果如图 6-27 所示。按左下角“恢复默认设置”按钮即可恢复默认模式。

6.5.2　设置屏幕的分辨率

在“控制面板”界面，单击“系统”选项卡，选择“显示器”项，即进入显示器设置界面。在该界面，用户可以选择不同分辨率选项以设置系统显示器的分辨率，还可以根据需求设置显示器的方向和刷新率，以及屏幕的缩放比例。用户还可以根据现实状况，选择是否开启显示器的夜间模式。选定更改值后，单击“应用”按钮即可。显示器设置界面如图 6-28 所示。

图 6-27　改变字体样式

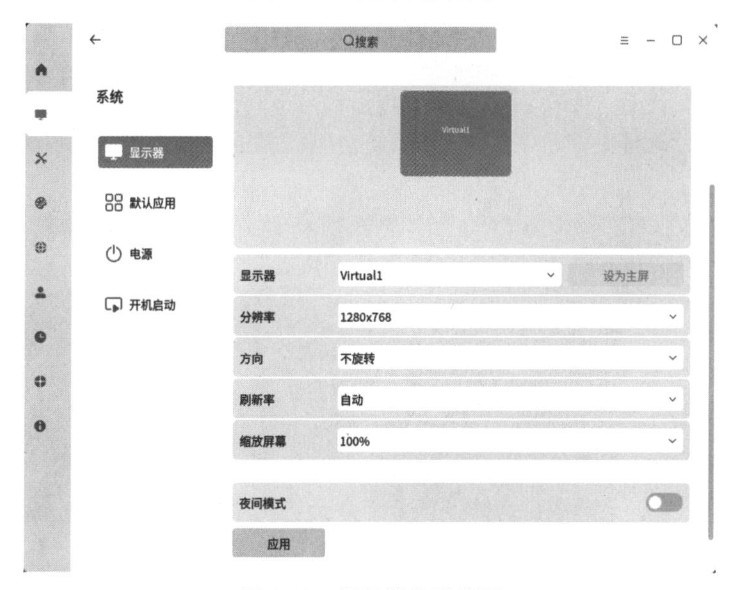

图 6-28　显示器设置界面

6.6　本章任务

在学习完本章的个性化麒麟操作系统相关知识后，请结合本章内容个性化自己的麒麟操作系统。

6.6.1　更换桌面主题

桌面主题更换前，“计算机”“回收站”“kylin”的样式以及任务栏的样式和颜色，如图 6-29 所示。

步骤一：单击“开始”菜单按钮，弹出麒麟操作系统的“开始”菜单，如图 6-30 所示。

步骤二：单击菜单右侧的“设置”按钮，弹出“控制面板”界面，如图 6-31 所示。

图 6-29　桌面主题更换前

图 6-30　“开始”菜单

图 6-31　“控制面板”界面

步骤三：单击“个性化”选项，进入桌面主题个性化设置界面，如图 6-32 所示。默认情况下，系统为用户提供两种主题模式，当前使用的图标主题是第二款，选择第一款图标主题和第三款光标主题进行更换，更换后的桌面主题如图 6-33 所示。

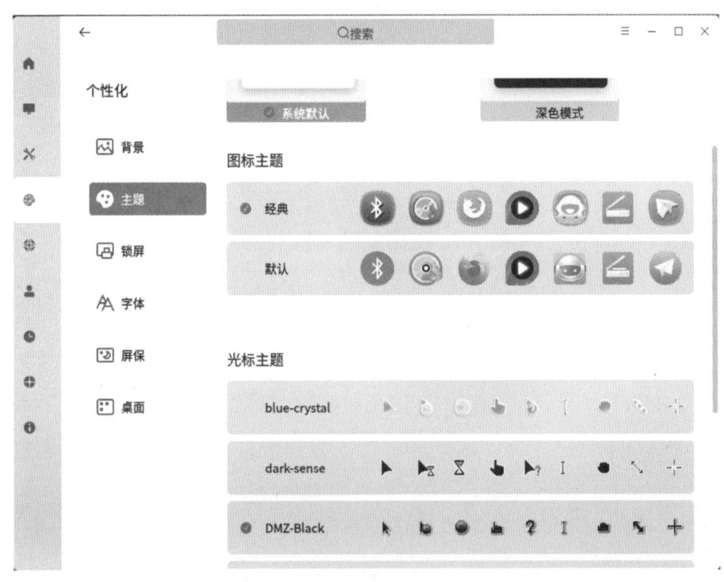

图 6-32　桌面主题个性化设置界面

图 6-33　桌面主题更换后

6.6.2　更换桌面背景

在“控制面板”界面单击“个性化”选项，进入桌面背景设置界面，如图 6-34 所示。单击第二行第一列图片，更换后的桌面背景如图 6-35 所示。

6.6.3　新建文件夹并更改图标

步骤一：在桌面空白处右击，在弹出的菜单中选择“新建”选项，选择二级菜单中的“文件夹”选项，即可在桌面创建新文件夹，如图 6-36 所示。

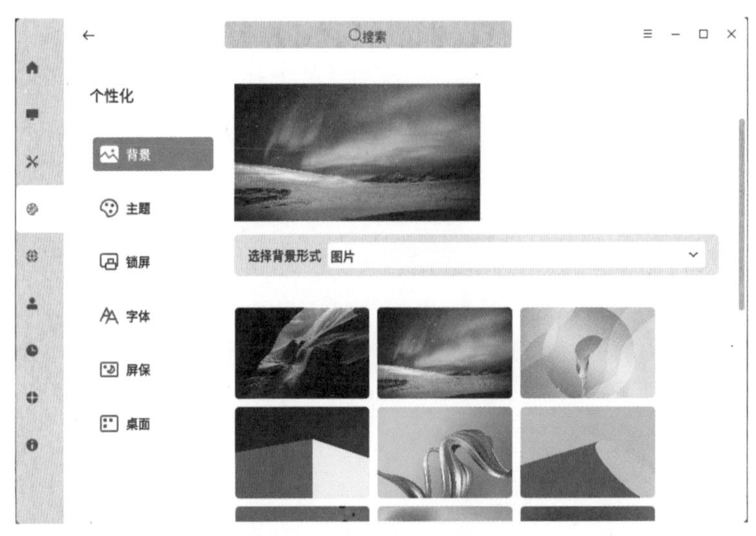

图 6-34　桌面背景设置界面

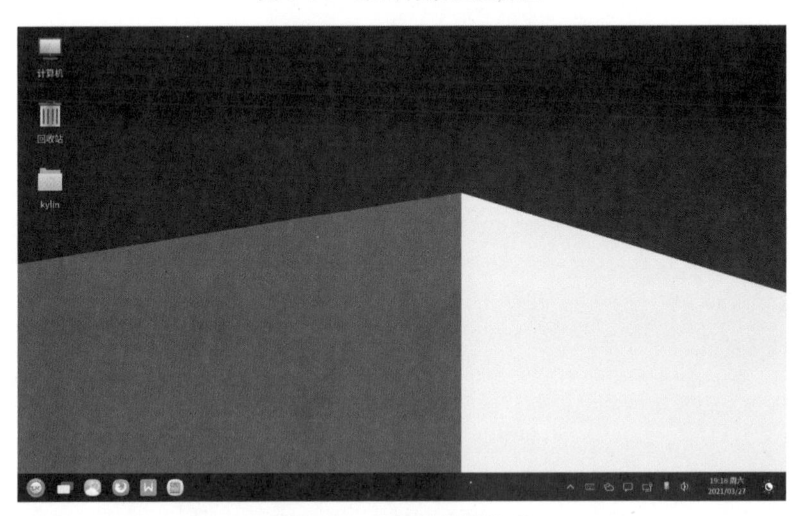

图 6-35　桌面背景更换后

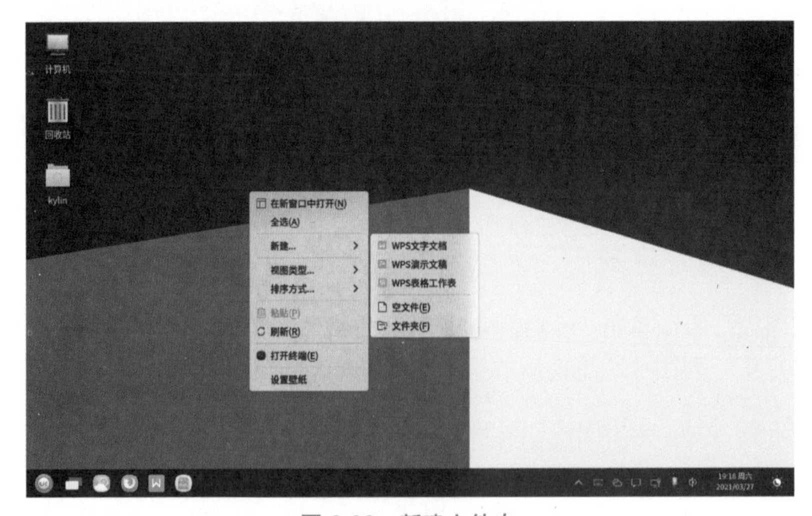

图 6-36　新建文件夹

步骤二：右击新建文件夹，在弹出的菜单中选择“属性”选项，如图 6-37 所示。

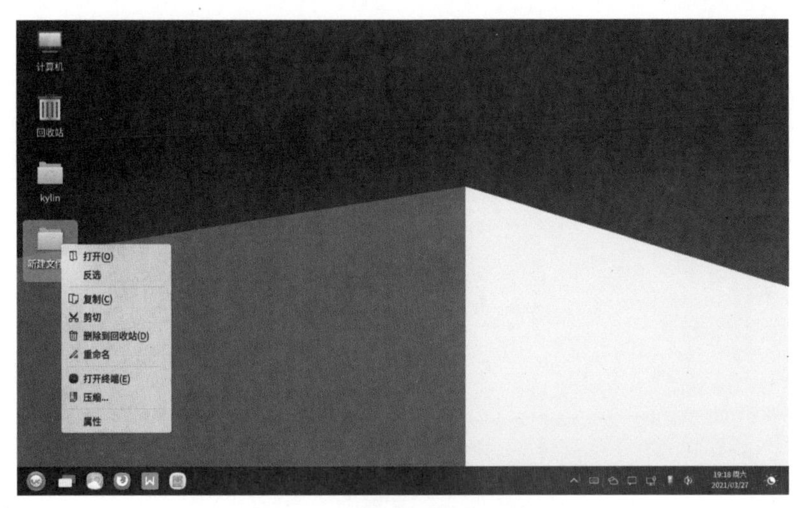

图 6-37　右击新建文件夹界面

新建文件夹的属性设置界面如图 6-38 所示。

步骤三：单击属性设置界面的文件夹图标，即可进入文件夹图标设置界面，如图 6-39 所示。

图 6-38　新建文件夹的属性设置界面

图 6-39　文件夹图标设置界面

步骤四：选择“folder”图片，将其设置为新建文件夹的图标，更改后的图标如图 6-40 所示。

用户可根据本章所学知识，尝试将更改后的图标还原为更改前的默认图标。

图 6-40　更改后的图标

6.6.4 增加应用程序至桌面

步骤一：单击“开始”→“所有程序”菜单按钮，选择其中一款应用程序，右击该程序，选择“添加到桌面快捷方式”选项，如图 6-41 所示。

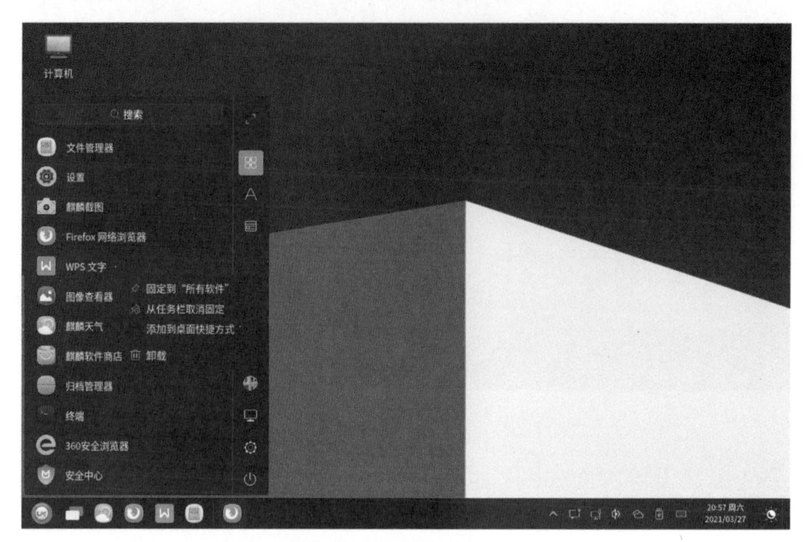

图 6-41 选择“添加到桌面快捷方式”选项

添加应用程序至桌面的效果如图 6-42 所示。

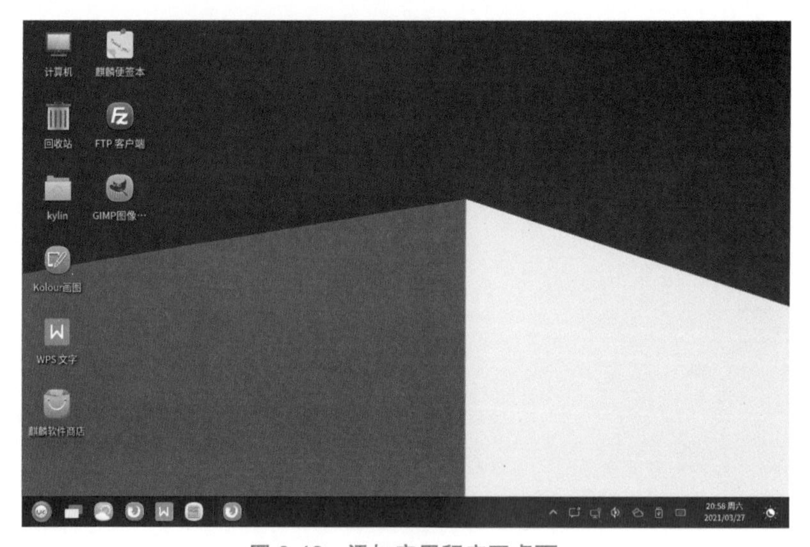

图 6-42 添加应用程序至桌面

6.6.5 调整任务栏位置，添加固定应用程序

步骤一：右击任务栏，在弹出的菜单中进行任务栏的设置，如图 6-43 所示。

步骤二：单击任务栏设置菜单中的“调整位置”，选择“上”选项，如图 6-44 所示。

步骤三：在“开始”→“所有程序”菜单中选择需要固定到任务栏上的应用程序，右击该应用程序，在弹出的菜单中选择“固定到任务栏”选项，如图 6-45 所示。

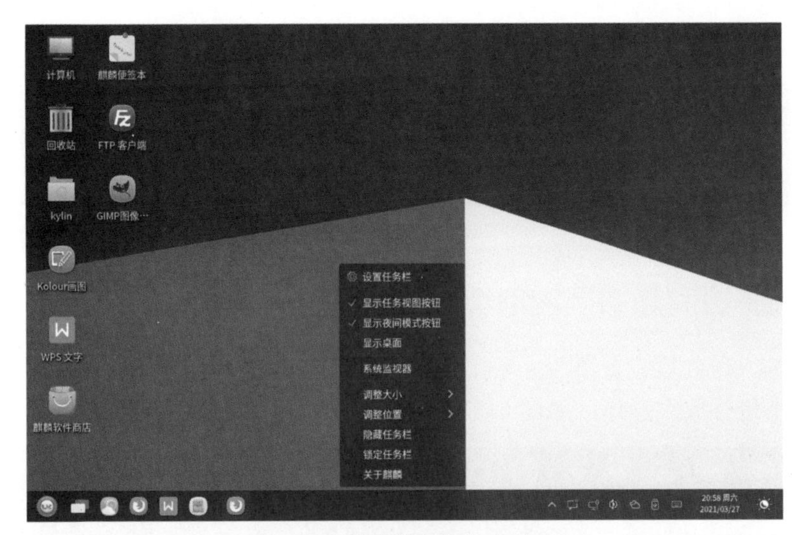

图 6-43　选择任务栏设置选项

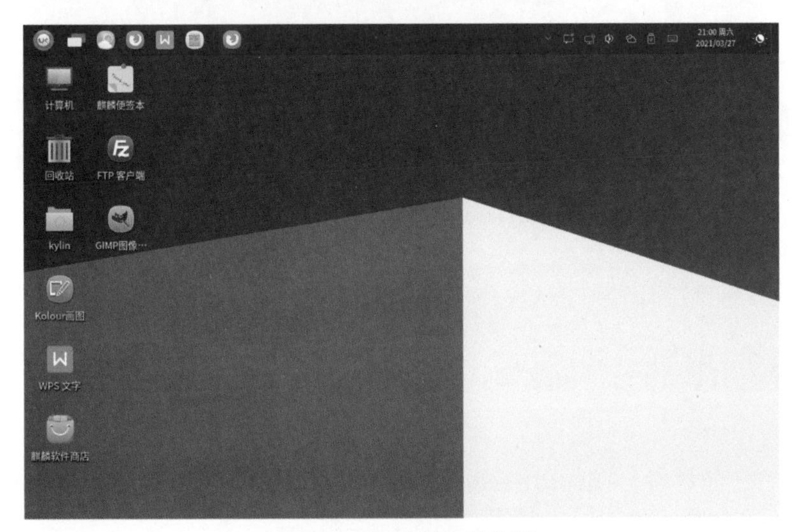

图 6-44　更改任务栏位置

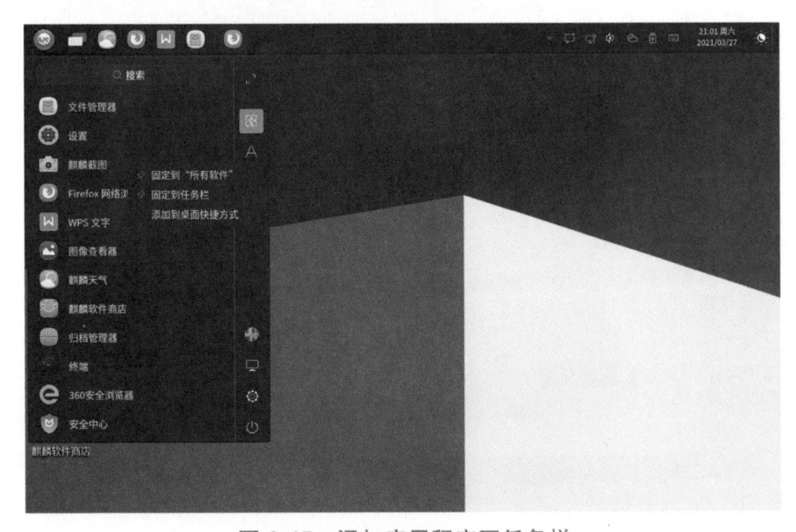

图 6-45　添加应用程序至任务栏

添加应用程序至任务栏后的效果如图 6-46 所示。

图 6-46　添加应用程序至任务栏后

6.6.6　任务栏和通知区域的个性化设置

步骤一：进入任务栏设置菜单，单击“调整大小”选项中的“中尺寸”单选按钮，对任务栏宽度和大小进行放大操作，如图 6-47 所示。

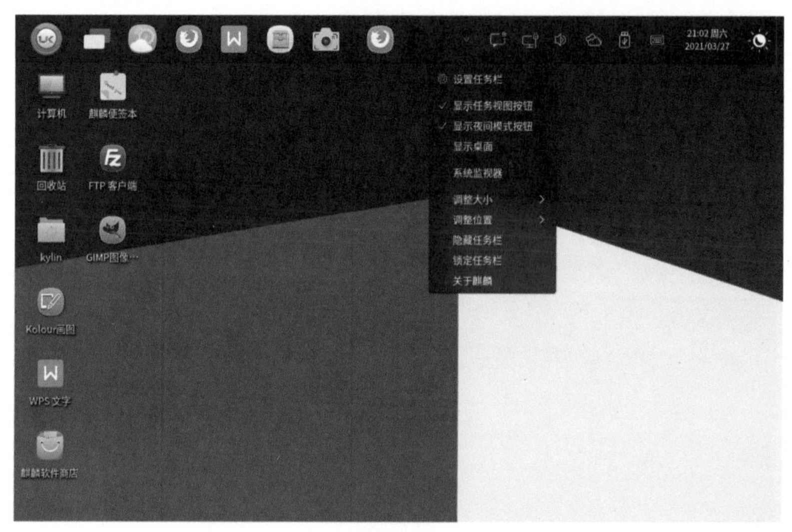

图 6-47　更改任务栏宽度和图标大小

步骤二：右击任务栏，在弹出的菜单中选择“任务栏设置”选项，弹出任务栏设置界面，选择“显示在托盘上的图标”选项，如图 6-48 所示。

图 6-48　通知区域设置界面

步骤三：在任务栏设置菜单中，选择“锁定任务栏”选项，完成设置后，如图 6-49 所示。

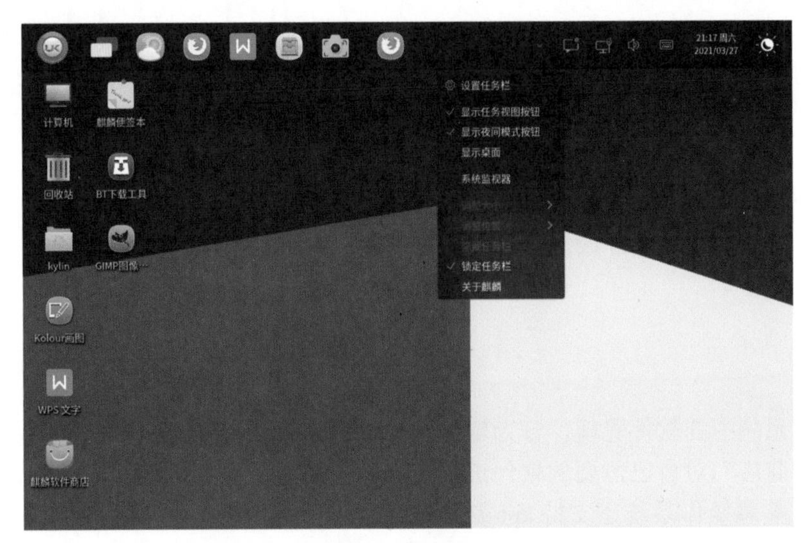

图 6-49　锁定任务栏

完成个性化设置的任务栏和通知区域如图 6-50 所示。

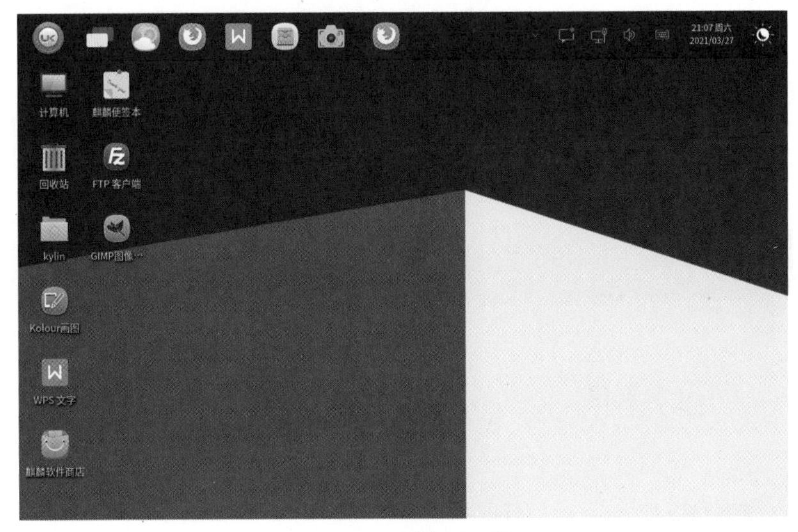

图 6-50　最终界面图

第 7 章　软件和硬件管理

麒麟操作系统为用户提供了多样化的软件、硬件管理方法，用户可以根据自己的使用情况以及软件资源的状况，选择最优的软件、硬件管理方案。

7.1　软件管理

麒麟操作系统中的软件管理，分为软件的安装、卸载和更新。一般情况下，用户可以直接通过“软件商店”对自己需要的软件进行检索和安装，对系统中已安装的软件进行卸载和更新。同时，麒麟操作系统还支持 apt 安装包管理工具。用户可以使用 apt 命令进行软件包的安装、删除、清理等。当然，用户也可以采用离线的方式，将软件安装包复制到系统中，进行相应的解压安装操作。

7.1.1　软件的安装

在麒麟操作系统中，软件的安装方法有以下四种。

方法一：通过麒麟软件商店安装软件。以安装 FTP 客户端为例，在麒麟操作系统界面，选择“开始”→“麒麟软件商店”命令，打开麒麟软件商店界面，在 V10 版本中，如图 7-1 所示。

图 7-1　麒麟软件商店窗口

即可在当前页面进行搜索与下载。在麒麟软件商店界面顶部的搜索框内输入“FTP 客户端”软件应用名，再单击搜索框右侧的搜索按钮或者按“Enter”键，即可查找相应的软件下载资源。FTP 客户端软件下载资源如图 7-2 所示。

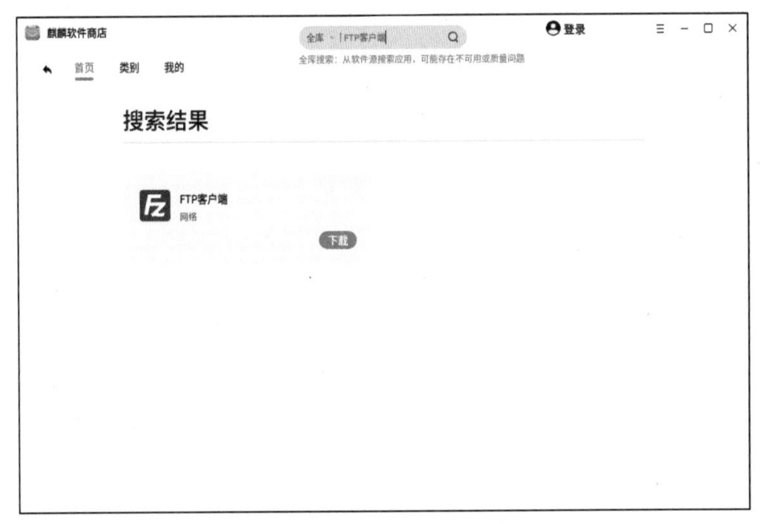

图 7-2　FTP 客户端下载

查询软件成功后，单击“下载”按钮即可开始下载安装该软件。

方法二：通过 apt 包管理工具进行下载安装。以安装 Uget 下载管理器为例，使用终端命令行“sudo apt-get install uget”即可下载 Uget 软件。在 V10 版本中，如图 7-3 所示。

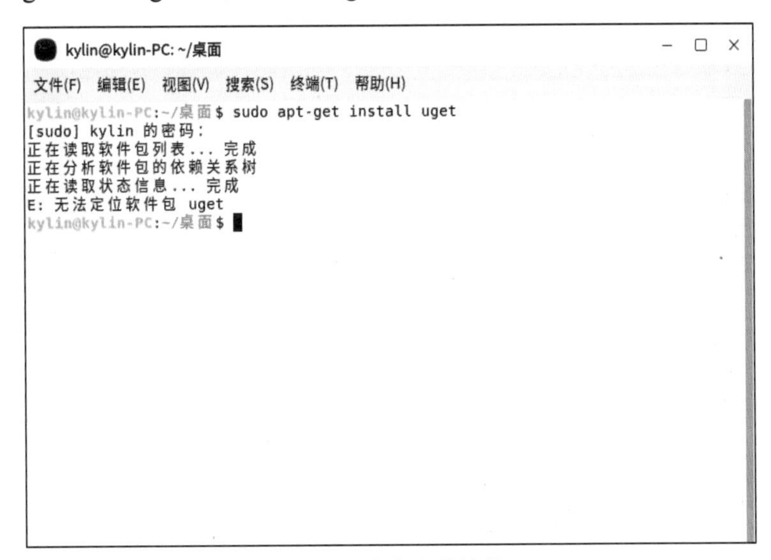

图 7-3　命令安装软件

方法三：通过本地软件包安装。首先，将想要安装的软件安装包存放到待安装的文件夹下，然后双击软件包即可安装该软件。

方法四：通过终端转本地软件包。打开麒麟操作系统的终端界面，运行终端命令“sudodpkg-i［软件包名］”即可安装该软件包。

7.1.2　软件的卸载

在麒麟操作系统中，软件的卸载方法有以下两种。

方法一：通过麒麟软件商店卸载软件。在麒麟操作系统界面，选择“开始”→“麒麟软件商店”命令，进入麒麟软件商店界面后，单击“我的”标签页，选择“应用卸载”，在V10版本中，如图7-4所示。

图 7-4　卸载标签页

找到需要卸载的软件，单击目标软件下方的“卸载”按钮，在V10版本中，如图7-5所示。

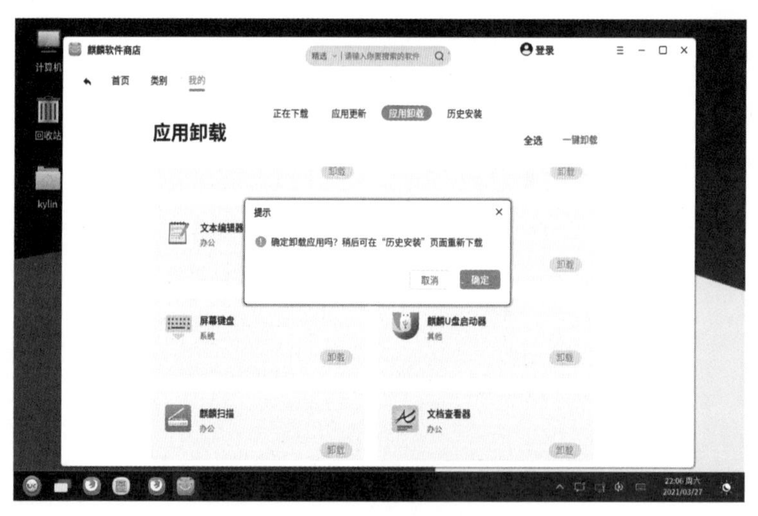

图 7-5　卸载提示

单击“确定”按钮即可卸载软件。

方法二：通过系统终端卸载软件。打开麒麟操作系统终端界面，运行终端命令“sudo apt-get remove［软件名］”，即可卸载软件。

7.1.3　查看更新

麒麟操作系统拥有自己的更新管理器，负责对系统进行更新、升级。

打开“麒麟软件商店”窗口，在V10版本中，如图7-1所示。单击“我的”标签页，选择“应用更新”，如图 7-6 所示。

图 7-6　软件源配置

7.2　硬件管理

麒麟操作系统的硬件管理包括驱动器、打印机等硬件设备的安装与使用。对硬件设备进行管理，使用户能够进行设备安装、配置、修改、卸载工作。

7.2.1　网络驱动器安装

系统可以基于 shell 命令，实现硬件驱动的安装。驱动连接硬件设备与操作系统，是硬件管理非常重要的部分。以安装 USB 网卡驱动为例。

右击屏幕，选择“在终端中打开”，将 USB 网卡插入 USB 口，使用 lsusb 命令查看所选设备。在 V10 版本中，查询 USB 设备如图 7-7 所示。

图 7-7　查询 USB 设备

下载相应驱动软件压缩包，导入主机中。在 V10 版本中，如图 7-8 所示。

移动到压缩包所在目录，解压驱动文件。如图 7-9 所示，执行解压命令。

修改 os/linux/config.mk 文件，用“#”注释掉 26 行、35 行。如图 7-10 所示。

打开 os/linux/rt_linux.c 文件，用#注释掉第 1141 行，1142 行，如图 7-11 所示，然后用 make 命令执行编译。

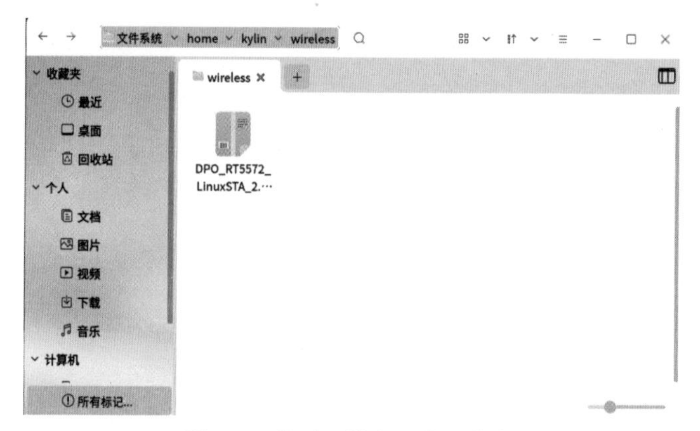

图 7-8 找到压缩包所在文件夹

```
root@kylin-PC:/mnt/share# tar -jxvf DPO_RT5572_LinuxSTA_2.6.1.3_20121022.tar.bz2
DPO_RT5572_LinuxSTA_2.6.1.3_20121022/
DPO_RT5572_LinuxSTA_2.6.1.3_20121022/RT2870STA.dat
DPO_RT5572_LinuxSTA_2.6.1.3_20121022/chips/
DPO_RT5572_LinuxSTA_2.6.1.3_20121022/chips/rt3370.c
DPO_RT5572_LinuxSTA_2.6.1.3_20121022/chips/rt30xx.c
DPO_RT5572_LinuxSTA_2.6.1.3_20121022/chips/rtmp_chip.c
DPO_RT5572_LinuxSTA_2.6.1.3_20121022/chips/rt3070.c
DPO_RT5572_LinuxSTA_2.6.1.3_20121022/chips/rt33xx.c
DPO_RT5572_LinuxSTA_2.6.1.3_20121022/chips/rt5592.c
DPO_RT5572_LinuxSTA_2.6.1.3_20121022/chips/rt3593.c
DPO_RT5572_LinuxSTA_2.6.1.3_20121022/chips/rt3290.c
DPO_RT5572_LinuxSTA_2.6.1.3_20121022/chips/rt5390.c
DPO_RT5572_LinuxSTA_2.6.1.3_20121022/chips/rt28xx.c
DPO_RT5572_LinuxSTA_2.6.1.3_20121022/chips/rt35xx.c
DPO_RT5572_LinuxSTA_2.6.1.3_20121022/tools/
DPO_RT5572_LinuxSTA_2.6.1.3_20121022/tools/bin2h.c
DPO_RT5572_LinuxSTA_2.6.1.3_20121022/tools/bin2h
DPO_RT5572_LinuxSTA_2.6.1.3_20121022/tools/Makefile
DPO_RT5572_LinuxSTA_2.6.1.3_20121022/README_STA_usb
DPO_RT5572_LinuxSTA_2.6.1.3_20121022/RT2870STACard.dat
DPO_RT5572_LinuxSTA_2.6.1.3_20121022/sta/
```

图 7-9 解压

```
#HAS_WPA_SUPPLICANT=n


# Support Native WpaSupplicant for Network Maganger
# i.e. wpa_supplicant -Dwext

# what if user want to use wpa_supplicant to serve P2P function/feature,
# in case, it must use Ralink Propriectary wpa_supplicant to do.
# and this compile flag will report P2P Related Event to Ralink wpa_supplicant.
#HAS_NATIVE_WPA_SUPPLICANT_SUPPORT=n
```

图 7-10 注释代码

```
#else
#               pOSFSInfo->fsuid = current_fsuid();
#               pOSFSInfo->fsgid = current_fsgid();
```

图 7-11 再次注释代码

最后执行安装命令“sudo make install”，如图 7-12 所示。

```
kylin123@kylin-PC:/mnt/share/DPO_RT5572_LinuxSTA_2.6.1.3_20121022$ sudo make install
```

图 7-12 安装

重启计算机，成功完成 USB 无线网卡驱动的安装。

7.2.2 安装与使用打印机

麒麟操作系统使用了 Linux 系统所有打印机系统中最先进、强大和易于配置的 cups 打印机系统。除了支持的打印机类型更多、配置选项更丰富，cups 还能设置并允许任何联网的计算机通过局域网访问单个 cups 服务器。

在麒麟操作系统界面，选择“开始”→“设置”→“设备”→“打印机”命令，进入打印机配置界面，在 V10 版本中，如图 7-13 所示。界面上方是“添加打印机和扫描仪”按钮，其下是可用打印机列表，所有配置在系统中的打印机都会在此处显示。

单击“添加打印机和扫描仪”按钮，启动添加打印机向导，如图 7-14 所示。单机“添加”按钮，可以进行添加设备，可自行输入设备 URI 或者在“网络打印机”下拉列表中进行选择。

将网络打印机添加到系统中的步骤如下。

步骤一：打开“网络打印机”列表，如图 7-15 所示，可选择软件自动识别的网络打印机，也可以手动输入打印机 IP 地址进行查找。

步骤二：选择打印机后，单击“前进”按钮，系统将自动添加打印机驱动；完成后，用户可以对打印机的相关信息进行修改，如图 7-16 所示。

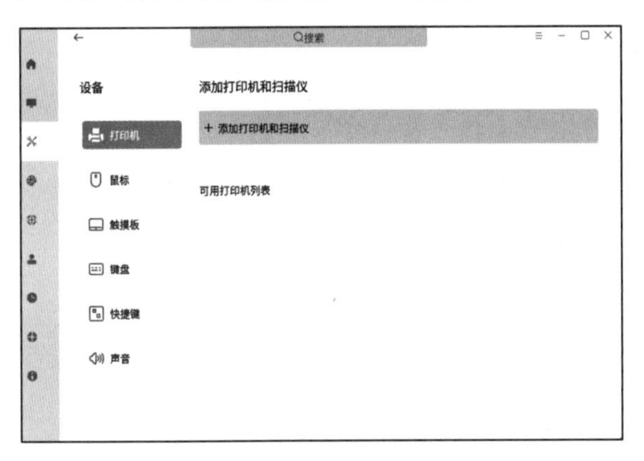

图 7-13　配置打印机

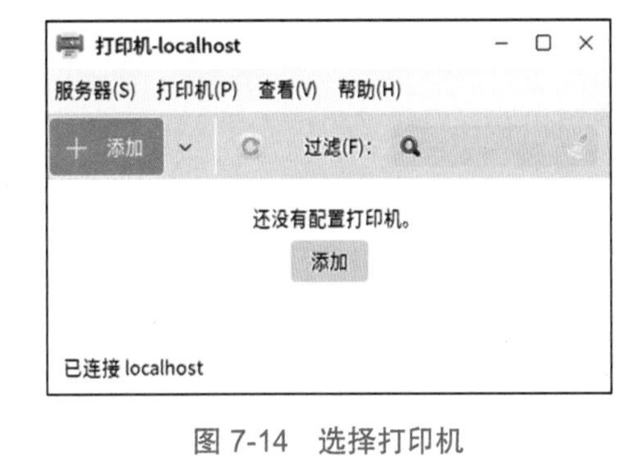

图 7-14　选择打印机

图 7-15　“网络打印机”列表

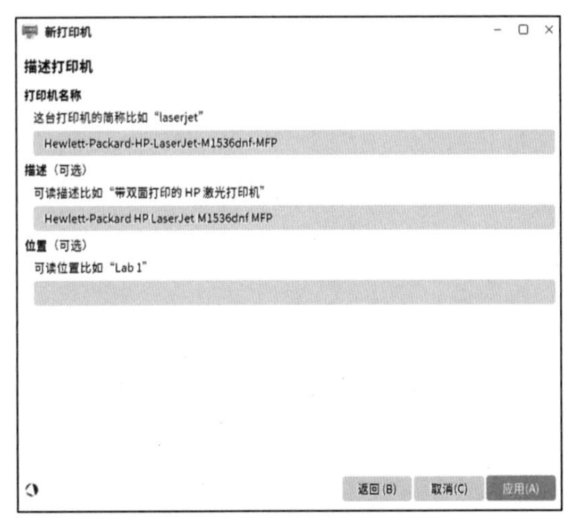

图 7-16　打印机描述

步骤三：单击“应用”按钮，弹出如图 7-17 所示的打印机测试界面。单击“打印测试页”即可确认是否添加成功。如果不需要测试，单击“取消”即可。

若打印测试页成功，如图 7-18 所示，则会提示测试页作为任务被发送。

图 7-17　打印机测试

图 7-18　测试报错

其他类型打印机的添加方法与网络打印机的添加方法类似。

7.3　本章任务

在学习完本章关于软件和硬件管理的相关知识后，请结合本章内容完成下面的任务，安装 USB 转串口驱动和串口软件的安装。

7.3.1　安装 USB 转串口驱动

步骤一：将 USB 转串口驱动设备连接在主机上，通过 lsusb 命名进行查询，如图 7-7 所示。

步骤二：找到并下载所需的驱动进行解压，如图 7-19 所示。

```
kylin123@kylin123-HP-ProDesk-680-G4-MT:~$ tar -zxvf usb2uart.tar.gz
Linux x64 (64-bit)/
Linux x64 (64-bit)/ftdi_sio.h
Linux x64 (64-bit)/Rules.make
Linux x64 (64-bit)/ftdi_sio.c
Linux x64 (64-bit)/Makefile
kylin123@kylin123-HP-ProDesk-680-G4-MT:~$ |
```

图 7-19　解压

步骤三：进入对应文件夹，执行 make 命令，形成可执行文件，如图 7-20 所示。

```
kylin123@kylin123-HP-ProDesk-680-G4-MT:~/Linux x64 (64-bit)$ make
```

图 7-20　用 make 命令生成可执行文件

步骤四：最后将驱动导入内核中，完成 USB 转串口驱动的安装。

7.3.2　安装和配置串口工具 minicom

（1）安装 minicom

麒麟操作系统中自带 minicom 的安装源，可以使用“sudo apt install minicom”命令进行 minicom 的安装，如图 7-21 所示。

然后使用“minicom - - version”命令查看安装的 minicom 版本信息，如图 7-22 所示。

（2）配置 minicom

配置选项主要包括端口号、波特率等。在配置之前使用命令“ls /dev/tty*”查看当前系统所有串口状态，如图 7-23 所示。

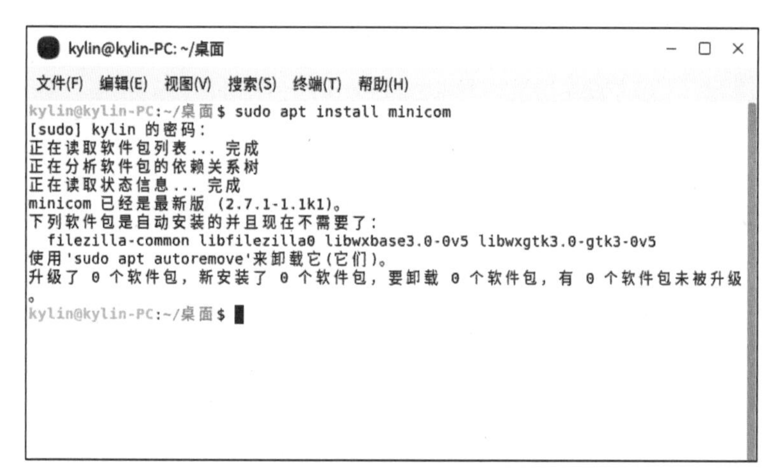

图 7-21　安装 minicom

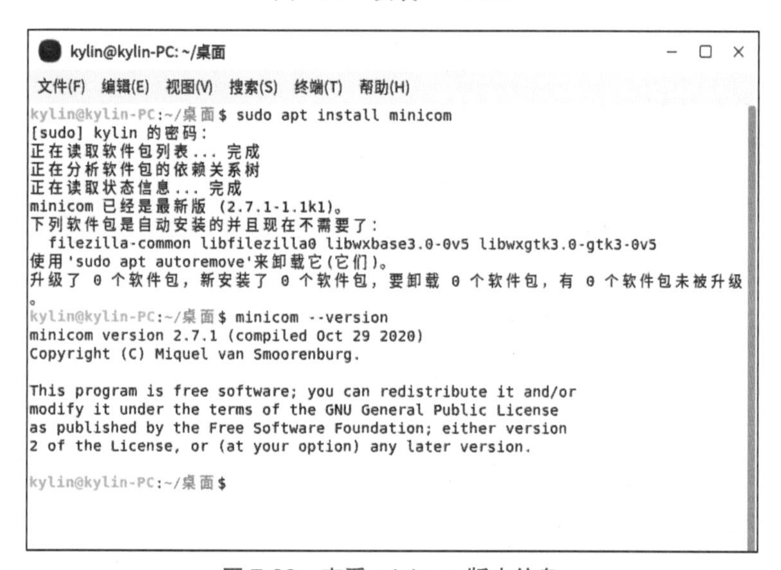

图 7-22　查看 minicom 版本信息

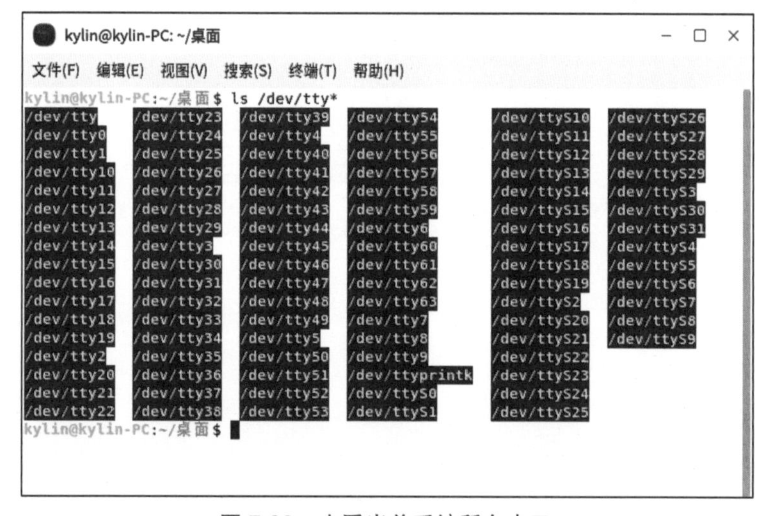

图 7-23　查看当前系统所有串口

使用已安装的USB转串口工具可查看版本端口号信息。插入USB转串口工具，使用命令“sudo dmesg”查看驱动加载情况，可以找到USB转串口部分的信息，如图7-24所示。

或者使用“ls /dev/ttyUSB*”命令查看串口工具。本机只有一个串口工具，所以只显示了一条信息。如果计算机有多个串口工具，需确定所使用的串口工具，如图7-25所示。

确定端口号为ttyUSB0后，可以进行软件配置，在终端输入命令“sudo minicom -s”，然后输入root用户密码，如图7-26所示。

```
kylin@kylin-PC: ~/桌面
文件(F) 编辑(E) 视图(V) 搜索(S) 终端(T) 帮助(H)
MP mod_unload modversions ' should be '5.4.18-19-generic SMP mod_unload '
[   36.185329] e1000: enp0s3 NIC Link is Up 1000 Mbps Full Duplex, Flow Control:
 RX
[   36.185615] IPv6: ADDRCONF(NETDEV_CHANGE): enp0s3: link becomes ready
[   37.850859] bpfilter: Loaded bpfilter_umh pid 1439
[   50.410689] 12:51:08.186967 main     VBoxService 6.1.18 r142142 (verbosity: 0
) linux.amd64 (Jan  7 2021 17:26:51) release log
               12:51:08.186970 main     Log opened 2021-03-27T12:51:08.186961000
Z
[   50.410728] 12:51:08.187040 main     OS Product: Linux
[   50.410749] 12:51:08.187065 main     OS Release: 5.4.18-19-generic
[   50.410770] 12:51:08.187086 main     OS Version: #5b1-KYLINOS SMP Sat Jan 30
15:59:26 UTC 2021
[   50.410798] 12:51:08.187106 main     Executable: /opt/VBoxGuestAdditions-6.1.
18/sbin/VBoxService
               12:51:08.187107 main     Process ID: 1561
               12:51:08.187107 main     Package type: LINUX_64BITS_GENERIC
[   50.413151] 12:51:08.189457 main     6.1.18 r142142 started. Verbose level =
0
[   50.413760] 12:51:08.190060 main     vbglR3GuestCtrlDetectPeekGetCancelSuppor
t: Supported (#1)
[   72.820658] ISO 9660 Extensions: Microsoft Joliet Level 3
[   72.828536] ISO 9660 Extensions: RRIP_1991A
kylin@kylin-PC:~/桌面$
```

图7-24　USB转串口信息

```
kylin123@kylin123-HP-ProDesk-680-G4-MT: ~/桌面
文件(F) 编辑(E) 查看(V) 搜索(S) 终端(T) 帮助(H)
kylin123@kylin123-HP-ProDesk-680-G4-MT:~/桌面$ ls /dev/ttyUSB*
/dev/ttyUSB0
kylin123@kylin123-HP-ProDesk-680-G4-MT:~/桌面$ |
```

图7-25　查看所有串口工具信息

```
kylin123@kylin123-HP-ProDesk-680-G4-MT: ~/桌面
文件(F) 编辑(E) 查看(V) 搜索(S) 终端(T) 帮助(H)
kylin123@kylin123-HP-ProDesk-680-G4-MT:~/桌面$ sudo minicom -s
[sudo] kylin123 的密码: |
```

图7-26　打开minicom配置界面

之后会在终端显示 minicom 的配置界面，选择“Serial port setup”命令，如图 7-27 所示，按“Enter”键进入。可以对以下参数进行配置：

Serial Device：设备的端口号，本机端口号显示为 ttyUSB0。

Bps/Par/Bits：设置串口信息为波特率“115200”、数据位“8bit”、停止位“1bit”。

Hardware Flow Control：设置无硬件流控制为 No。

minicom 参数配置如图 7-28 所示。

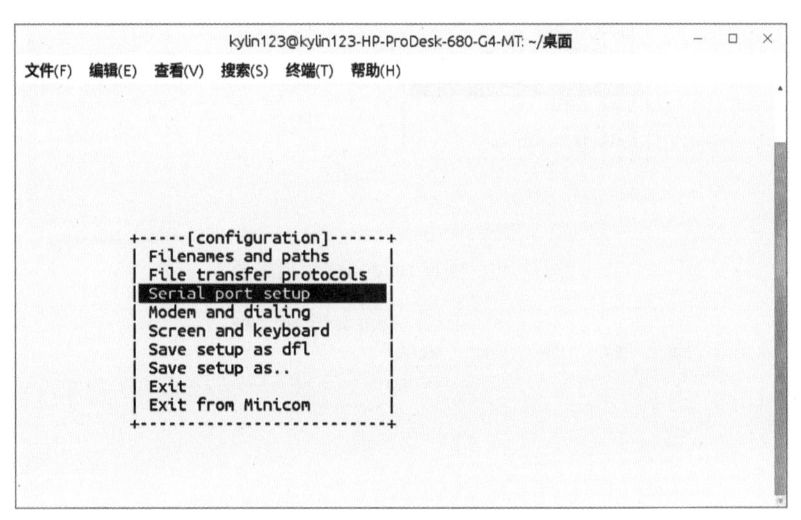

图 7-27　minicom 配置选项

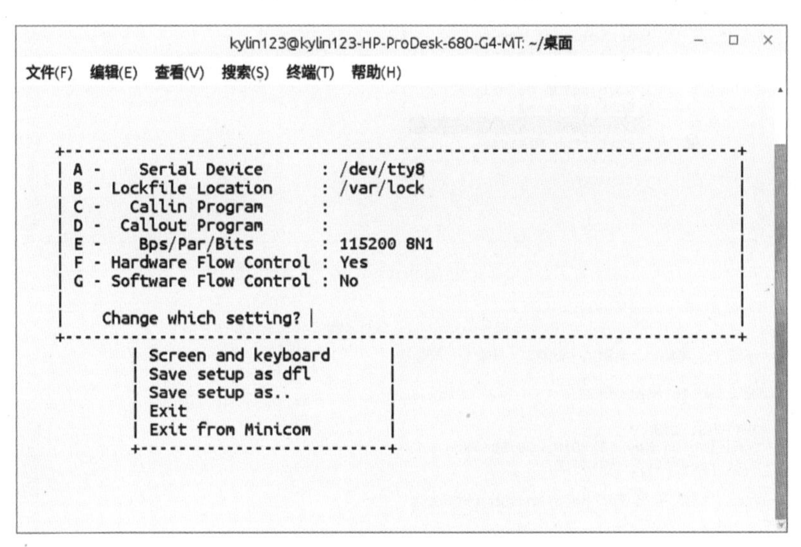

图 7-28　minicom 参数配置

按“Enter”键退出串口设置界面，选择“Save setup as dfl”项保存所有设置，如图 7-29 所示。

最后选择“Exit”项退出设置，如图 7-30 所示。

minicom 主界面如图 7-31 所示。

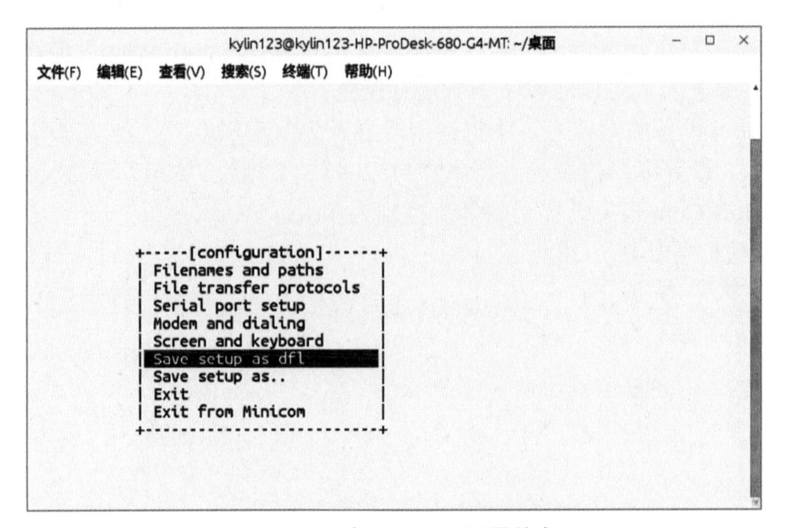

图 7-29　保存 minicom 配置信息

```
kylin123@kylin123-HP-ProDesk-680-G4-MT: ~/桌面
文件(F) 编辑(E) 查看(V) 搜索(S) 终端(T) 帮助(H)

+-----[configuration]------+
| Filenames and paths      |
| File transfer protocols  |
| Serial port setup        |
| Modem and dialing        |
| Screen and keyboard      |
| Save setup as dfl        |
| Save setup as..          |
| Exit                     |
| Exit from Minicom        |
+--------------------------+
```

图 7-30　退出 minicom 配置界面

```
kylin123@kylin123-HP-ProDesk-680-G4-MT: ~/桌面
文件(F) 编辑(E) 查看(V) 搜索(S) 终端(T) 帮助(H)
Welcome to minicom 2.7

OPTIONS: I18n
Compiled on Nov 19 2018, 06:50:06.
Port /dev/tty8, 19:54:02

Press CTRL-A Z for help on special keys
```

图 7-31　minicom 主界面

第 8 章　用户账户和家庭安全

本章主要介绍用户账户的添加、删除和修改的操作方法，以及常见的安全风险和相应的防范措施。

8.1　用户账户设置

“用户账户”界面用于显示当前用户状态，并提供用户账户的添加、删除、修改等功能。在 V10 版本中，“用户账户”界面如图 8-1 所示，当前用户为 kylin。

图 8-1　“用户账户”界面

8.1.1　添加用户账户

单击“开始”菜单用户头像，弹出“用户账户”界面。如图 8-2 所示，单击“添加新用户”按钮，即可添加用户账户。可以选择是否免密登录、是否自动登录。

在 V10 版本中，“添加新用户”界面如图 8-3 所示。将用户名、密码、确认密码输入对应的输入框中，并选择用户类型（管理员用户或标准用户）。

信息输入完成后，单击“确定”按钮完成信息确认。系统会对密码进行检测，系统对密码所包含的字符类型有一定的要求，如果密码不满足要求，则会弹出提醒，如图 8-4 所示。用户名只能由数字、字母以及下画线（“_”）组成，密码长度至少为六位，密码包含至少 2 种字符类型（大写字母、小写字母、数字、其他符号），其他符号不局限于下画线“_”。

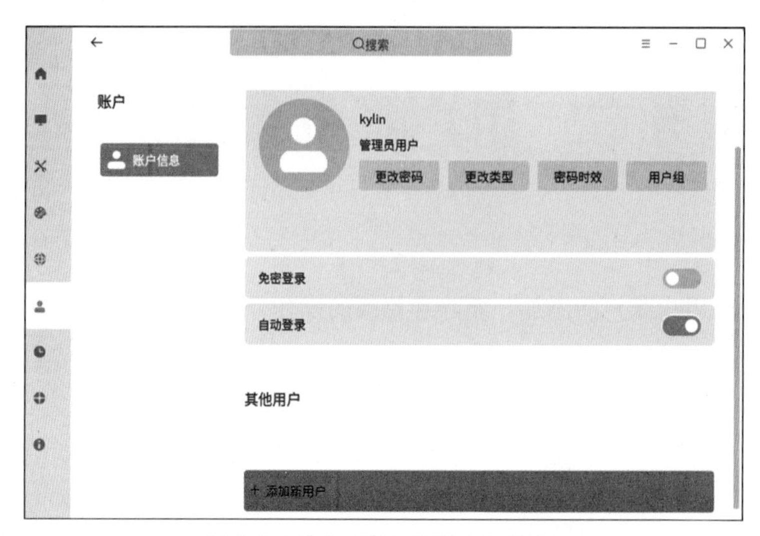

图 8-2　单击“添加新用户”按钮

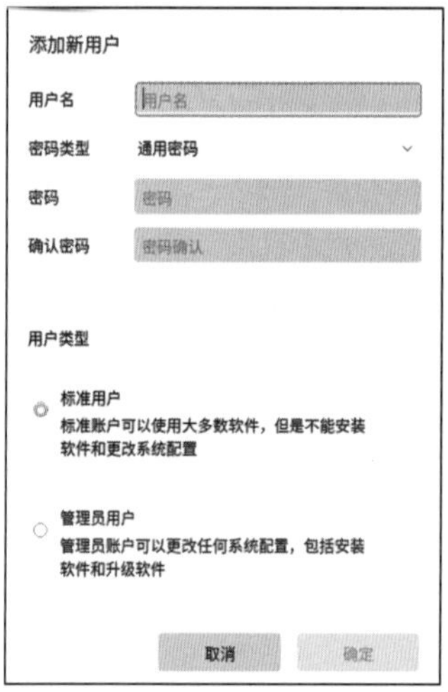

图 8-3　“添加新用户”界面

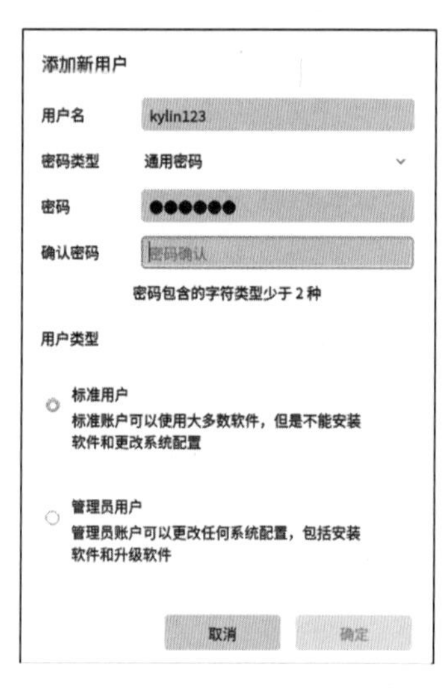

图 8-4　检测密码是否满足要求

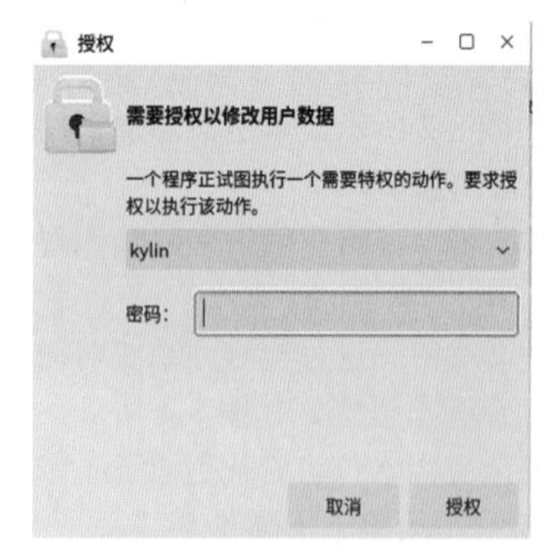

图 8-5　“授权”界面

单击“确定”按钮后，弹出“授权”界面，如图 8-5 所示。在“密码”输入框中输入当前用户的密码，单击“授权”按钮完成操作。

添加成功后，即可在“用户账户”界面中查看添加的用户账户，如图 8-6 所示。

需要注意的是，如果用户名为“admin”，则无论在“添加新用户”界面选择的是“标准用户”还是“管理员用户”选项，所添加的用户均为“管理员用户”账户。若完成添加后，“admin”用户下显示的为“标准用户”，则关闭“用户账户”界面，重新进入即可。

图 8-6　查看添加的用户账户

在“授权”界面，若系统存在多个管理员，则可以选择执行授权操作的用户身份，并输入相应的密码，单击“授权”按钮，即可完成操作；若只存在一个管理员，则可以直接输入该管理员的密码。如图 8-5 所示。

若密码输入错误，则会弹出提示，如图 8-7 所示。此时需要重新输入密码，或者单击“取消”，退出“授权”界面。

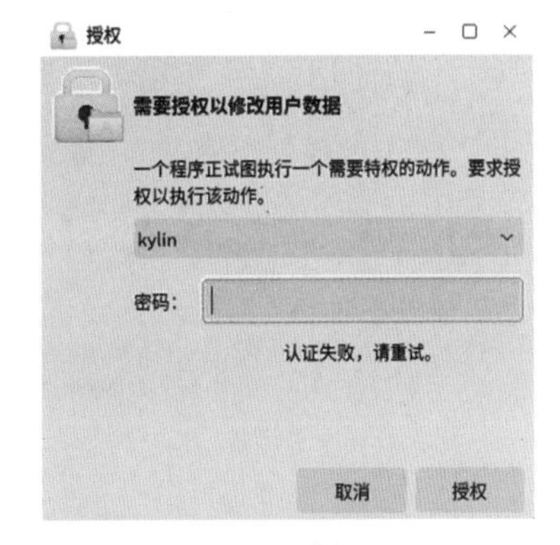

图 8-7　密码错误提示

8.1.2　删除用户账户

在“用户账户”界面中，选择需要删除的用户账户，单击“删除”按钮，如图 8-8 所示。

图 8-8　单击“删除”按钮

弹出“删除用户”界面，如图 8-9 所示。选择“删除该用户所有文件”选项后，单击“删除”按钮，则会在执行删除操作时，将属于该用户账户的文件夹中的全部内容删除；若不希望相应文件夹中的文件被删除，则选择“保留用户下所属的桌面、文件、收藏夹、音乐等文件”选项；若不希望删除此用户账户，则单击“取消”按钮。

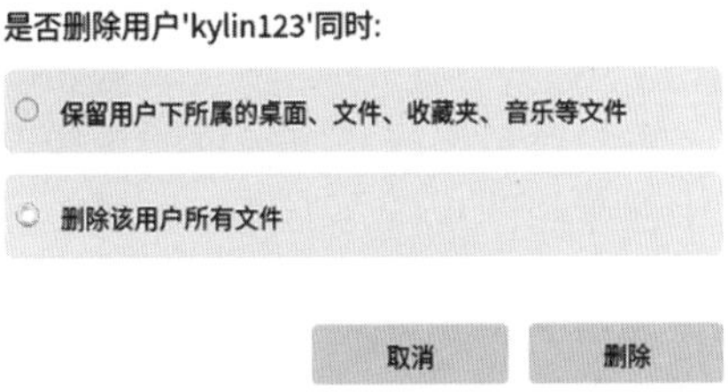

是否删除用户'kylin123'同时:

保留用户下所属的桌面、文件、收藏夹、音乐等文件

删除该用户所有文件

取消　删除

图 8-9　“删除用户”界面

8.1.3　修改用户账户

除了添加和删除用户账户，麒麟操作系统还提供了修改用户账户的功能，如更改密码、更改头像、更改用户类型等。

选择相应的用户账户，单击“更改密码”按钮，即可进入“更改密码”界面，如图 8-10 所示。输入当前密码、新密码，并再次确认新密码，然后单击“确定”按钮。

在弹出的“授权”界面中选择管理员并输入相应的密码，即可完成更改密码授权，如图 8-11 所示。

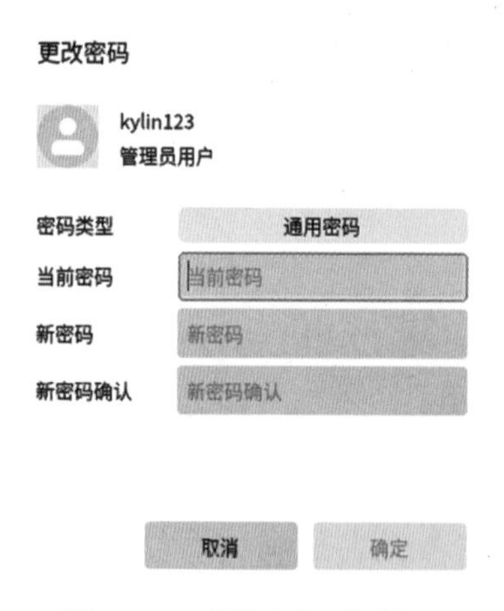

图 8-10 “更改密码”界面

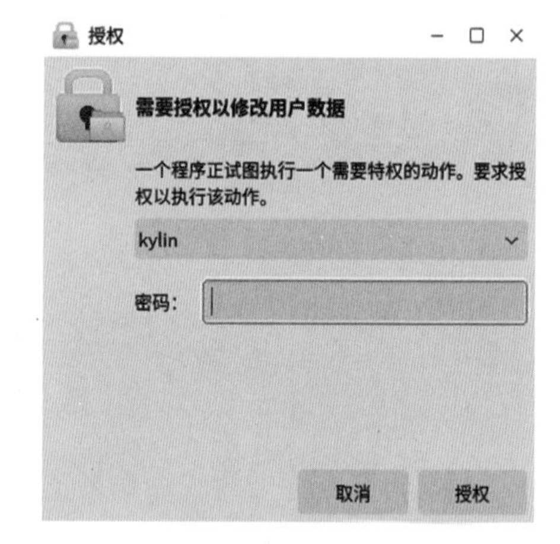

图 8-11 更改密码授权

在“用户账户”界面中，选择用户账户，单击用户头像，即可更改用户头像，如图 8-12 所示。

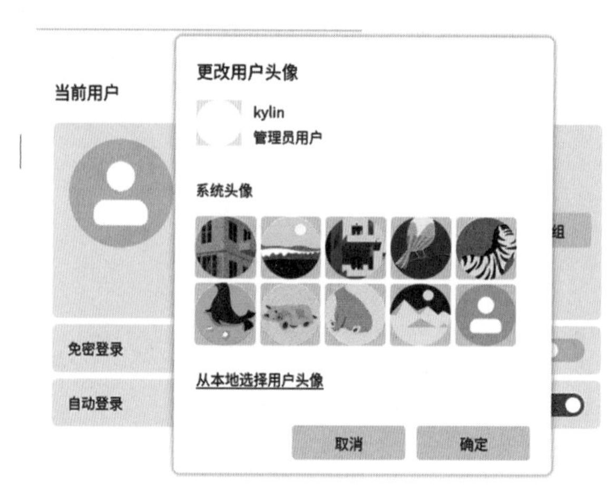

图 8-12 更改用户头像

用户可以选择系统提供的头像，也可以单击“从本地选择用户头像”超链接，选择计算机中保存的图片作为头像，如图 8-13 所示。

在“用户账户”界面中单击“用户组”按钮可以添加用户组，或者更改用户组，如图 8-14 所示。

在“用户账户”界面中单击“更改类型”按钮，进入“更改用户类型”界面，用户可以选择用户类型，并选择是否自动登录，如图 8-15 所示。

在“授权”界面中输入当前“管理员用户”账户密码，单击“授权”按钮，即可授权操作，如图 8-5 所示。

在“用户账户”界面中单击“密码时效”按钮可以设置用户密码的有效期，如图 8-16 所示。

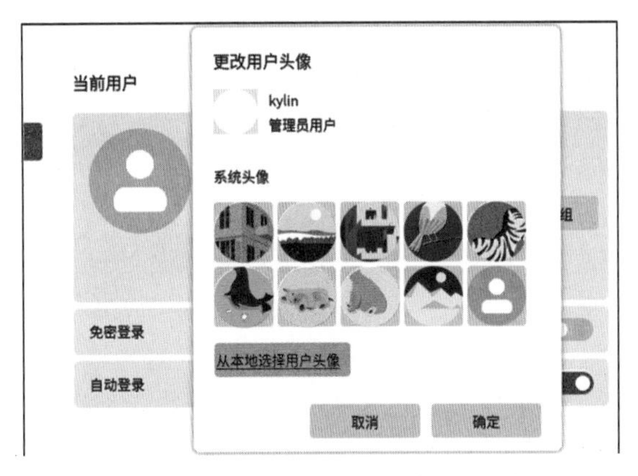

图 8-13　单击“从本地选择用户头像”超链接

图 8-14　单击“用户组”按钮

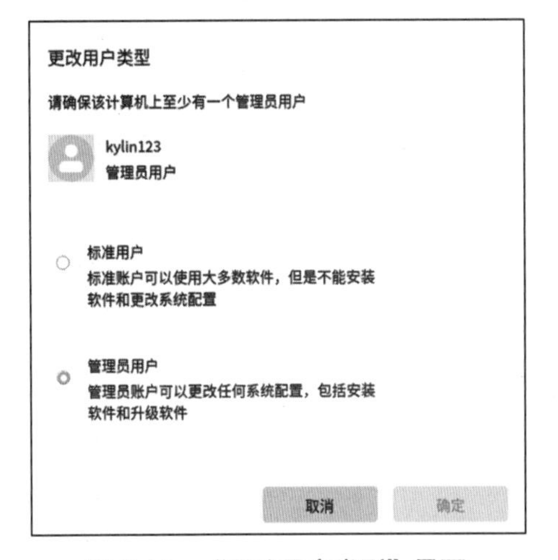

图 8-15　“更改用户类型”界面

图 8-16　“密码有效期设置”界面

8.2　安全风险及防范建议

计算机在使用过程中，面临着各种各样的风险，尤其是在网络环境下。因此在使用计算机时需要格外注意网络安全，并且进行有效的网络防范。下面为大家介绍常见的安全风险及相应的防范建议。

8.2.1　恶意软件及防范建议

恶意软件指可以中断用户的计算机、手机、平板电脑或其他设备的正常运行或对其造成危害的软件。

（1）计算机病毒

计算机病毒通过感染计算机文件进行传播，以破坏或篡改用户数据，影响信息系统正常运行为主要目的。

计算机病毒本身并不是存在于实际世界中的生物体，而是一种由编程人员恶意编写的计算机程序。计算机病毒的入侵对象可以是软盘或硬盘引导扇区、硬盘系统分配表扇区、可执行文件、命令文件、覆盖文件、COMMAND 文件和 IBMBIO 文件等。

（2）蠕虫病毒

蠕虫病毒能自我复制和广泛传播，以占用系统和网络资源为主要目的。

它的传播途径很广，可以利用操作系统和程序的漏洞发起主动攻击，每种蠕虫病毒都有一个能够扫描到计算机中的漏洞的模块，一旦发现后立即传播出去。由于蠕虫病毒的这一特点，它的危害性也更大，它可以在感染了一台计算机后，通过网络感染本网络内的所有计算机。计算机被感染后，蠕虫病毒会发送大量数据包，所以感染蠕虫病毒的计算机的网络访问速度会变慢，其 CPU 和内存的占用率会显著提高，甚至引发死机现象。

（3）木马病毒

木马病毒以盗取用户个人信息，或者远程控制用户计算机为主要目的，如盗号木马、网银木马等。

完整的木马病毒程序一般由两部分组成：服务器端程序和控制器端程序。“中了木马”就是指安装了木马病毒的服务器端程序，若计算机被植入了木马病毒服务器端程序，则拥有相应木马病毒控制器端程序的人即可通过网络控制该计算机，窃取计算机上的数据。用户数据包括文档、邮件、数据库、源代码、图片、压缩文件等。

木马病毒发作的必要条件是控制器端程序和服务器端程序必须建立起网络通信，这种通信是基于 IP 地址和端口号的。藏匿在服务器端的木马病毒程序一旦被触发执行，就会不断将通信的 IP 地址和端口号发给控制器端。控制器端利用服务器端木马病毒程序通信的 IP 地址和端口号，在控制器端和服务器端建立起一个通信链路。控制器端的黑客便可以利用这条通信链路来控制服务器端的计算机。

勒索软件就是一种木马病毒，以锁屏、加密用户文件为条件向用户勒索钱财。有时，即使用户支付了赎金，最终还是无法正常使用系统，无法还原被加密的文件。

（4）逻辑炸弹

当计算机在系统运行的过程中，某个条件恰好得到满足，触发了某个程序执行并产生异常甚至灾难性的后果，如删除数据库等，这种现象就被称为“逻辑炸弹”。“逻辑炸弹”引发的现象与某些计算机病毒的作用结果相似，但与计算机病毒相比，逻辑炸弹强调自身的破坏作用，而实施破坏的程序不具有传染性。

逻辑炸弹是一种程序。平时“冬眠”，直到程序逻辑被激活。逻辑炸弹非常类似于真实世界的地雷。由于逻辑炸弹不是计算机病毒，所以无法正常还原和清除，必须对有逻辑炸弹的程序实施破解，这个工作是比较困难的。由于逻辑炸弹内隐藏在程序体内，在空间限制、编写方式、加密方式等各方面要比计算机病毒拥有更加灵活的空间和余地，所以很难被清除。其诱因的传播是不可控的，甚至某个新的加密盘生成工具软件所加工的磁盘都可以成为逻辑炸弹的启动诱因。

针对以上几种恶意软件，防范建议如下：

① 安装防火墙和防病毒软件，并及时更新计算机病毒的特征库。防火墙在计算机系统中起着不可替代的作用，它可以保障计算机的数据流通，保护计算机的安全通道，对数据进

行管控。用户可以根据需要自定义防火墙设置，防止不必要的数据流通。

② 从官方市场下载正版软件，及时给操作系统和其他软件打补丁，避免网络病毒通过系统漏洞入侵到计算机中，进而造成无法估计的损失。

③ 为计算机系统账号设置密码，及时删除或禁用过期账号。对于非系统程序，如果不是必要的，完全可以删除；如果不能确定是否为系统程序，可以利用一些查杀工具进行检测。

④ 在打开任何移动存储器前，使用杀毒软件进行检查。

⑤ 定期备份计算机的系统和数据，留意异常告警，及时修复恢复，减少网络病毒对我们造成的损失。

⑥ 强化安全防范意识，不要打开未经过验证的网页、邮箱链接或短信中的链接。严格规范自身的网络行为，既能避免出现损失，也能防止计算机遭到网络病毒的侵害。

8.2.2 钓鱼 Wi-Fi 及防范建议

Wi-Fi 热点是指 Wi-Fi 信号源的位置点，也指无线路由器一类的无线 AP 设备。攻击者往往利用人们节省移动数据流量的心理，架设假冒的免费 Wi-Fi 热点，或者发送断连信号给受害者的计算机，强制使其下线，然后将受害者的计算机吸引到同名恶意 Wi-Fi 热点上，对该计算机实施窃取数据、注入恶意软件、下载有害内容等侵害。

在提供免费 Wi-Fi 的公共场合，用一台计算机、一套无线网络及一个网络包分析软件，在 15 分钟内即可窃取已连接网络的计算机上的用户个人信息和密码等。

对于钓鱼 Wi-Fi 的防范建议如下：

（1）仔细辨认真伪。向公共场合 Wi-Fi 提供方确认 Wi-Fi 热点名称和密码；无须密码即可访问的 Wi-Fi 风险较高，尽量不要使用。

（2）避免敏感业务。不要使用公共 Wi-Fi 进行购物、网上银行转账等操作，避免登录账户和输入个人敏感信息。如果要求安全性高，有条件的话可以使用 VPN 服务。

（3）养成良好的 Wi-Fi 使用习惯，关闭 Wi-Fi 自动连接功能。黑客会建立同名的假冒 Wi-Fi 热点，一旦计算机自动连接上去，就会造成信息的泄露。

（4）加固家用 Wi-Fi。为 Wi-Fi 路由器设置强口令以及开启 WPA2 是最有效的 Wi-Fi 安全设置方式。路由器管理后台的登录账户、密码，不要使用默认的 admin，可改为字母+数字的高强度密码；设置的 Wi-Fi 密码选择 WPA2 加密认证方式，相对复杂的密码可大大提高黑客破解的难度。

（5）及时升级软件，安装防火墙。安装安全软件，对 Wi-Fi 环境实施安全扫描，降低安全威胁。

8.2.3 钓鱼邮件及防范建议

钓鱼邮件是指黑客伪装成同事、合作伙伴、朋友、家人等用户信任的人，诱使用户回复邮件、单击嵌入邮件正文的恶意链接或者打开邮件附件以植入木马病毒或间谍程序，令用户信以为真，进而窃取用户信用卡或银行卡账号、账户名称及密码等数据的一种网络攻击活动。

对于钓鱼邮件的防范建议如下：

（1）留心发件人地址，若发件人不是熟悉或已知的人（机构），则应当保持警惕。留心利用拼写错误来假冒发件人地址，或者通过私人邮箱冒充发送官方邮件等。

（2）仔细查看邮件标题，警惕诈骗字眼。典型的钓鱼邮件标题常包含（但不限于）“账单”“邮件投递失败”“包裹投递”“执法”“扫描文档”等关键字，此外，重大灾害、疾病等热点事件也常被借机传播。

（3）阅读正文内容，明辨语法错误。忽略泛泛问候的邮件，警惕指名道姓的邮件；诈骗相关的热门正文关键字包括“发票”“支付”“重要更新”等；包含官方 LOGO 图片并不意味着该邮件就是真邮件。

（4）保持镇定从容的心态。当心索要登录密码、转账汇款等请求，通过内部电话等其他可信的渠道进行核实。对通过“紧急”“失效”“重要”等词语制造紧急气氛的邮件认真辨别，不要忙中犯错。

（5）谨慎单击链接网址，注意鼠标指针悬停时所显示的内容。鼠标指针悬停在邮件所含链接的上方，观看邮件阅读程序下方显示的地址与邮件内容中的地址是否一致。

（6）注意内嵌附件，当心木马病毒易容。恶意电子邮件会采取通过超长文件名隐藏附件的真实类型，起迷惑性的附件名称诱使用户下载带毒邮件。在下载邮件的附件前，应仔细检查附件的文件名和格式，不要因好奇而下载可疑的附件。打开前，用杀毒软件进行扫描。常见的带毒邮件的附件为“.zip”“.rar”等压缩文件格式。“.doc”“.pdf”等格式的文档中也可能带有恶意代码。

钓鱼邮件可能会要求用户在特定的时间内完成特定的任务（比如将个人详细信息填入所提供的链接、扫码下载安装 App 等）。除了给用户时间上的紧迫感，这些钓鱼邮件还会发出威胁信息，比如提示如果用户不遵守该任务命令，可能会导致不良后果。

（7）把握一条原则：尽可能避免在其他网站输入自己的账号密码。

8.2.4 恶意网站及防范建议

恶意网站指故意在计算机系统上执行恶意的计算机病毒、蠕虫病毒和木马病毒的非法网站，比较常见的恶意网站有钓鱼网站、假冒仿冒网站等。这类网站通常都有一个共同特点——以某种网页形式让用户正常浏览页面内容，同时非法获取计算机里面的的各种数据，比如银行账户信息、信用卡密码等。

通常来说，这类网站往往具有如下特征：

（1）强制安装。指未明确提示用户或未经用户许可，在用户的计算机或其他终端上安装软件的行为。

（2）难以卸载。指未提供通用的卸载方式，或者在不受其他软件影响、人为破坏的情况下，卸载后仍然有活动程序的行为。

（3）浏览器劫持。指未经用户许可，修改用户的浏览器或其他相关工具的设置，迫使用户访问特定网站或导致用户无法正常上网的行为。

（4）网页弹出。指未明确提示用户或未经用户许可，或者用户不慎单击其网站后，利用安装在用户计算机或其他终端上的软件弹出广告的行为，同时，留下各种木马网站以及色情网站的历史记录，让用户下次继续误入，同时大量植入木马病毒。

（5）恶意收集用户信息。指未明确提示用户或未经用户许可，恶意收集用户信息的行为。

（6）恶意卸载。指未明确提示用户、未经用户许可，或者误导、欺骗用户卸载其他软件的行为。

（7）恶意捆绑。指在软件中捆绑已被认定为恶意软件的行为。

（8）其他侵害用户软件安装、使用和卸载知情权、选择权的恶意行为。

对于恶意网站的防范建议如下：

（1）不要浏览未经安全授权的网站。不要从互联网下载和安装未获得授权的程序。

（2）确保在桌面系统和服务器上安装最新的操作系统、浏览器、应用程序补丁，并确保垃圾邮件和浏览器的安全设置达到适当水平。

（3）注意不要轻易下载和安装来路不明的设备驱动程序，因为这些设备驱动程序可能包括恶意软件。

（4）谨慎进行可能泄露个人信息的注册操作，恶意网站可能要求获取敏感信息，要提高安全防范意识。

8.2.5　漏洞攻击及防范建议

漏洞是指信息系统的软件、硬件或通信协议中存在的设计、实现或配置缺陷。因为漏洞的存在，所以攻击者在未授权的情况下可以访问或破坏系统，导致信息系统面临安全风险。

常见的漏洞攻击方式有：

（1）代码注入。代码注入指包括 SQL 注入在内的广义攻击，它取决于插入代码并由应用程序执行。比如 SQL 注入，通过把 SQL 命令插入 Web 表单递交或页面请求的查询字符串，最终达到欺骗服务器执行恶意 SQL 命令的目的。先前很多影视网站泄露 VIP 会员的密码，大多就是通过 Web 表单递交查询字符串曝出的，这类表单特别容易受到 SQL 注入式攻击。

（2）会话固定。会话固定是一种会话攻击，通过该漏洞，攻击者可以劫持一个有效的用户会话。会话固定攻击可以在受害者的浏览器上修改一个已经建立好的会话，因此，在用户登录前可以进行恶意攻击。

（3）路径访问或目录访问。该漏洞旨在访问储存在 Web 根文件外的文件或目录。

（4）弱密码。字符少、数字长度短以及缺少特殊符号的密码相对容易被破解。

（5）硬编码加密密钥，提供一种虚假的安全感。一些人认为在存储之前将硬编码密码分散，可以有助于保护信息免受恶意攻击，但是这些分散过程大多是可逆的过程。

对于漏洞攻击的防范建议如下：

（1）关注安全提醒信息，及时排查安全隐患。

（2）操作系统、浏览器和其他应用软件，都要及时打补丁。

（3）关闭无用服务，卸载不需要的软件，减少暴露途径。

（4）禁用危险端口，开启防火墙，设置规则，禁止对危险端口的访问。

8.3　本章任务

通过学习本章内容，用户可以完成以下几项操作。

8.3.1　管理自己的私人账户

（1）添加一个用户账户并设置密码

步骤一：单击“开始”按钮进入“用户账户”界面，单击“添加新用户”按钮，进入“添加新用户”界面，如图 8-3 所示。

步骤二：输入用户名，如“admin”，然后输入密码，如“admin123”，并在下一栏再次输入“admin123”，单击“确定”按钮，根据之后的提示授予用户权限，即可成功添加新账户。

（2）更改用户头像

① 选择系统提供的图片作为头像。

步骤一：在“用户账户”界面单击用户头像，如图 8-12 所示。

步骤二：选择第 1 行、第 1 列的图片作为头像，单击“确认”按钮即可改变当前用户的头像，如图 8-17 所示。

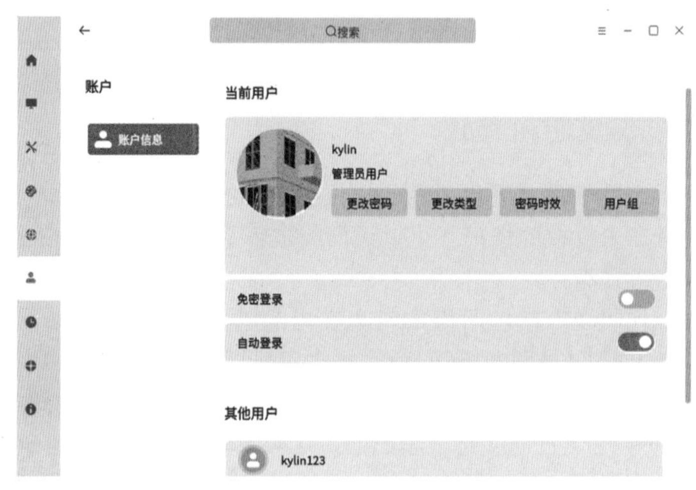

图 8-17　更改后的用户头像

② 选择本地图片作为用户头像。

步骤一：在“用户账户”界面单击用户头像，如图 8-12 所示。

步骤二：单击“从本地选择用户头像”超链接，打开“选择自定义头像文件”界面，如图 8-18 所示。左侧为位置栏，显示所查询的位置。中间部分显示文件名称、大小等具体信息。右侧为预览区域，用于展示所选择的图片。

图 8-18　“选择自定义头像文件”界面

步骤三：选择图片后，单击“确定”按钮，弹出如图 8-19 所示的界面，所选择的图片已显示在用户头像上。单击“确定”按钮后，即可完成操作。所选择图片的长宽比应接近

1：1 的比例，若相差太大，则无法更改头像。

图 8-19　选择图片后出现的界面

8.3.2　禁止音乐播放器联网

步骤一：单击“开始”按钮，选择“设置”选项，进入“设置”界面，选择“更新”选项，选择“安全中心”选项，选择“网络保护”选项，打开“网络保护”界面。

步骤二：拖动“网络保护”界面的垂直滚动条，单击“添加、删除允许联网的应用”按钮，进入“应用程序联网控制”界面，如图 8-20 所示。

图 8-20　“应用程序联网控制”界面

步骤三：找到“音乐播放器”选项，在下拉列表中选择“禁止”选项，即可禁止音乐播放器联网。

第 9 章　小程序的使用

麒麟操作系统内置了很多小程序。本章重点介绍 V10 版本中，KolourPaint 画图工具、麒麟计算器和文本编辑器三个小程序，简要介绍图像查看器、归档管理器、麒麟截图、麒麟扫描、麒麟录音五个小程序。

9.1　画图工具

选择“开始”→“Kolour 画图”菜单命令，打开“KolourPaint”界面，在 V10 版本中，如图 9-1 所示。

图 9-1　“KolourPaint”界面

9.1.1　如何使用画图工具

“KolourPaint”界面中间的白色区域是画布。左侧是工具箱，底部是颜色板。画布默认大小为 400 像素×300 像素。将光标移到画布的右下角并进行拖曳，即可调整其大小，如图 9-2 所示。

（1）画笔。选择画笔工具，在画布上拖曳鼠标即可画出线条。可以在颜色板上选择颜色，使用鼠标左键选择的是前景色，拖曳鼠标时应用前景色画图；使用鼠标右键选择的是背景色；拖曳鼠标时应用背景色画图。

图 9-2　调整画布大小为 508 像素 × 326 像素

（2）刷子。选择刷子工具，在工具箱中会出现刷子的大小和形状选项。单击鼠标左键选择所需的刷子的大小和形状即可。

（3）橡皮擦。选择橡皮擦工具，根据不同情况按住鼠标左键拖曳鼠标进行擦除。

（4）颜色橡皮擦。选择颜色橡皮擦工具，根据不同情况按住鼠标左键拖曳鼠标进行擦除，并用背景色填充经过的区域。

（5）喷雾罐。使用该工具所绘制的图形形状为烟雾状的细点。选择喷雾罐工具，可以用来画云朵或烟雾等。

（6）颜色提取器。具有取色功能，可以取出指定点上的颜色。

（7）填充。选择填充工具可以将一个封闭区域填充为选定的颜色。

（8）直线。选择直线工具，可以拖曳鼠标绘制直线。

（9）矩形。选择矩形工具后，在工具箱中会出现空心矩形和实心矩形的选项以及线条粗细的选项。按住鼠标左键不放拖曳鼠标绘制一个矩形，松开鼠标左键即完成绘制。

（10）椭圆。选择椭圆工具后，在工具箱中会出现空心椭圆和实心椭圆的选项以及线条粗细的选项。按住鼠标左键不放拖曳鼠标绘制一个椭圆，松开鼠标左键即完成绘制。

（11）曲线。选择曲线工具后，可完成曲线的绘制。先按住鼠标左键不放拖曳鼠标绘制一条线段，然后在线段上选择一个点拖曳，然后再选择一个点向相反方向拖曳，即完成曲线的绘制。

（12）连接线。选择连接线工具后，可完成连接线的绘制。先选定画布的某一点，然后单击鼠标左键画出一个点，之后将鼠标指针移到画布的另一个位置，再单击鼠标左键，此时之前的一个点与现在的点自动连接成一条线段。

（13）多边形。选择多边形工具后，在工具箱中会出现空心多边形和实心多边形的选项以及线条粗细的选项。先按住鼠标左键不放拖曳鼠标绘制一条线段，然后在画面空白区域单击鼠标左键，画笔会自动将点与线条连接起来，直到单击鼠标右键为止，即可形成一个封闭的多边形。

（14）圆润矩形。选择圆润矩形工具后，在工具箱中会出现空心圆角矩形和实心圆角矩形的选项以及线条粗细的选项。按住鼠标左键不放拖曳鼠标绘制一个矩形，松开鼠标左键即完成绘制。

（15）选择（矩形的）。使用选择（矩形的）工具按住鼠标左键不放进行拖曳，松开鼠标左键便形成一个选择范围，然后双击选定该图形，将其移至目标位置。

矩形选择工具有两种模式，一种为覆盖移动，另一种为不覆盖移动。覆盖移动可以使移动的画面覆盖目标位置的图形，不覆盖移动可以使移动的画面和目标位置的图形相叠加。

9.1.2　画图工具使用技巧

本节主要介绍V10版本的“KolourPaint”工具的基本使用技巧，包括前景色和背景色颜色的配置技巧、图形的擦除、图形内容缩放、图形部分内容的位置移动、图形的翻转或旋转、图形格式的转换。

（1）前景色和背景色颜色的配置技巧

默认情况下，画图程序颜料盒中有22种颜色。如果需要使用其他颜色，可选择自定义颜色。双击前景色，弹出“选择颜色”界面，如图9-3所示。单击取色框中的颜色，选取所需的自定义颜色，单击“添加到自定义颜色”按钮，然后单击“确定”按钮，自定义的颜色即被添加到颜料盒的前景色中。同样道理，使用鼠标选择背景色，弹出“选择颜色”对话框，重复上述操作，即可将自定义的颜色添加到颜料盒的背景色中。

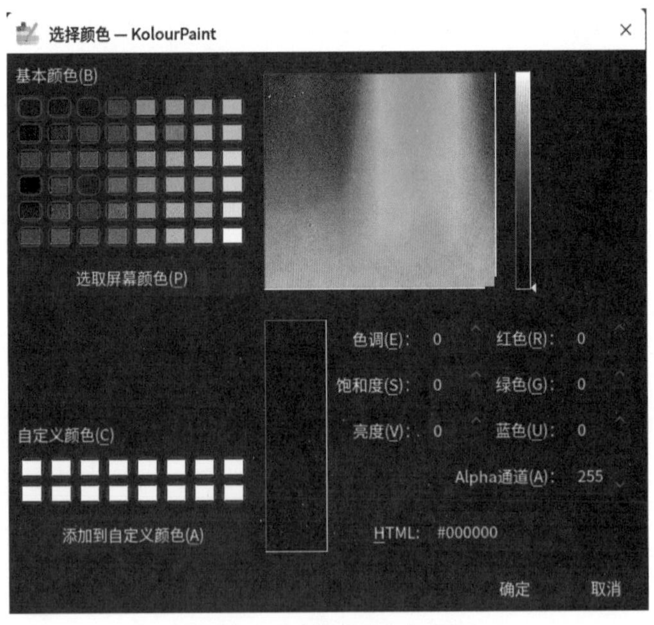

图9-3　“选择前景色”界面

（2）图形的擦除

如果想擦除整个图形，则在“图像”菜单中选择“清除”选项即可。如果想擦除部分图形，单击“橡皮擦”工具按钮，移动光标到图形内，此时光标变成一个空心正方形，按住鼠标左键不放，拖动“橡皮擦”即可擦除图形。

如果想擦除面积较大的画面，单击“选择（矩形的）”工具按钮，选取要擦除的部分图形，然后按“Delete”键，把选取的部分图像删除。

（3）图形内容缩放

使用“选择（矩形的）”工具选定某一图形，选择缩放操作点，按住鼠标左键不放拖曳鼠标，使图像达到需要的大小，松开鼠标左键即可。

（4）图形部分内容的位置移动

单击“选择（矩形的）”工具按钮，选取需要移动的图形，按住鼠标左键不放拖曳被选取的图形到目标位置，然后松开鼠标左键即可。使用此方法也可以任意剪切图形的某一部分，并进行复制、粘贴等操作。

（5）图形的翻转或旋转

单击“矩形选择工具”按钮，选取需要旋转的图形，在“选择范围”菜单中选择“向左翻转”“向右旋转”“旋转”选项，弹出“旋转选中范围”界面，如图 9-4 所示。选择需要翻转或旋转的角度，单击“确定”按钮即可。

（6）图形格式的转换

在“文件”菜单中选择“保存”或“另存为”选项，在弹出的界面中选择保存的位置和保存的图形格式，如图 9-5 所示。默认的图形格式有“WINDOWS BMP”“TIFF”“JPEG”“PNG”等。单击“确定”按钮，即可完成图形格式的转换。

图 9-4　“旋转”界面

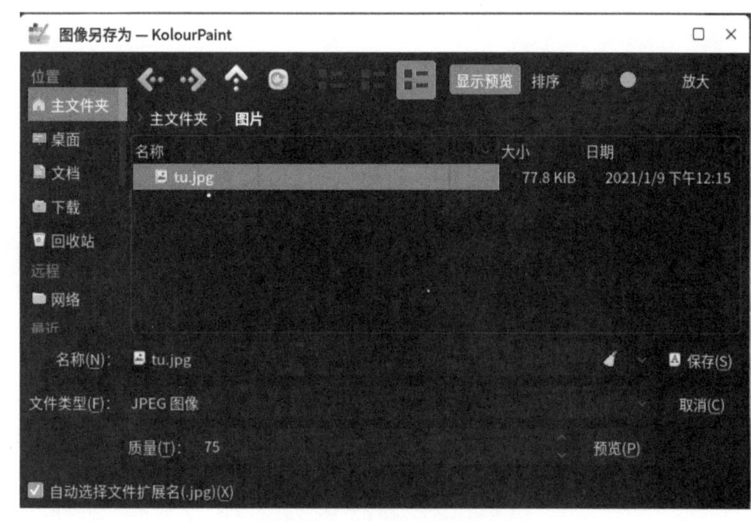

图 9-5　“保存图像”界面

9.2　计算器

选择“开始”→“麒麟计算器”菜单命令，打开“麒麟计算器”界面，在 V10 版本中，如图 9-6 所示。

在“计算器”菜单中选择“科学”选项，打开“麒麟计算器-科学”界面，如图 9-7 所示。

图 9-6 “麒麟计算器”界面

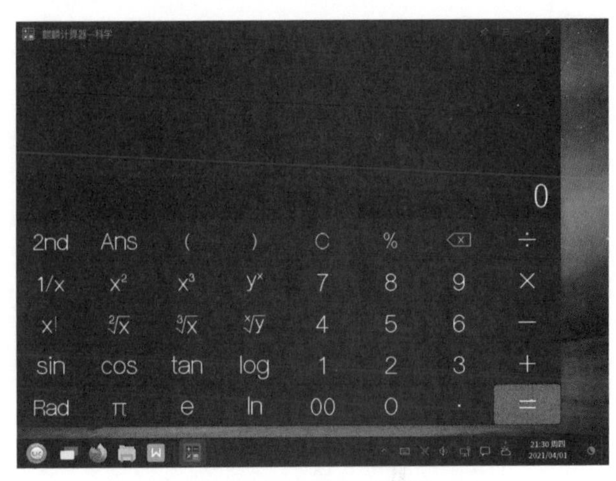

图 9-7 “麒麟计算器-科学”界面

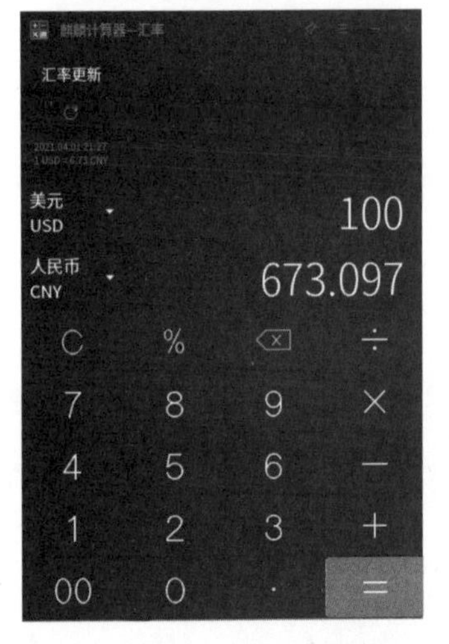

图 9-8 “麒麟计算器-汇率”界面

在“计算器”菜单中选择“汇率”命令，打开“麒麟计算器-汇率”界面，如图 9-8 所示。

9.2.1 一般运算

使用麒麟计算器的科学模式可进行一般运算，如计算（3+4）×7，在“计算器”菜单中选择“科学”选项，出现如图 9-7 所示的界面。首先，输入（，3，+，4，），×，7，单击“=”按钮，即可得到计算结果。如图 9-9 所示。

9.2.2 复杂运算

在“科学”模式下，可进行平方、立方、对数、阶数、倒数等各种复杂运算，如图 9-10 所示。

比如计算正弦值时，首先输入弧度的数值，然后单击“sin”按钮，再单击“=”按钮，结果就会输出。又如输入数值“100”，然后单击“log”按钮，再单击“=”按钮，结果就会显示出来。

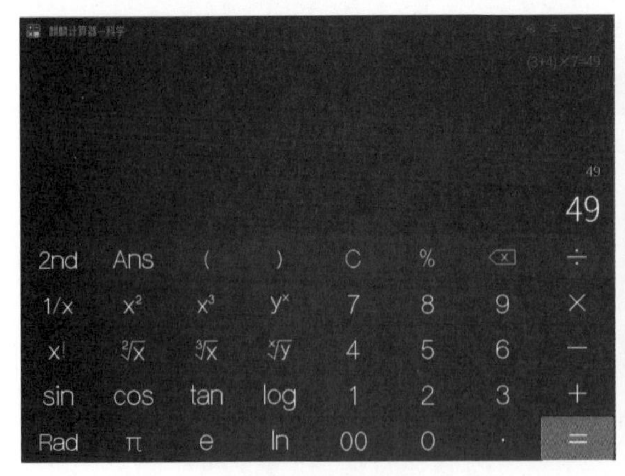

图 9-9 一般运算

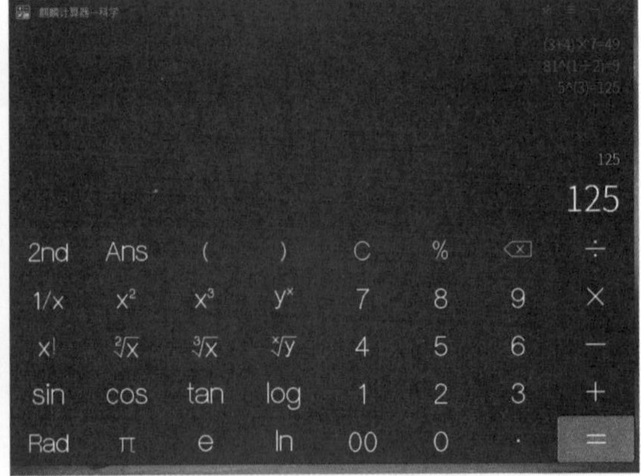

图 9-10 复杂运算

9.2.3　汇率计算

麒麟计算器可以方便快捷地计算汇率。单击“≡”按钮，在下拉菜单中选择“汇率”选项，会出现如图 9-11 所示的窗口。

若要计算人民币与美元的汇率，可在人民币一栏中输入需要兑换的人民币的数值，然后在美元一栏就会显示出能兑换美元的数值。如图 9-12 所示。

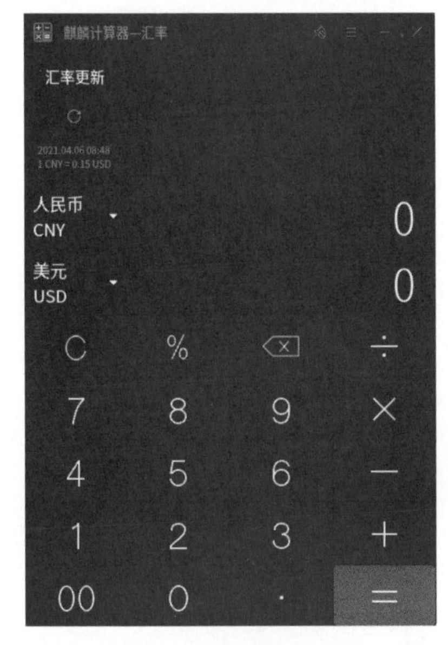

图 9-11　“麒麟计算器–汇率”界面

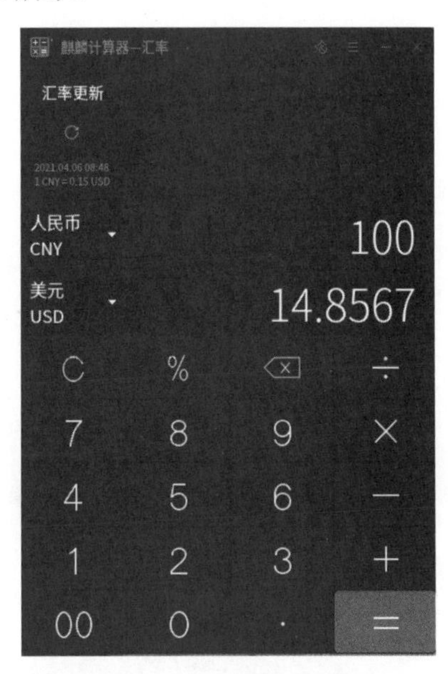

图 9-12　人民币兑换美元

若要兑换其他币种，可单击“▼”按钮，选择货币种类即可。

9.3　文本编辑器

选择“开始”→“文本编辑器”命令，出现“文本编辑器”界面，在 V10 版本中，如图 9-13 所示。

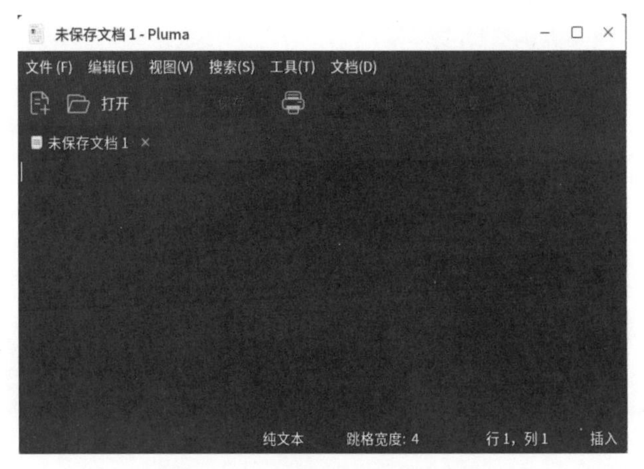

图 9-13　“文本编辑器”界面

文本编辑器有六个菜单，分别为“文件”“编辑”“视图”“搜索”“工具”“文档”。

9.3.1 “文件”菜单

“文件”菜单包括“新建”“打开”“保存”“打印预览”等选项，如图 9-14 所示。

（1）“新建”选项

选择“新建”选项，可新建一个文档。

（2）“打开”选项

选择“打开”选项，可打开一个文档。

（3）“保存”选项

选择“保存”选项，弹出“保存”界面，此时用户可选择文档名称和存储的位置，然后单击“保存”按钮。

（4）“另存为”选项

“另存为”选项与“保存”选项类似，“另存为”界面如图 9-15 所示。

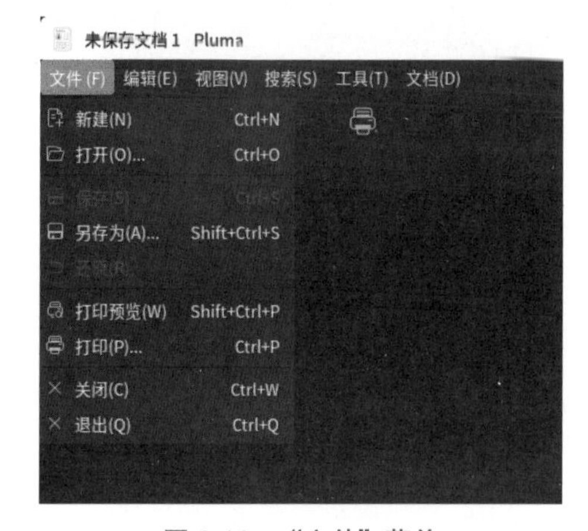

图 9-14 “文件”菜单

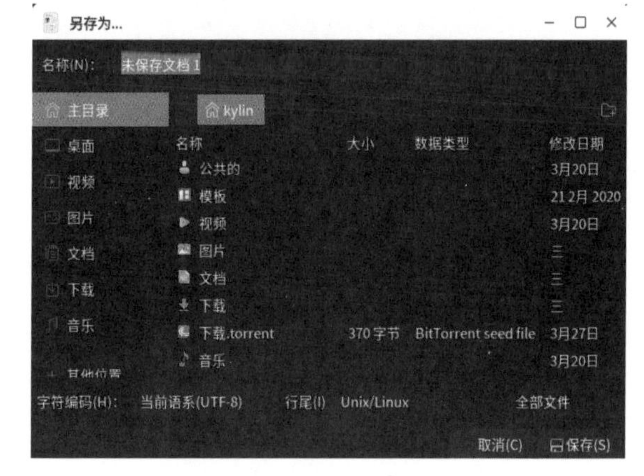

图 9-15 “另存为”界面

（5）“打印预览”功能

选择“打印预览”选项，可预览文字内容，如图 9-16 所示。

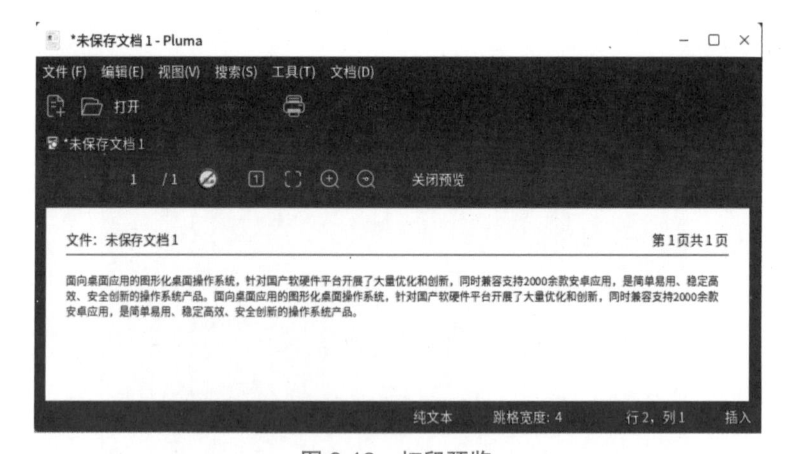

图 9-16 打印预览

（6）“打印”选项

选择“打印”选项，可将文本文件发送到打印机进行打印。

9.3.2　“编辑”菜单

“编辑”菜单包括“撤销”“恢复”“剪切”“复制”“粘贴”“删除”“首选项”等选项，如图 9-17 所示。

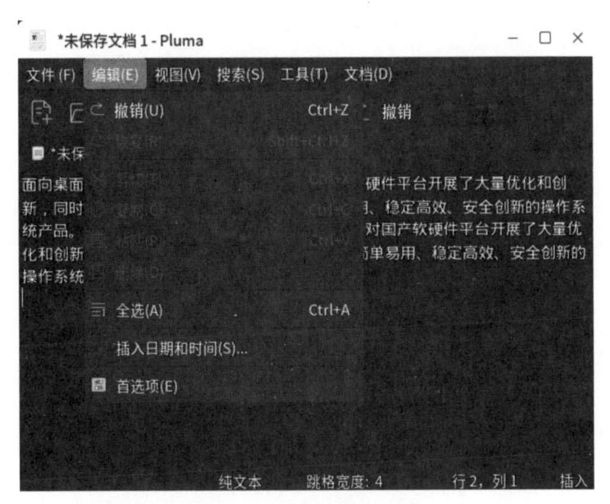

图 9-17　“编辑”菜单

（1）“撤销”和“恢复”选项

该选项可在编辑文档的过程中对出现的错误操作进行撤销和恢复。在图 9-17 中“恢复”选项处于浅颜色状态，表示当前的选项不能使用，只有当使用“撤销”选项后，才能使用该选项。

（2）“剪切”选项

该选项是在选定文档内容之后才能使用，当选择“剪切”选项后，所选择的文档内容从选择点清除，然后将光标移到文档需要粘贴的位置，选择“粘贴”选项，此时被剪切的文档内容就被粘贴到光标处。

（3）“复制”选项

该选项是将选定的文字或段落复制到剪切板中。具体操作是选定文档中的文字或段落，然后选择“复制”选项。

（4）“粘贴”选项

该选项只有在“复制”或“剪切”操作之后，才能使用。粘贴的功能就是将选定的文档放到被编辑文档的指定位置。将光标移到需要粘贴文档的位置，然后选择“粘贴”选项。

（5）“删除”选项

该选项的作用是删除选定的文字内容。将光标移到需要删除的文字或段落前，并选定该文字或段落，然后选择“删除”选项。

（6）“插入日期和时间”选项

该选项的作用是将当前的日期和时间插入光标处。将光标移到需要插入日期和时间的文字或段落前，然后选择“插入日期和时间”选项。

（7）“首选项”选项

选择“首选项”选项，弹出“首选项”界面，如图 9-18 所示，用户可对编辑器进行配置。需要配置的内容有查看配置、编辑器配置、字体和颜色配置及插件配置。

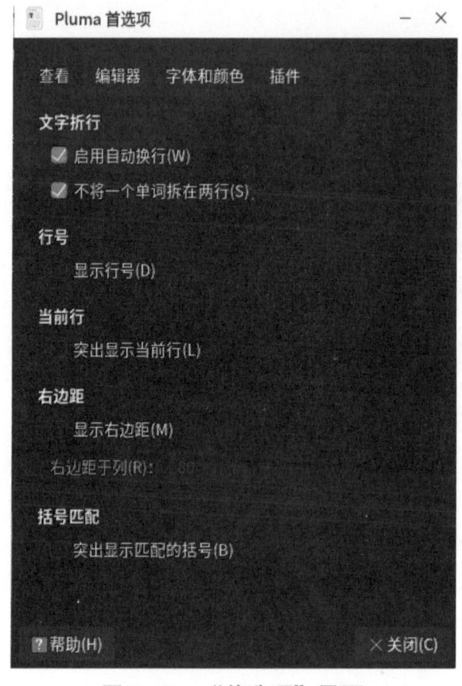

图 9-18　“首选项”界面

9.3.3　“视图”菜单

“视图”菜单包括“工具栏”“状态栏”“侧边栏”“全屏”“突出显示模式”等选项，如图 9-19 所示。

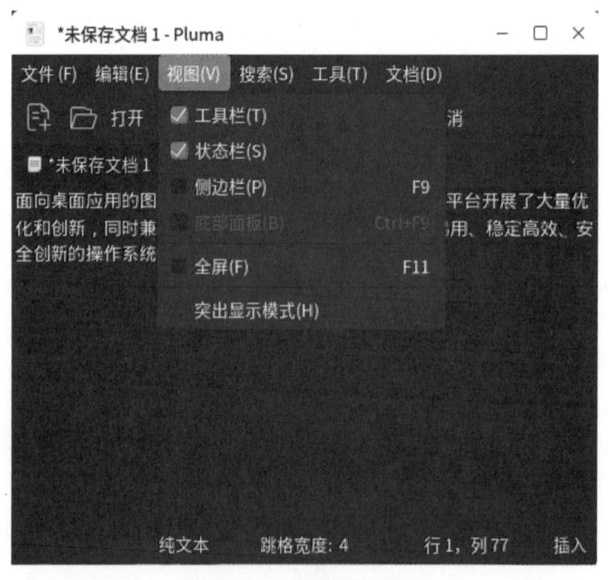

图 9-19　“视图”菜单

（1）“工具栏”选项

对工具栏的操作是一个开关操作。第一次选择“工具栏”选项时，会在“工具栏”选项的左侧出现一个对号，此时在“文本编辑器”界面的菜单栏下面出现一组工具栏；再次选择“工具栏”选项，左侧的对号消除，工具栏消失。

（2）“状态栏”选项

对状态栏的操作是一个开关操作。第一次选择“状态栏”选项时，会在“状态栏”选项的左侧出现一个对号，此时在“文本编辑器”界面的底部出现一行当前编辑器的状态信息栏；再次选择“状态栏”选项，左边的对号消除，底部状态栏消失。

（3）“侧边栏”选项

对侧边栏的操作是一个开关操作。第一次选择“侧边栏”选项时，“侧边栏”选项的左侧出现一个对号，此时在“文本编辑器”界面的左侧出现了侧边栏，侧边栏内显示了正在编辑的文件名信息；再次选择“侧边栏”选项，左边的对号消除，侧边栏消失。

（4）“全屏”选项

选择“全屏”选项，“文本编辑器”界面全屏显示，如图 9-20 所示。将光标移至“文本编辑器”界面的左上角，单击“离开全屏”按钮，退出全屏。

（5）“突出显示模式”选项

在“文本编辑器”界面中还可以编写程序语言，并且用突出显示模式呈现。如果想编写 Python 语言程序，可在“视图”菜单中选择“突出显示模式”→“Python3”→“脚本”选项，如图 9-21 所示。

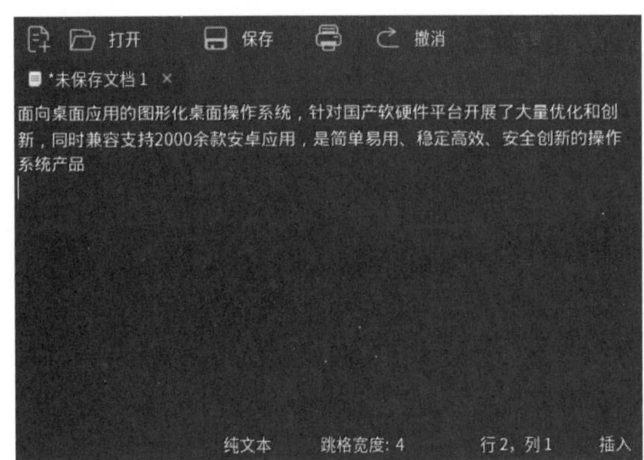

图 9-20　“文本编辑器”界面全屏显示

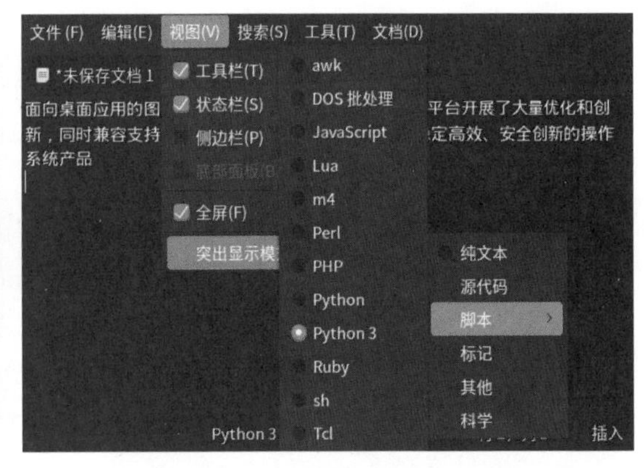

图 9-21　“突出显示模式”选项

此时，“文本编辑器”界面的底部状态栏会出现“Python3”字样。这时输入的程序语言为突出显示模式，如图 9-22 所示。

9.3.4　“搜索”菜单

“搜索”菜单包括“查找”“增量搜索”“替换”“跳转到指定行”等选项，如图 9-23 所示。

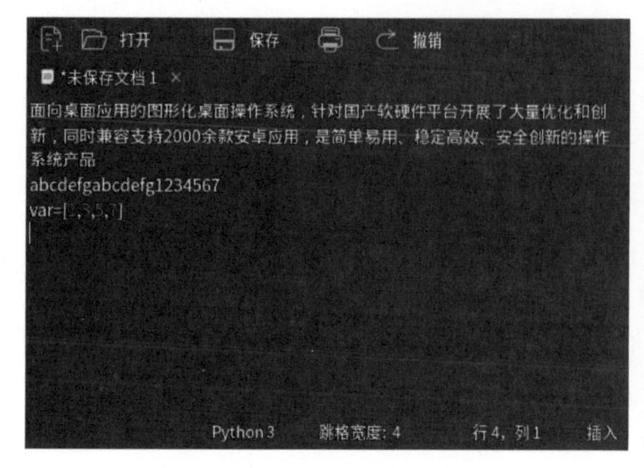

图 9-22　突出显示程序语言

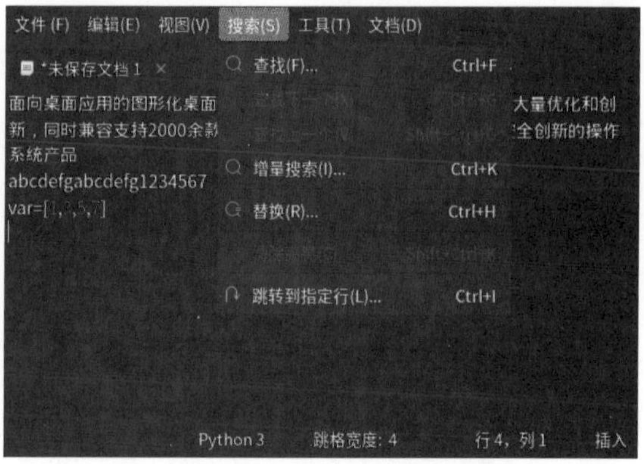

图 9-23　“搜索”菜单

（1）“查找”选项

该选项的作用是在当前编辑的文本中查找指定的内容。选择“查找”选项，打开“查找”界面，如图 9-24 所示。在搜索栏中输入需要查找的内容，并在搜索栏下面的五个复选框中进行勾选，之后再单击“查找”按钮。

（2）“查找上一个”和“查找下一个”选项

该选项在通过“查找”选项搜索到具体内容后，才能使用。通常情况下与“查找”选项连用。

（3）“增量搜索”选项

该选项的作用是对当前编辑的文档中所包含的指定内容进行查找和标记。选择“增量搜索”选项，在“搜索”界面中输入要查找的字符串，此时系统将查找到的全部字符串进行标记。选择“搜索”→“清除突出显示”选项，即可清除标记。

（4）“替换”选项

该选项的作用是将搜索到的字符串替换为指定的字符串。选择“替换”选项，打开“替换”界面，如图 9-25 所示。若将文档中的“abc”替换为“123”，则输入字符串后单击“查找”按钮，再单击“替换”或“全部替换”按钮。

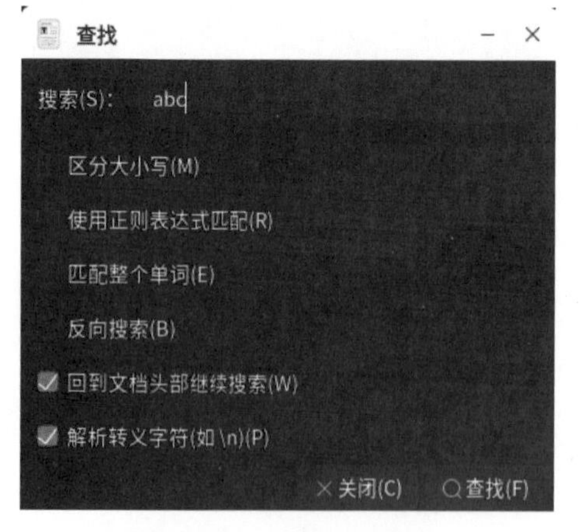

图 9-24　“查找”界面

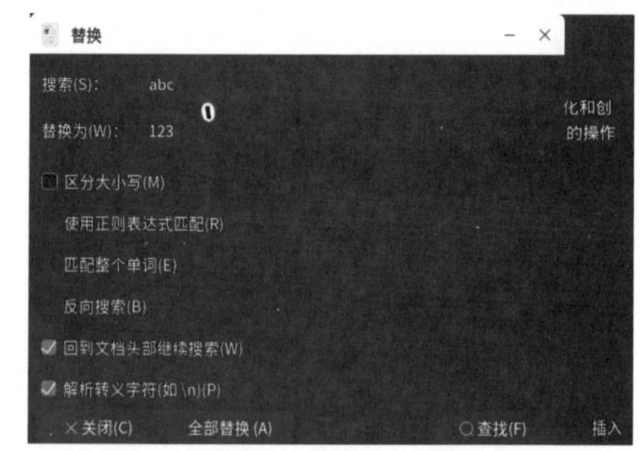

图 9-25　“替换”界面

（5）“清除高亮”选项

该选项的作用是将突出显示的字符或字符串的标记清除。选择“清除高亮”选项，将文档中的字符或字符串的标记去除。

（6）“跳转到指定行”选项

该选项的作用是将光标调到指定行的开始位置。选择“跳转到指定行”选项，在弹出的界面中输入光标需要到达的行，然后按“Enter”键，光标即可到达指定的位置。

9.3.5　“工具”菜单

“工具”菜单包括“拼写检查”“自动检查拼写”“设置语言”“文档统计”选项。如图 9-26 所示。

（1）“拼写检查”选项

该选项用于对当前正在编辑的文档中的词汇进行拼写检查。选择“拼写检查”选项，在弹出的界面中，可单击“忽略”“全部忽略”“更改”“全部更改”等按钮，如图 9-27 所示。

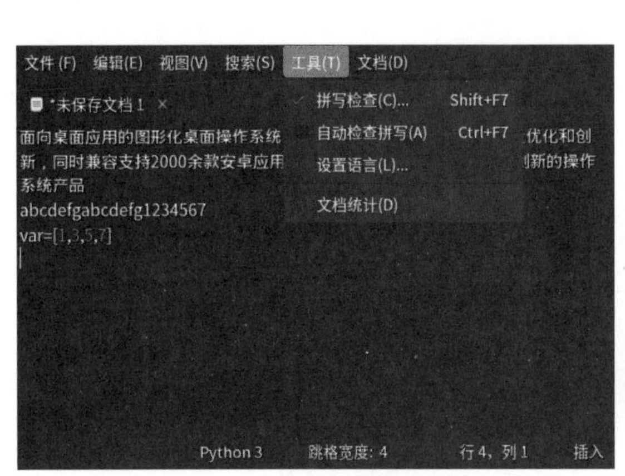

图 9-26　“工具”菜单

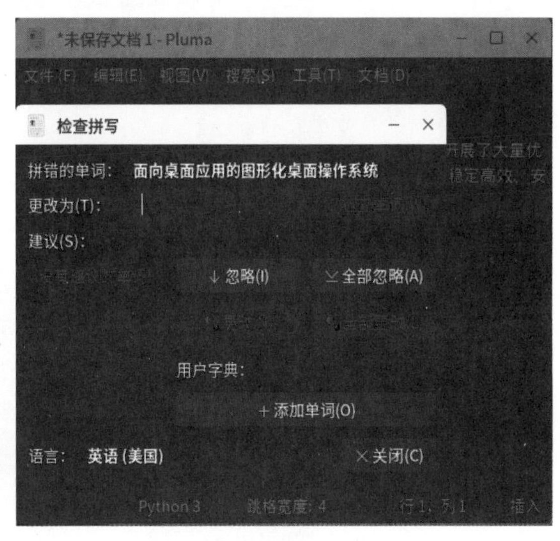

图 9-27　“拼写检查”界面

（2）“自动检查拼写”选项

该选项用于对当前正在编辑的文档中的错误的词汇进行一次性的标记。选择“自动检查拼写”选项，拼写错误的词汇均被标记出来。再次选择此选项，即可取消标记。

（3）“设置语言”选项

该选项用于对当前正在编辑的文档所使用的语言进行设置。选择“设置语言”选项，打开“设置语言”界面，如图 9-28 所示。

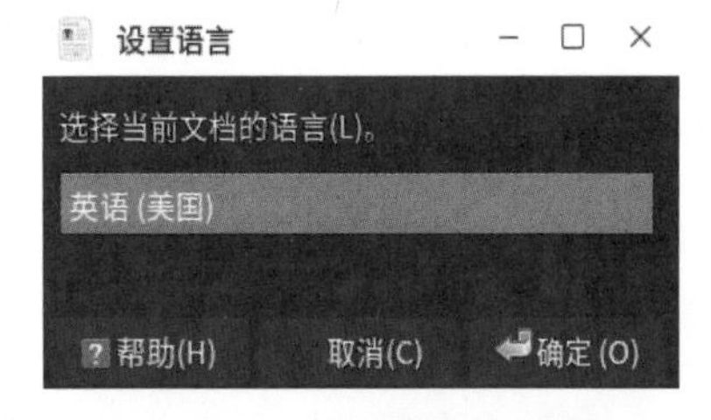

图 9-28　“设置语言”界面

（4）“文档统计”选项

该选项用于对当前文档的行数、单词数、字符数等内容进行统计。选择“文档统计”选项，打开“文件统计”界面，如图 9-29 所示。

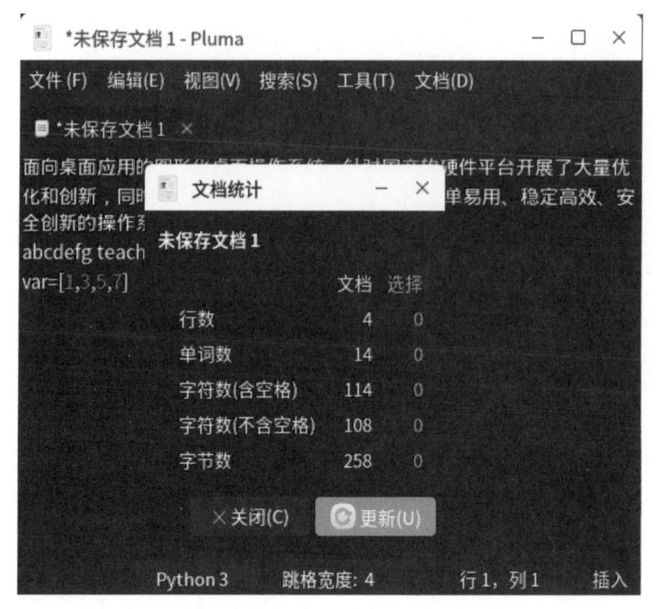

图 9-29 “文档统计”界面

9.3.6 “文档”菜单

“文档”菜单包括“全部保存”“全部关闭”“上一个文档”“下一个文档”“移动到新窗口”等选项，如图 9-30 所示。

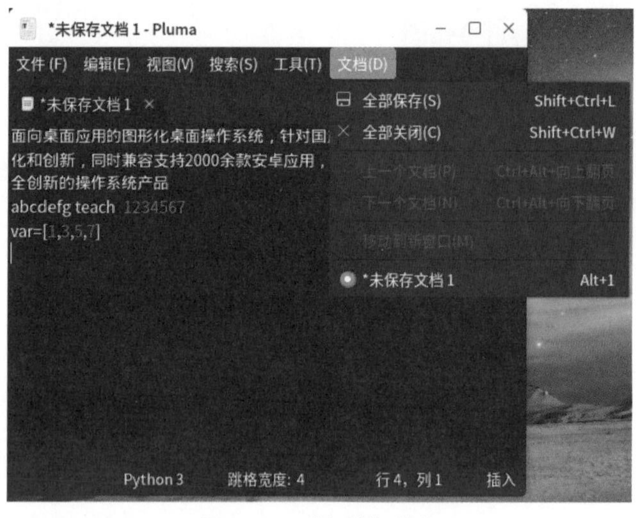

图 9-30 “文档”菜单

（1）“全部保存”选项

该选项用于对当前编辑的多个文档进行保存。选择“全部保存”选项，就可以保存正在编辑的文档。

（2）“全部关闭”选项

该选项用于关闭正在编辑的全部文档。选择“全部关闭”选项，此时“文本编辑器”界面中的文档将全部关闭。

（3）“上一个文档”和“下一个文档”选项

该选项用于在打开文件的界面中互相切换。选择“上一个文档”或“下一个文档”选项进行切换。

（4）“移动到新窗口”选项

该选项用于将当前界面的文件移动到一个新界面中。选择“移动到新窗口”选项即可。

9.4　其他小程序

除以上应用程序外，麒麟操作系统还附带了许多小程序。如归档管理器、图像查看器、麒麟截图、麒麟录音、麒麟扫描等，在 V10 版本中，如图 9-31 所示。

9.4.1　图像查看器

选择“开始”→“图像查看器”菜单命令，打开“图像查看器”界面，如图 9-32 所示。

图 9-31　其他小程序

图 9-32　“图像查看器”界面

图像查看器是一款用来查看图像的软件，能打开多种格式的图片，支持幻灯片显示方式、全屏显示方式等。

（1）基本功能

在“图像查看器”界面中，在“图像”菜单中选择“打开”选项，打开所选的图像。如果一次打开了多张图片，用户可单击“上一个”或“下一个”按钮进行切换。“打开图像”界面如图 9-33 所示。

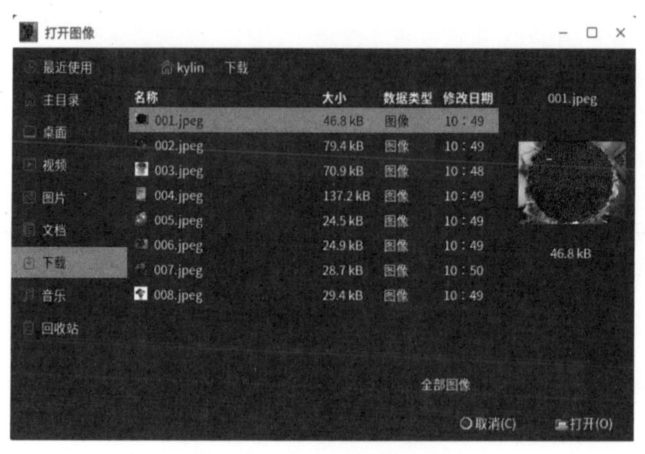

图 9-33 “打开图像”界面

（2）高级功能

菜单上的各个选项，提供了对图像的一些操作。

① 改变格式

在“图像”菜单中选择“另存为”选项，用户可以改变当前图像的格式，“保存图像”界面如图 9-34 所示。

② 图集

当打开某张图像后，在“视图”菜单中选择“图集”选项，此时相同路径下的所有图像都会显示出来，如图 9-35 所示。

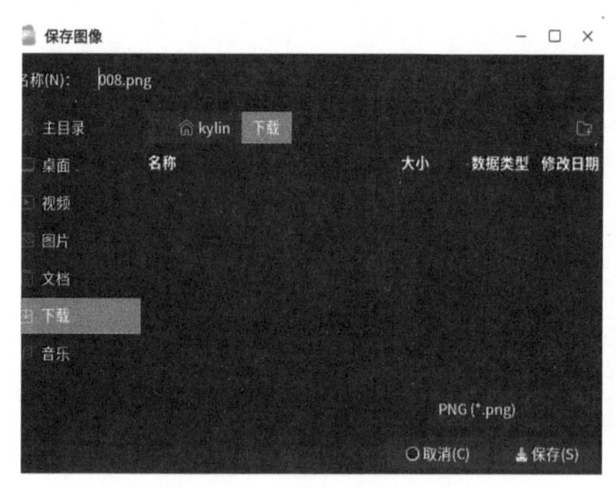

图 9-34 “保存图像”界面

图 9-35 显示所有图像

③ 首选项

在“编辑”菜单中选择“首选项”选项，进入“图像查看器首选项”界面，在此界面有三个选项卡：图像查看、幻灯片放映、插件，分别如图 9-36、图 9-37、图 9-38 所示。

9.4.2 归档管理器

选择“开始”→“归档管理器”菜单命令，打开“归档管理器”界面，如图 9-39 所示。

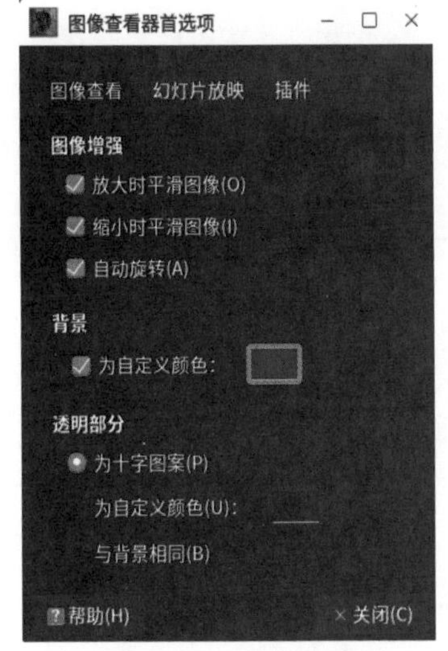

图 9-36　图像查看

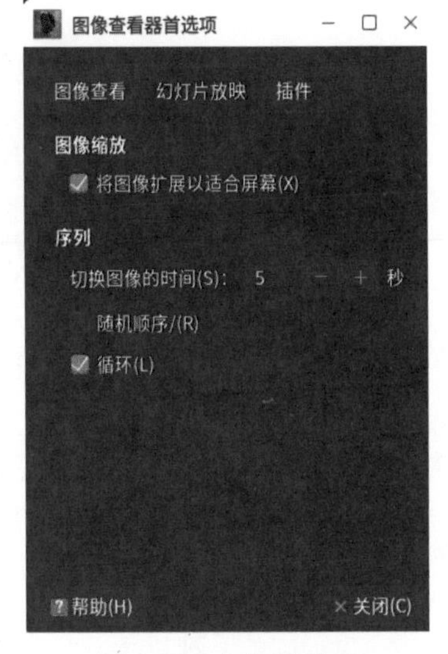

图 9-37　幻灯片放映

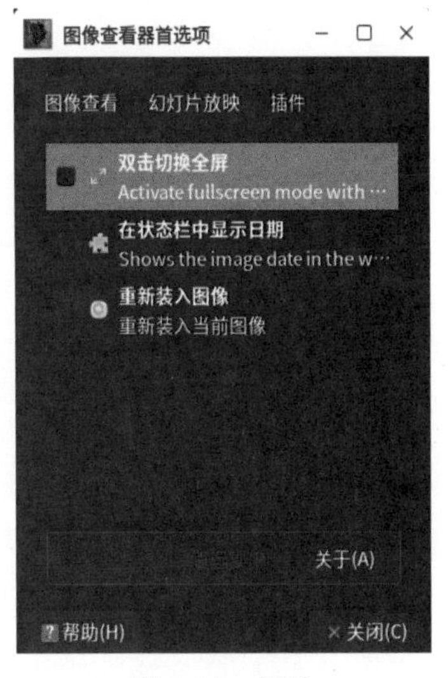

图 9-38　插件

图 9-39　“归档管理器”界面

（1）创建新归档文件

可以用两种方法创建新归档文件。一种方法是直接创建，另一种方法是使用归档管理器创建。

① 直接创建

打开文件夹，使用鼠标右键单击该文件夹或文件，在弹出的快捷菜单中选择“压缩”选项，“压缩”界面如图 9-40 所示。输入压缩文件的名称，并选择压缩的格式和保存的位置。完成后单击“创建”按钮，即可生成压缩文件。

② 通过归档管理器创建

在“归档管理器”界面中，在“归档文件”菜单中选择“新建”选项。在弹出的界面中，输入归档文件的名称，并选择保存的位置，如图 9-41 所示。用户可在“文件格式”折叠框或“全部支持的文件”下拉框中选择压缩格式。

图 9-40 “压缩”界面

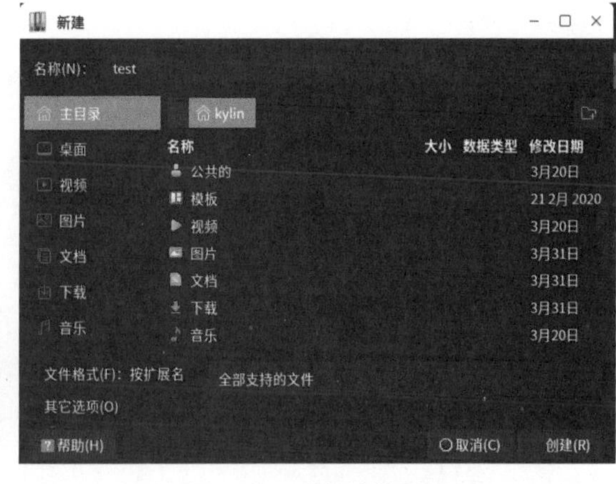

图 9-41 “新建”界面

单击“创建”按钮后，出现如图 9-42 所示的“创建”界面。此时用户可通过工具栏上的图标向归档文件添加内容或者直接拖曳文件到界面中。若未添加文件就关闭应用，则归档文件不会生成。

（2）查看归档文件

可以用两种方法查看归档文件，如图 9-43 所示。

方法一：在“归档管理器”界面中单击工具栏上的“打开”按钮，可查看已经创建的归档文件。

方法二：双击归档文件。

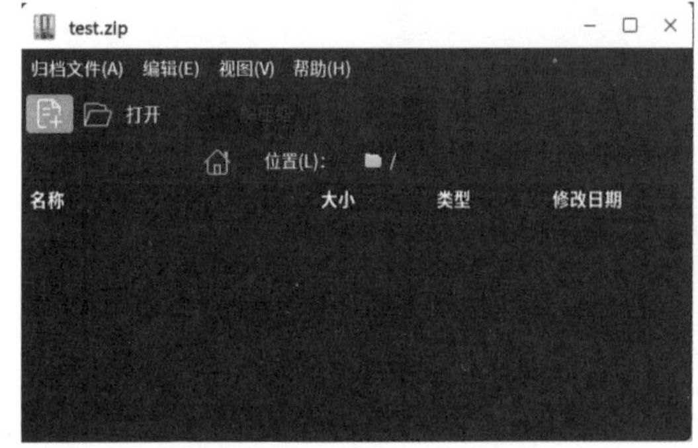

图 9-42 “创建”界面

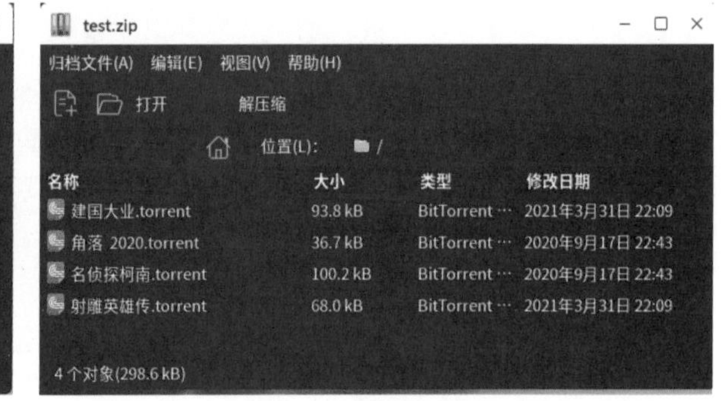

图 9-43 查看归档文件

（3）编辑归档文件

① 添加归档文件

打开归档文件后，可按照创建新归档文件的方式，为该归档文件添加新文件或文件夹。

② 删除归档文件

删除归档文件可分为删除单个文件和删除全部文件。删除单个文件，可在打开的归档文件中，使用鼠标右键单击某一个文件，在弹出的快捷菜单中选择“删除”选项。删除全部文件，可在打开的归档文件中，选择全部归档文件，单击鼠标右键，在弹出的快捷菜单中选择“删除”选项。

③ 重命名

使用鼠标右键单击目标文件，在弹出的快捷菜单中选择“重命名”选项。

④ 复制、剪切、粘贴

使用鼠标右键单击目标文件，在弹出的快捷菜单中选择“复制”或“剪切”选项，进入归档文件的目标位置，使用鼠标右键单击，在弹出的快捷菜单中选择“粘贴”选项，此时会弹出“粘贴提示”界面，如图 9-44 所示。

（4）提取归档文件

① 直接解压

使用鼠标右键单击目标归档文件，在弹出的快捷菜单中选择“解压缩到”或“解压缩到此处”选项即可。

② 通过归档管理器解压

在“归档管理器”界面中，打开归档文件后，单击工具栏上的“解压缩”按钮，或者使用鼠标右键单击归档文件，在弹出的快捷菜单中选择“解压缩到”选项。然后在弹出的界面中选择指定的位置，单击“解压缩”按钮，如图 9-45 所示。

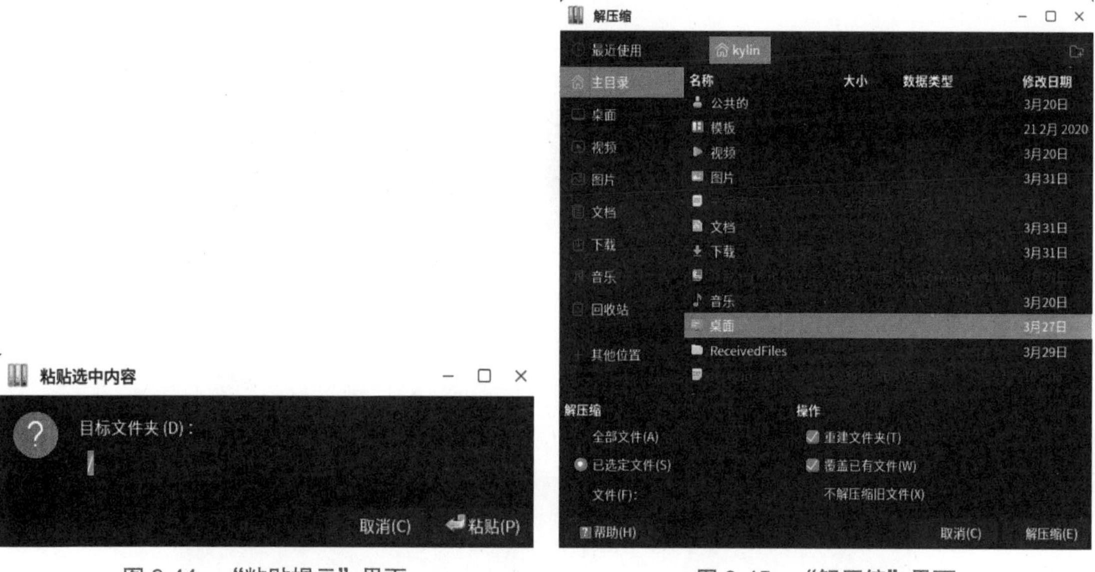

图 9-44　“粘贴提示”界面　　　　图 9-45　“解压缩”界面

9.4.3　麒麟截图

选择“开始”→“麒麟截图”菜单命令，打开“麒麟截图”界面。麒麟截图可以获取当前桌面上的任意区域，并对其进行简单的编辑，如图 9-46 所示。

完成区域选择后，弹出的工具栏提供了方形画图、圆形画图、直线、箭头、铅笔画图、标记、输入文字、区域模糊等功能。单击“保存”按钮后，出现如图 9-47 所示的“另存为”界面，单击“保存”按钮完成此次截图。

若要使用延迟截图，在打开软件后，通过托盘菜单，找到麒麟截图。使用鼠标右键单击该图标，在弹出的快捷菜单中选择“打开启动器”选项，并在“延迟”输入框中设置时间，然后单击“获取新屏幕截图”按钮，如图 9-48 所示。

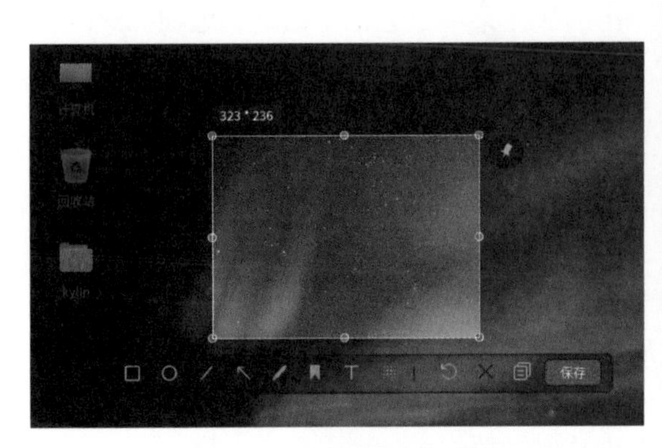

图 9-46 “麒麟截图”界面

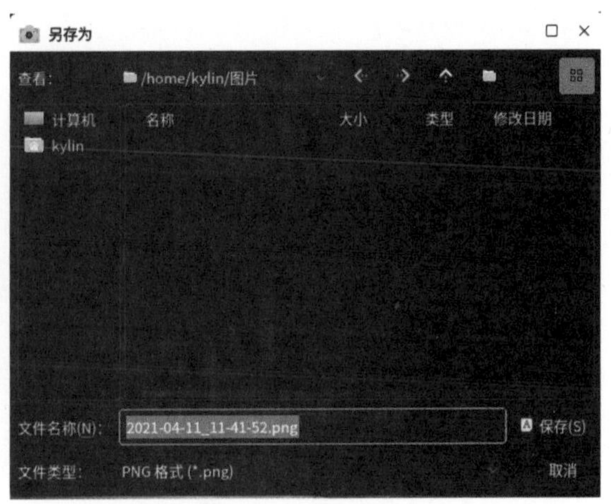

图 9-47 “另存为”界面

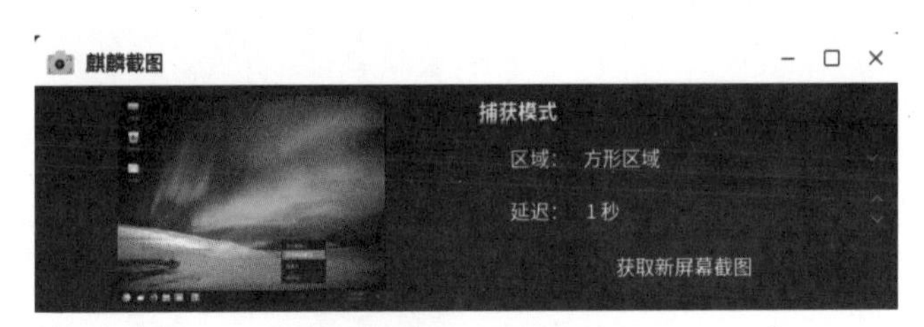

图 9-48 延迟截图

9.4.4 麒麟扫描

选择“开始”→“麒麟扫描”菜单命令，打开“麒麟扫描”界面，如图 9-49 所示。该界面可提供普通扫描、一键美化、智能纠偏和文字识别等功能。

图 9-49 “麒麟扫描”界面

（1）连接扫描设备

打开“麒麟扫描”界面，系统会自动查找、连接扫描设备，并获取默认参数（颜色模式、分辨率和纸张尺寸等）。扫描前可进行设置。其中，分辨率越大，扫描速度就越慢。

（2）普通扫描

单击右上角的“扫描”按钮进行普通扫描。

（3）扫描编辑

扫描完成后可通过工具栏对扫描后的图片进行编辑，可完成剪裁、旋转、对称翻转和添加水印等功能。

（4）一键美化

一键美化可完成增加对比度、锐化和 HDR 效果等功能，使图片更加清晰。

（5）智能纠偏

对不居中的图片可进行智能纠偏操作。

（6）文字识别

可识别扫描完成后图片上的文字，并把识别后的文字保存为文本格式。

9.4.5　麒麟录音

选择“开始”→“麒麟录音”菜单命令，打开“麒麟录音”界面，如图 9-50 所示。麒麟录音是一款操作简单的录音工具，支持系统及麦克风同时录制，支持多音频格式录制，如 MP3、WAV 等，支持播放、剪裁等功能。

图 9-50　“麒麟录音”界面

单击“录音”按钮开始录音，实时生成波形图。拖动声音滑块，可调整声音大小，在录音过程中，单击“暂停/开始”按钮可以暂停/继续录音；单击“停止”按钮，即完成本次录音，默认的存储路径为个人的音乐目录。如图 9-51 所示为录音过程。

每次录音成功后，生成的音频文件会自动显示在文件列表中，可以播放和删除。“设置”界面如图 9-52 所示。

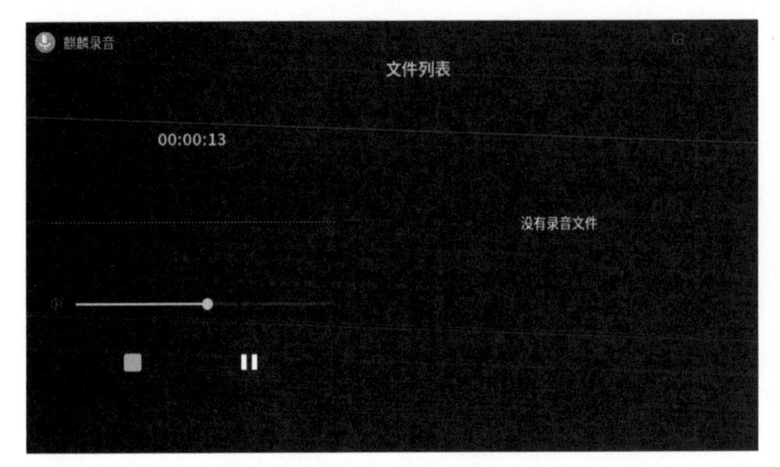

图 9-51　录音过程

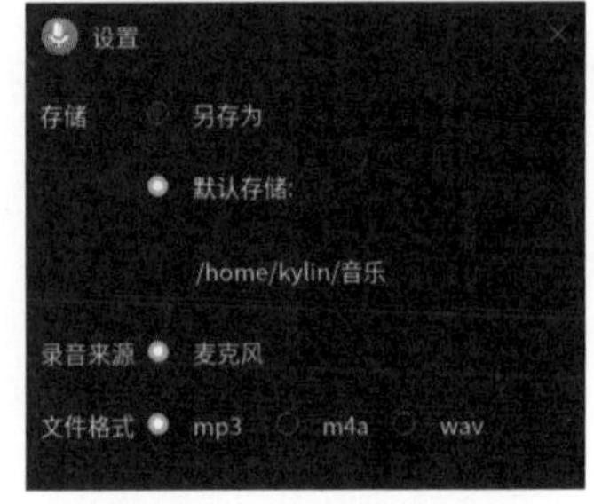

图 9-52　“设置”界面

9.5　本章任务

通过对本章的学习，我们应掌握画图工具及文本编辑器的使用方法。

9.5.1　使用画图工具

（1）绘制西瓜

首先，启动画图软件，选择“开始”→“KolourPaint”菜单命令，打开“KolourPaint”界面。然后，绘制圆形，单击工具栏上的“椭圆”工具按钮，选择空心模式和相应的线型，调整画布大小为500像素×330像素，在画布上绘制一个圆形，如图9-53所示。

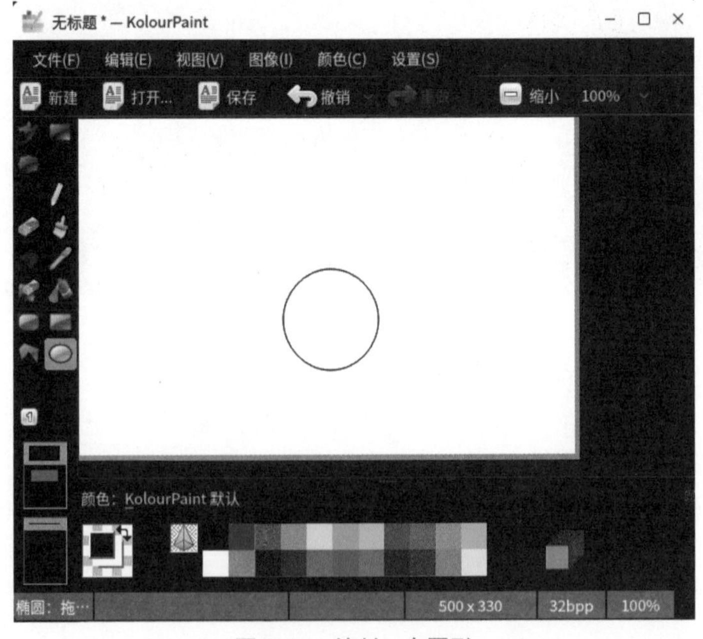

图 9-53　绘制一个圆形

接着，单击工具栏上的“选择（矩形的）”工具按钮，在工具栏下方选择“透明”选项。选中图 9-53 中的图形，打开“编辑”菜单，选择“复制”选项，然后将光标移动到画布的左上角，再打开“编辑”菜单，选择“粘贴”选项，粘贴后的圆形变成椭圆形，如图 9-54 所示。

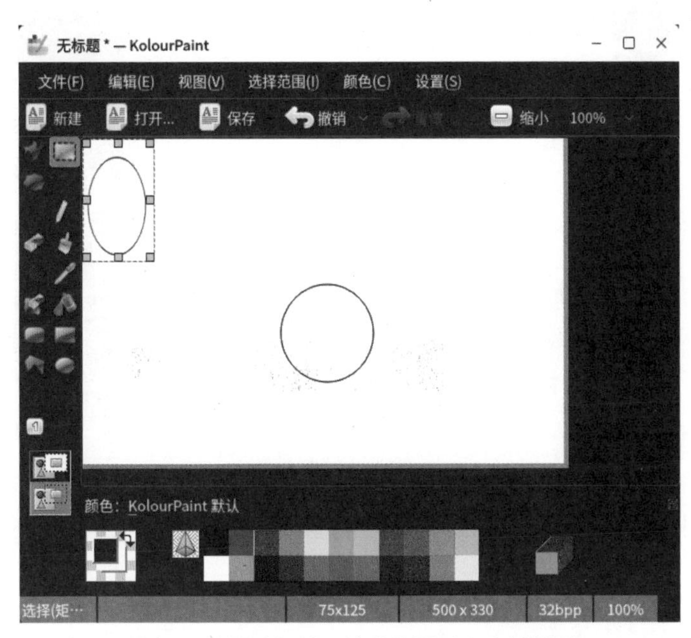

图 9-54　通过复制、粘贴将圆形变为椭圆形

其次绘制瓜身。将画布左上角的椭圆形拖曳到圆形中，如图 9-55 所示。

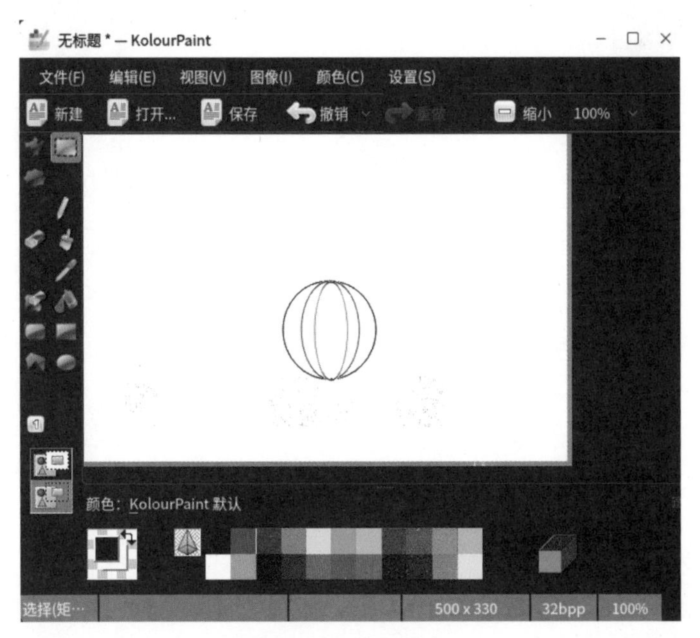

图 9-55　绘制瓜身

再绘制瓜蒂并着色。单击工具栏中的“画笔”工具按钮，选择画笔的粗细并在颜料盒中设置前景色为绿色，用画笔画出瓜蒂，如图 9-56 所示。

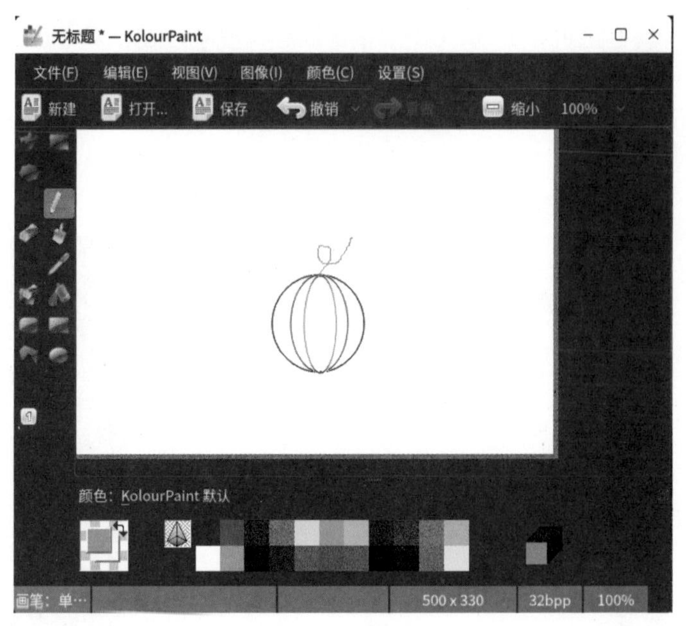

图 9-56　绘制瓜蒂

单击工具栏中的“填充”工具按钮，并在图片内部单击，为瓜身填充颜色，如图 9-57 所示。

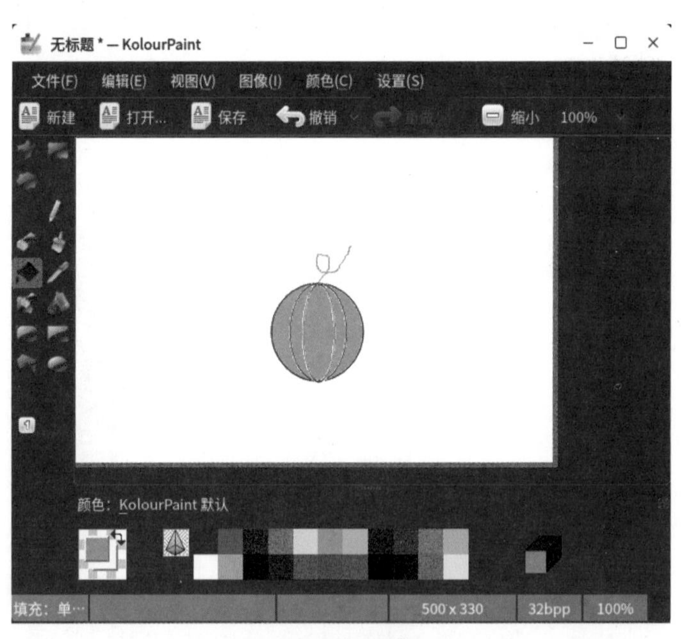

图 9-57　颜色填充

最后，保存文件。在“文件”菜单中选择“另存为”选项，在弹出的对话框中输入文件名“西瓜”，然后单击“保存”按钮。

（2）绘制企鹅

首先，进入画图软件，选择“开始”→“Kolour 画图”菜单命令，打开“KolourPaint”界面。然后，绘制企鹅头部，单击工具栏上的“椭圆”工具按钮，选择“以前景色填充”模式和相应的线型，调整画布大小为 500 像素×380 像素，在画布上绘制一个圆形。然后选择前景色为白色，在圆形内画出两个椭圆形，如图 9-58 所示。

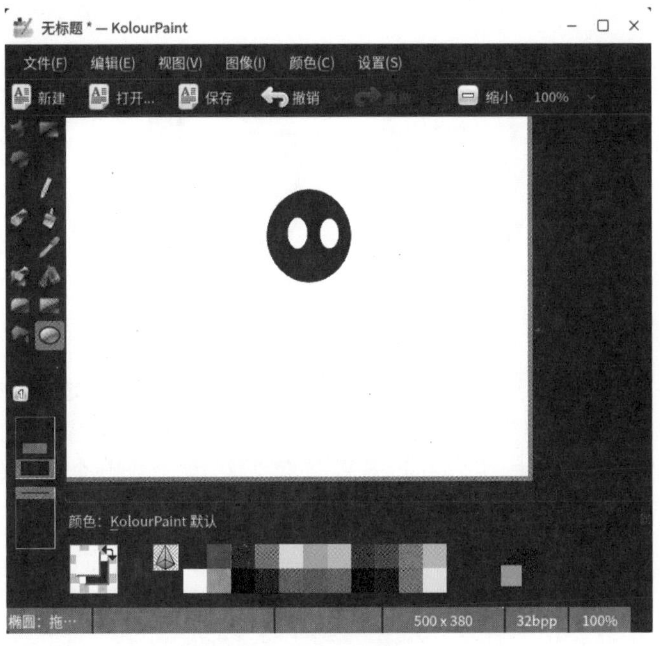

图 9-58　绘制企鹅头部

其次，绘制眼睛和嘴。单击“椭圆”工具按钮，选前景色为黑色，在左侧白色圆内画出一个小黑圆形，单击“绘制曲线”工具按钮，选择线型后在右侧白色圆内画出一条曲线。眼睛画好后，选择前景色为黄色，用“画椭圆”工具在眼睛下方画出一个椭圆形并在椭圆形上画一条曲线，如图 9-59 所示。

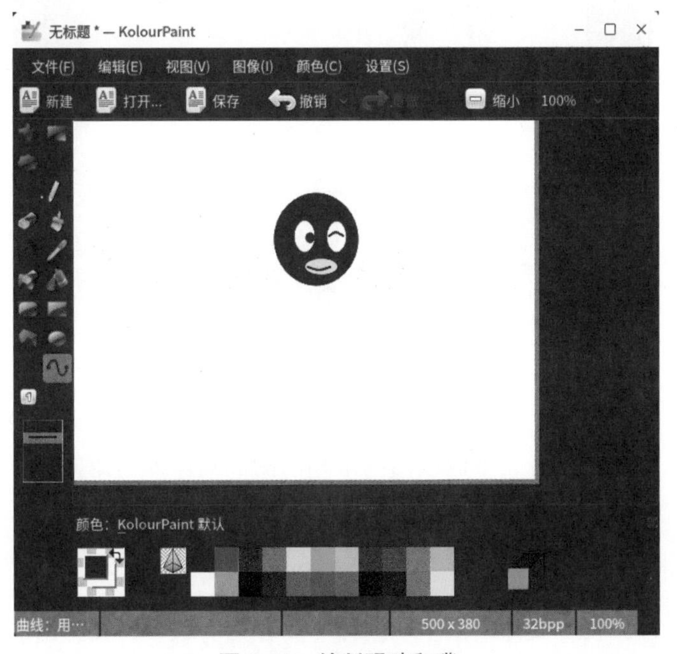

图 9-59　绘制眼睛和嘴

在嘴下面用“画笔”工具画上红色的线条，多余的部分用橡皮擦擦掉。

再绘制身躯，在空白处画一大的黑色椭圆形，中间画一个白色椭圆形作为企鹅的身体，如图 9-60 所示。

图 9-60　企鹅的头部和身躯

接着，合并头部和身躯，单击“选择（矩形的）”工具按钮，选中企鹅的身躯部分并双击，按住鼠标左键将企鹅的身躯拉到指定的部位，重复上述操作将企鹅的头部拉到企鹅身躯的上部。单击“矩形”工具按钮，并设置前景色为红色，画出企鹅戴的围脖，如图 9-61 所示。

图 9-61　合并头部和身躯

绘制企鹅的手脚。单击工具栏上的“椭圆”工具按钮，选择“以前景色填充”模式，将前景色设置为黄色，在企鹅身躯下面画出两个相同的椭圆作为企鹅的脚。将前景色设置为黑色，使用“曲线”工具画出一个 45 度左右的封闭椭圆形，然后使用“填充”工具在封闭椭圆形内填充黑色作为企鹅的胳膊，重复上述操作绘出另一个胳膊。绘制完成的企鹅如图 9-62 所示。

最后，保存文件。在“文件”菜单中选择“另存为”选项，在弹出的界面中输入文件名“企鹅”，然后单击“保存”按钮。

图 9-62　绘制完成的企鹅

9.5.2　文本编辑器

（1）查找和替换

选择“开始”→“文本编辑器”菜单命令，打开“文本编辑器”界面，在工作区内输入文字，如图 9-63 所示。

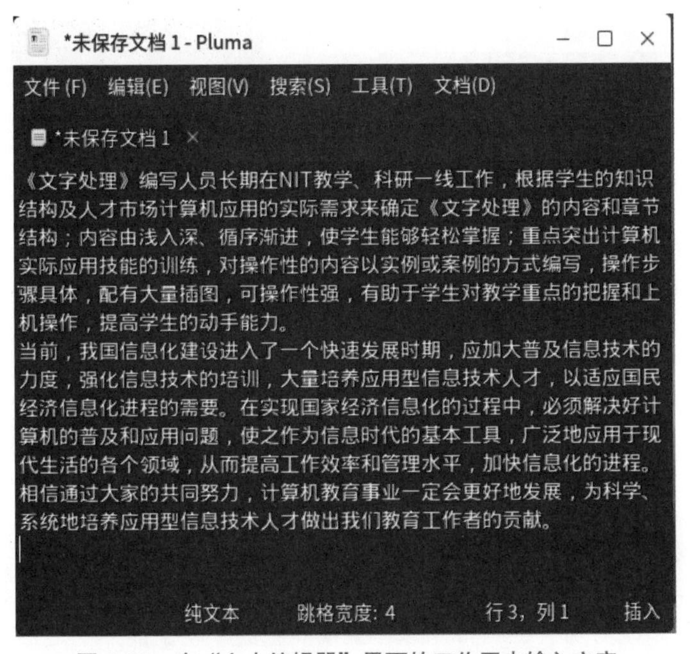

图 9-63　在“文本编辑器”界面的工作区内输入文字

在“搜索”菜单内选择“查找”选项，打开“查找”界面，输入“人才”，并单击“查找”按钮。完成查找后，系统将“人才”两个字全部进行标记，并在状态栏显示“人才”所在的行和列，如图 9-64 所示。

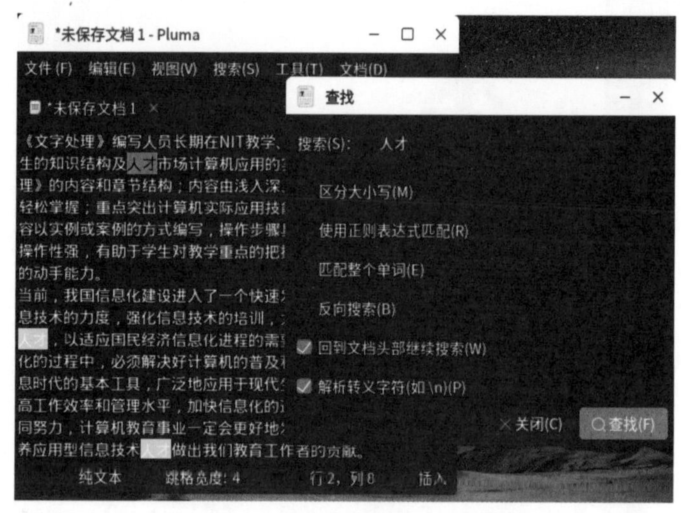

图 9-64　查找文本中的“人才”

在“搜索”菜单中选择“替换”选项，打开“替换”界面。在此界面的“搜索”输入框中输入“人才”，在“替换为”输入框中输入“人员”，然后单击“替换”或“全部替换”按钮。“替换”选项用于将系统第一个搜索到的“人才”替换为“人员”；“全部替换”选项用于将搜索到的“人才”全部替换为“人员”。单击“替换”按钮后，第一次替换的结果如图 9-65 所示。位于第 2 行、第 8 列的“人才”被替换为“人员”，之后将光标移到位于第 10 行、第 1 列的“人才”文字处。

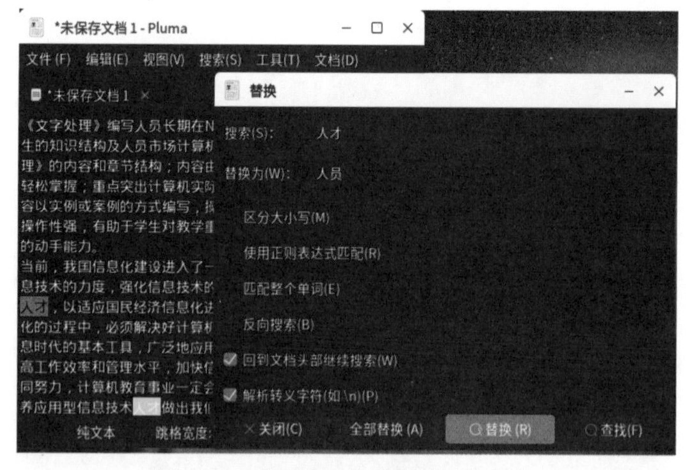

图 9-65　将“人才”替换为“人员”

（2）剪切、复制、粘贴

在图 9-63 中，选中第 1 行的文字，然后在“编辑”菜单中选择“剪切”选项，将第 1 行的全部内容送入系统剪切板中。将光标移至第 6 行的“动手能力”之后，在“编辑”菜单中选择“粘贴”选项，将剪切的文字粘贴到“动手能力”之后，如图 9-66 所示。“剪切”选项用于把被选择的文字删除；“复制”选项用于保留被选择的文字。

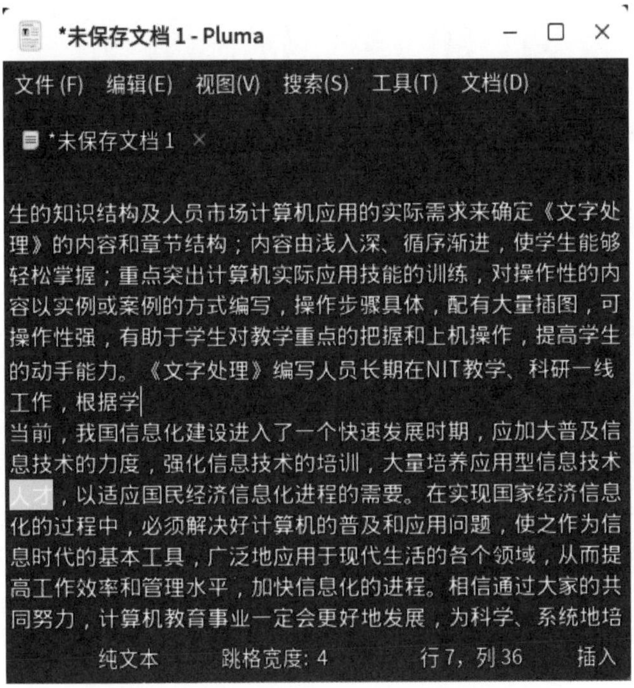

*未保存文档 1 - Pluma

文件 (F)　编辑(E)　视图(V)　搜索(S)　工具(T)　文档(D)

*未保存文档 1

生的知识结构及人员市场计算机应用的实际需求来确定《文字处理》的内容和章节结构；内容由浅入深、循序渐进，使学生能够轻松掌握；重点突出计算机实际应用技能的训练，对操作性的内容以实例或案例的方式编写，操作步骤具体，配有大量插图，可操作性强，有助于学生对教学重点的把握和上机操作，提高学生的动手能力。《文字处理》编写人员长期在NIT教学、科研一线工作，根据学
当前，我国信息化建设进入了一个快速发展时期，应加大普及信息技术的力度，强化信息技术的培训，大量培养应用型信息技术人才，以适应国民经济信息化进程的需要。在实现国家经济信息化的过程中，必须解决好计算机的普及和应用问题，使之作为信息时代的基本工具，广泛地应用于现代生活的各个领域，从而提高工作效率和管理水平，加快信息化的进程。相信通过大家的共同努力，计算机教育事业一定会更好地发展，为科学、系统地培

纯文本　跳格宽度: 4　行 7，列 36　插入

图 9-66　将第 1 行的文字剪切、粘贴至第 6 行

第 10 章　休闲娱乐

本章主要介绍麒麟操作系统的娱乐软件、音频录制工具、光盘刻录工具的使用方法。

10.1　娱乐软件

麒麟操作系统的休闲娱乐软件以简单易用为主旨，用户可以轻松使用系统自带的麒麟影音、音乐播放器，无须安装其他播放软件就可以满足基本需求。此外，麒麟操作系统还自带几款单机小游戏，以供用户在闲暇时光消遣娱乐。

10.1.1　麒麟影音

用户可以通过麒麟操作系统的麒麟影音播放器播放数字媒体文件，该软件的界面简洁直观，易于操作。

（1）启动麒麟影音

选择“开始”→“所有软件”→“麒麟影音”菜单命令，即可启动麒麟影音播放器。在 V10 版本中，启动麒麟影音如图 10-1 所示。

“麒麟影音”窗口如图 10-2 所示。

图 10-1　启动麒麟影音

图 10-2　“麒麟影音”窗口

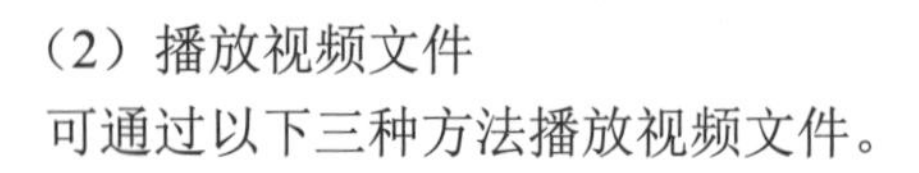

（2）播放视频文件

可通过以下三种方法播放视频文件。

方法一：通过“打开”功能直接打开待播放的视频文件。单击麒麟影音播放器窗口右上方图标，打开下拉菜单，在 V10 版本中，如图 10-3 所示。

选择“打开文件（F）”选项，系统弹出文件管理器对话框；在对话框左侧的导航窗格中选择待播放视频文件的路径，然后在右侧窗格中选中视频文件，如图 10-4 所示。

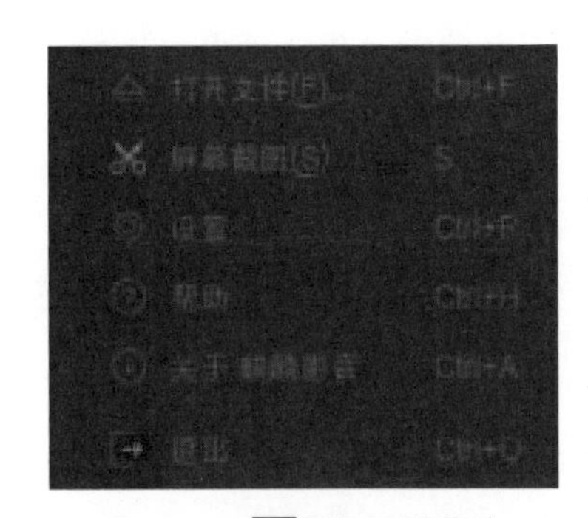

图 10-3　图标下拉菜单

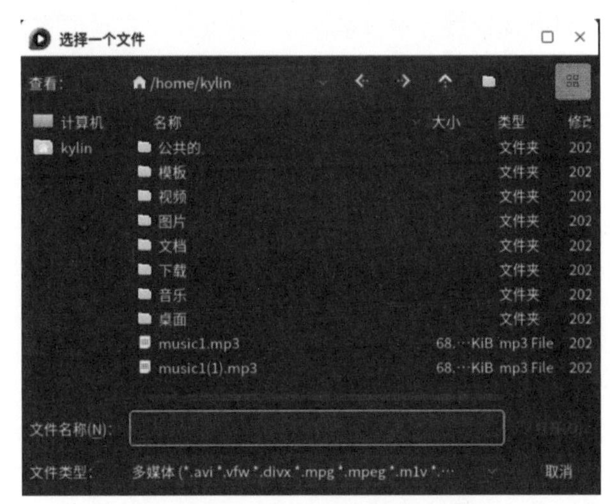

图 10-4　选择待播放的视频文件

单击“打开”按钮，自动播放视频文件并进入“正在播放”模式，如图 10-5 所示。被选择的视频文件会自动添加到播放列表中。

方法二：将待播放的视频文件添加到播放列表中，在列表中播放。

如需打开多个视频文件，为了方便查看和管理，可以将待播放的视频文件全部添加到播放列表中。单击播放器窗口右下方播放列表按钮，窗口右侧即可显示播放列表。播放列表初始状态为空，单击“增加文件”按钮或“添加”选项，系统弹出文件管理器对话框，在对话框左侧的导航窗格中选择待播放视频文件的路径，然后在右侧窗格中选中视频文件（可以同时选中多个文件），单击“打开”按钮，播放列表即可显示已添加的视频文件，如图 10-6 所示。双击（或右键选择列表中的“播放”选项）需要播放的视频文件，可以快速播放。

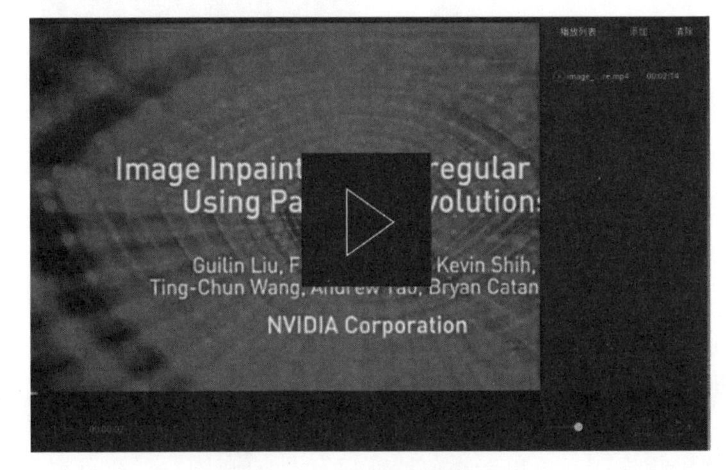

图 10-5　播放成功界面

图 10-6　添加视频文件至播放列表

方法三：拖动播放。

将待播放的视频文件拖动到麒麟影音播放器当中，并且拖动到的区域不同，效果也就不同。

① 拖动到播放列表。

打开文件管理器对话框，找到并选中待播放视频文件，按住鼠标左键，将其拖动到麒麟影音播放器的播放列表，如图 10-7 所示。松开鼠标，拖动的待视频文件即被添加到播放列表当中，双击（或右键选择列表中的“播放”选项）即可播放此视频文件。

② 拖动到“正在播放”模式下直接播放。

找到待播放视频文件并按住鼠标左键，拖动到麒麟影音播放器的“正在播放”区域；松开鼠标，待播放区域的左上角显示“纵横比：自动”或“字幕开启”且视频画面开始播放，则说明播放成功，此时正在播放的视频文件已经被自动添加到播放列表中。

（3）管理播放列表

用户可以管理播放列表中的视频文件，决定是否从列表或计算机硬盘中删除。右击待删除的视频文件，显示有两个删除选项，即“删除选定”和“从硬盘删除”，在 V10 版本中，如图 10-8 所示。“删除选定”选项是仅将待选视频文件从播放列表中删除，而文件仍保留在计算机硬盘中；“从硬盘删除”选项是将待选视频文件从播放列表和计算机硬盘中一并删除。

如需一键清空播放列表，单击“清除”选项卡即可。

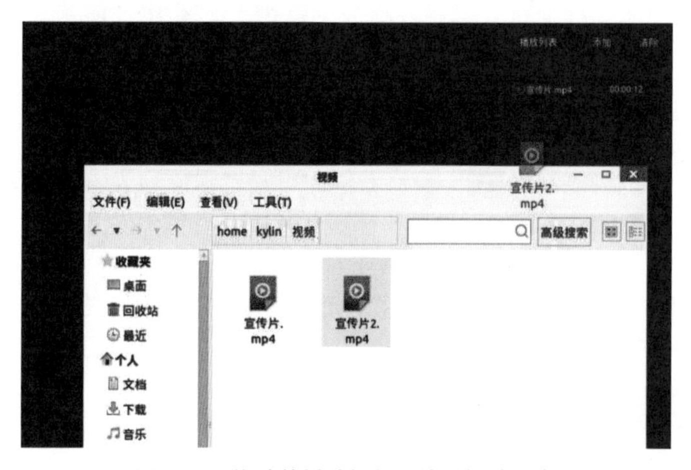

图 10-7　拖动待播放视频文件到播放列表

图 10-8　删除播放列表中的所选项

（4）屏幕截图

用户可以在观看视频文件期间进行截图。单击麒麟影音播放器窗口右上方图标，系统弹出下拉列表，选择其中的“屏幕截图”选项，在 V10 版本中，如图 10-3 所示。

截图成功的界面如图 10-9 所示。

如需查看截图，打开计算机的文件管理器，在左侧导航窗格中选择“图片”，并双击右侧窗格中的“kylin_video_screenshots”文件夹即可，如图 10-10 所示。

（5）其他

如需对麒麟影音播放器的设置进行修改，可单击播放器窗口右上方图标，在下拉列表中选择“设置”选项，即可弹出设置界面。

图 10-9　截图成功界面

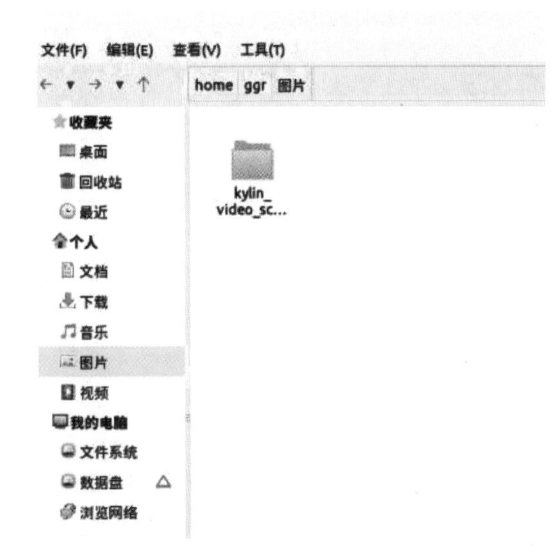

图 10-10　截图所在位置

如需查看麒麟影音播放器支持的视频格式或该软件的版本等相关信息，可单击播放器窗口右上方图标，分别选择下拉列表中的“帮助”和“关于麒麟影音”选项即可。

10.1.2　麒麟音乐

用户可以通过麒麟操作系统的麒麟音乐播放器播放音频文件，该播放器设计直观、界面清晰大方，为用户提供便捷的使用体验。

（1）启动音乐播放器

选择“开始”→“所有软件”→“麒麟音乐”菜单命令，启动过程如图 10-1 所示。

“麒麟音乐”窗口，在 V10 版本中，如图 10-11 所示。

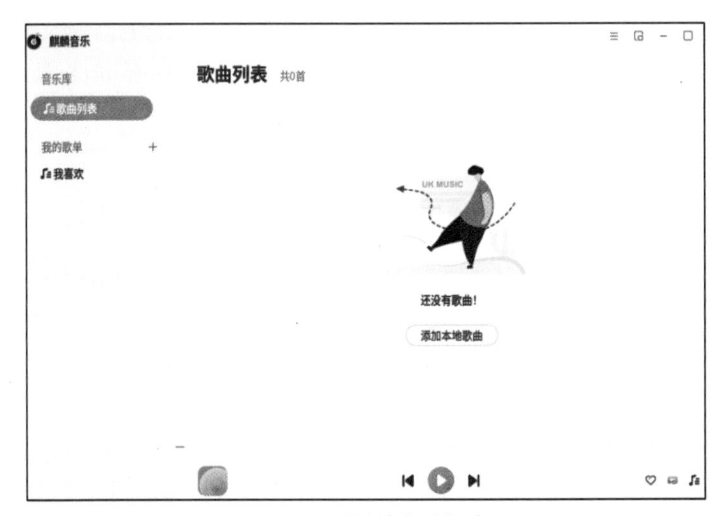

图 10-11　“麒麟音乐”窗口

（2）播放音乐

用户可通过以下两种方法播放音频文件。

方法一：拖动播放。

找到待播放音频文件（可以选择多个），并按住鼠标左键不放，拖动到麒麟音乐播放器窗口的中间区域，然后松开鼠标，此时在播放列表区域会显示已拖放的所有音频文件。双击需要播放的音频文件，进入“正在播放模式”。在 V10 版本中，如图 10-12 所示。

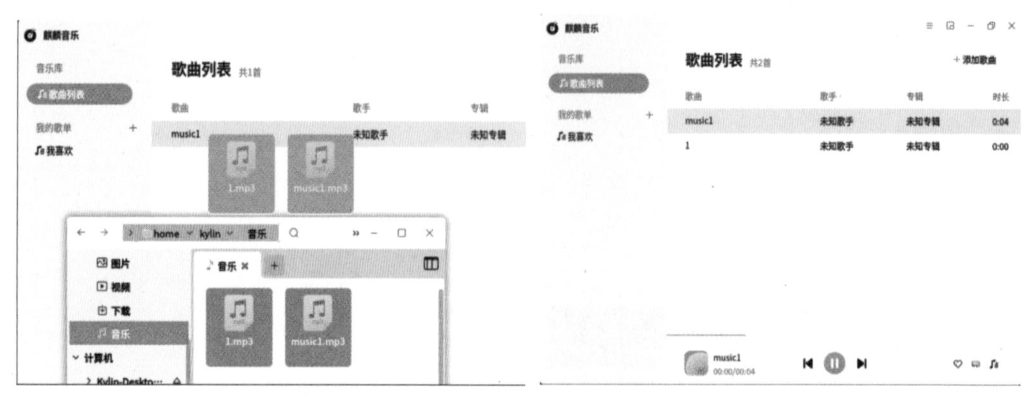

图 10-12　拖动播放界面

方法二：将待播放的音频文件添加到歌曲列表中，从列表中播放。

如需打开多个音频文件，为了方便查看和管理，可以将待播放的音频文件全部添加到歌曲列表中。单击播放器窗口右上方的“添加歌曲”图标 ＋，系统弹出文件管理器对话框，在对话框左侧的导航窗格中选择待播放视频文件的路径，然后在右侧窗格中选中视频文件（可以同时选中多个文件），单击对话框右下角“打开”按钮即可。歌曲列表中显示添加的所有音频文件，双击音频文件，进入“正在播放”模式。

如需对播放设置进行修改，单击播放器下方的暂停、下一首、上一首、我喜欢（添加到“我喜欢”歌单的音频文件，可以在窗口左侧的“我的歌单”中进入“我喜欢”歌单查看）、循环播放、播放列表等图标。

如需管理歌曲列表中的音频文件，在歌曲列表中选中待管理的音频文件，右击，在快捷菜单中根据提示将音频添加到歌单、从歌曲列表中删除、查看歌曲信息等，如图 10-13 所示。

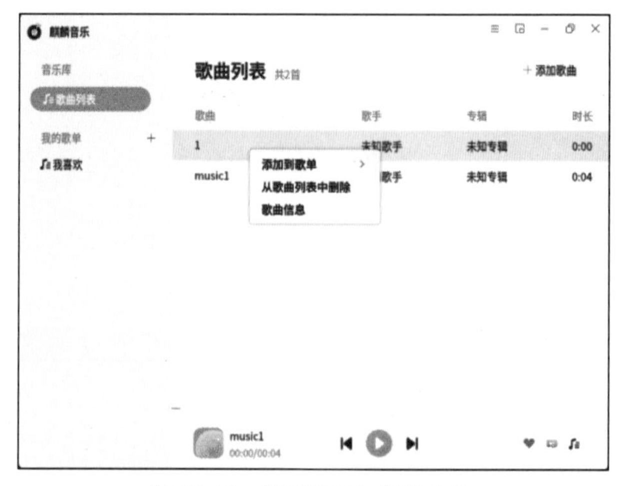

图 10-13　管理已添加音频文件

（3）歌单管理

根据分类和爱好创建自己的歌单，可以单击麒麟音乐播放器窗口左侧“我的歌单”部分的“添加”按钮 ＋，系统弹出新建歌单的弹框，输入自定义歌单的名称，单击“确认”按钮即可创建歌单，在 V10 版本中，如图 10-14 所示。创建成功后可以在“我的歌单”部分查看，之后就可以在歌曲列表中选择歌曲加入已创建的歌单。

图 10-14　创建歌单

对于已经创建好的歌单，可以右击，在快捷菜单中选择“删除歌单”进行删除，如图 10-15 所示。

（4）管理播放列表

当音乐被播放后，就会自动被加入到播放列表中，单击窗口右下角播放列表图标，系统就会弹出列表框，在 V10 版本中，如图 10-16 所示。用户可以管理已经被添加到播放列表中的音频文件，单击列表界面右上角的“清空”按钮，即可清空整个播放列表。

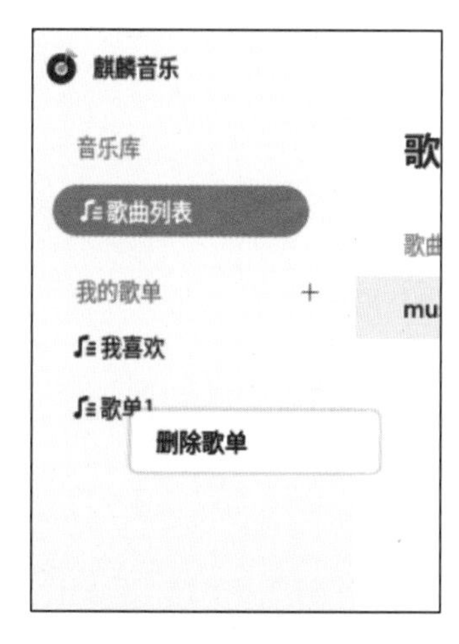

图 10-15　删除歌单

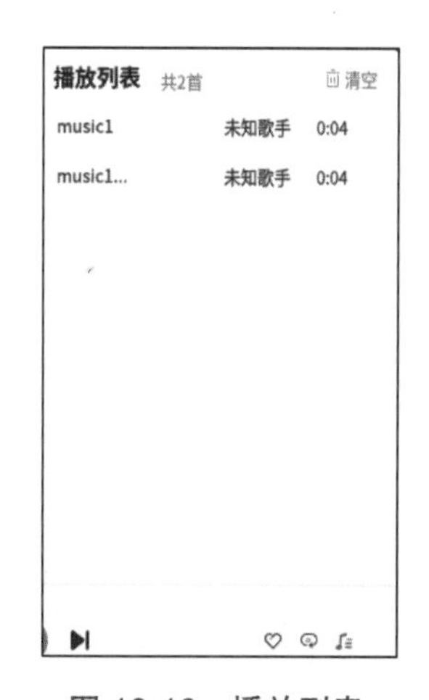

图 10-16　播放列表

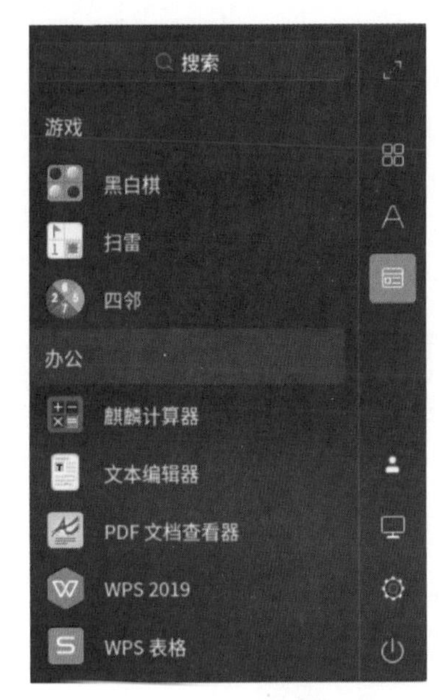

图 10-17　启动游戏

10.1.3　游戏

麒麟操作系统自带三款单机小游戏，分别是四邻、扫雷和黑白棋，其他游戏可以在麒麟软件商店中下载。选择“开始”→“所有程序”→“游戏”菜单命令，选择相应的游戏程序即可，在 V10 版本中，如图 10-17 所示。

（1）四邻

四邻游戏界面如图 10-18 所示。

游戏初始界面左侧的九宫格为空，所有的方块都位于右侧的九宫格里，用户只需在右侧九宫格中任一个小方块上单击，小方块就会跟随鼠标一起移动，这时用鼠标将小方块移到左侧九宫格的目标位置，再次单击即可成功移动，如图 10-19 所示。

游戏界面左下角为暂停按钮，单击可暂停游戏；如需放弃本局查看比赛结果，单击游戏界面右下角的 ? 按钮，系统弹出对话框询问“您确定想要放弃并查看解法？”，用户可结合自身情况决定是否放弃，如图 10-20 所示。

游戏胜利的标志是所有右侧九宫格中的小方块都被移到左侧九宫格中，且相邻的三角色块编号相同，如图 10-21 所示。

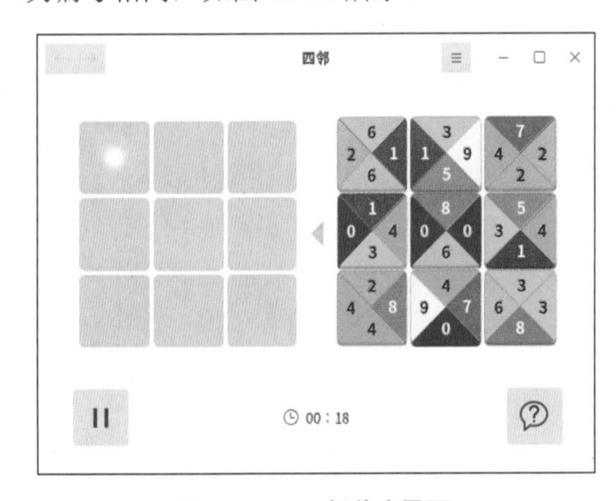

图 10-18　四邻游戏界面

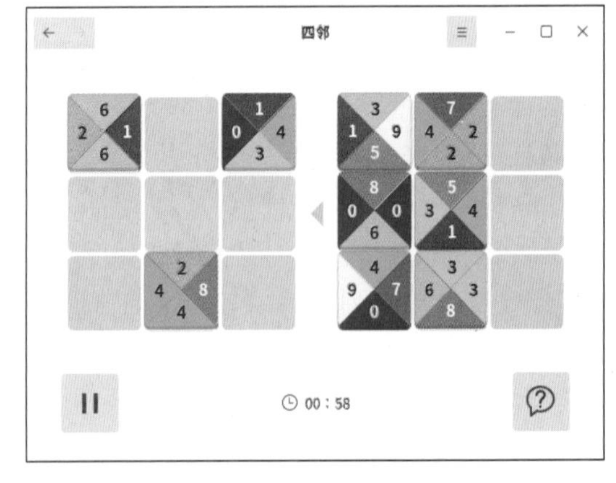

图 10-19　移动小方块

（2）扫雷

扫雷游戏界面如图 10-22 所示。

游戏初始界面有三种默认难度模式，每个模式的规模和雷的总数都不同，难度是递增的。用户也可以自定义模式，单击“自定义”按钮，在“宽度”“高度”“地雷百分比”文本框中输入数值（或通过“+”“-”按钮调节数值）即可，设定完毕后单击“玩游戏”按钮即可，如图 10-23 所示。

以 8×8 难度模式为例，单击图 10-22 中第一个方块进入 8×8 模式。单击任一小方块，然后根据方块中的数字（代表方块附近的雷的数量）来判断周围是否有雷，如果判断出某个小方块有雷，则在该方块上右击将其标记为地雷，如图 10-24 所示。

图 10-20　放弃本局并观看结果

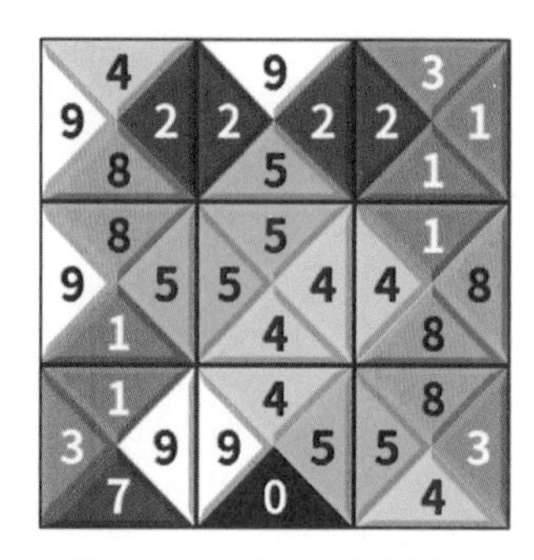

图 10-21　游戏胜利界面

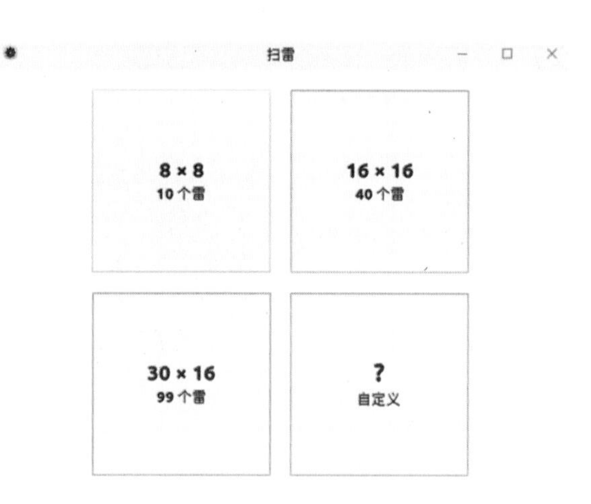

图 10-22　扫雷游戏界面

图 10-23　自定义难度

在游戏进行时，界面右侧的 图标代表已找到雷的数量和雷总数的比值，比值为 1 时则游戏胜利； 图标下方的 图标代表游戏进行的时间。如需暂停游戏，单击“暂停”按钮，如图 10-25 所示；单击“继续”按钮可继续进行游戏。

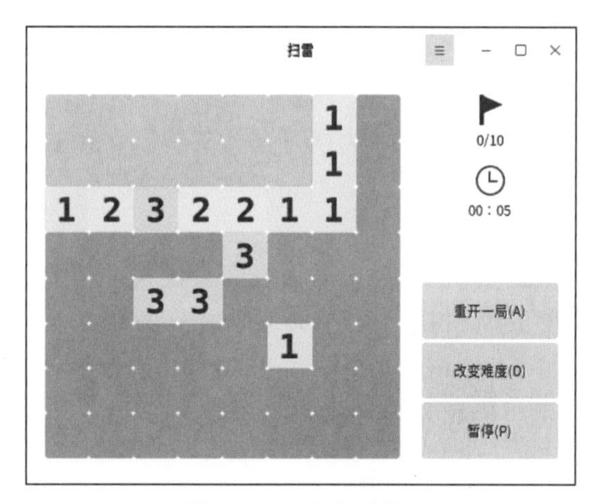

图 10-24　标记地雷

图 10-25　扫雷游戏暂停

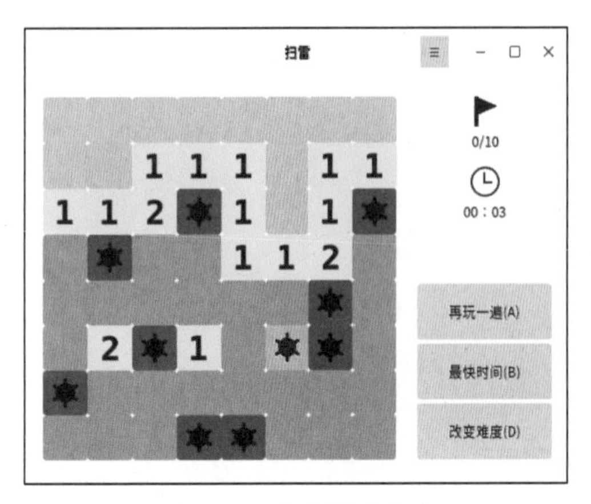

图 10-26　扫雷游戏结束

如果单击到地雷所在的小方块，则地雷爆炸并显示所有地雷，游戏失败；相反，如果用户成功将所有地雷都标记出来，则游戏胜利。游戏结束后，可选择重新开始游戏、查看本机扫雷游戏的最快胜利时间记录或者改变难度，如图 10-26 所示。

此外，如需查看扫雷游戏的历史得分、改变游戏外观、设置显示、设置是否使用问号旗标、查看快捷键和游戏版本信息，可单击游戏界面左上角的 ≡ 图标即可打开设置界面，如图 10-27 所示。

（a）“设置”下拉列表

（b）查看得分

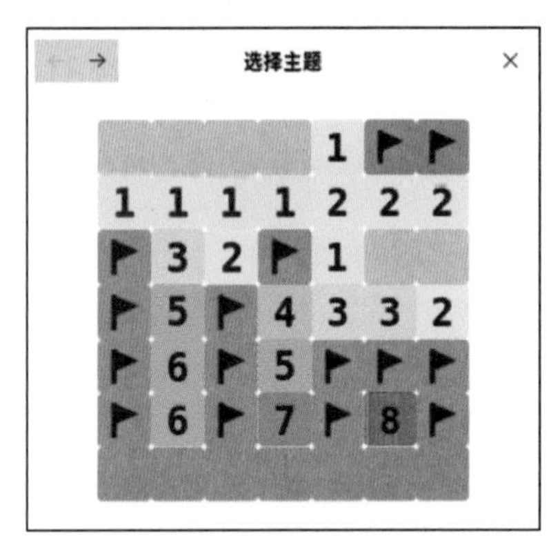

（c）外观设置

图 10-27　扫雷游戏设置

（3）黑白棋

黑白棋游戏界面如图 10-28 所示。

在开始游戏之前，用户可以对游戏进行简单设置，如玩法选择、设置难度和界面颜色等。设置完成后单击“开始游戏”按钮即可。

黑白棋的游戏规则比较简单，经典黑白棋棋盘有 8 行 8 列共 64 格。开局时，棋盘正中央的四格已经放置好了黑白相隔的四枚棋子，之后双方轮流落子，轮到用户时，在想要落子的方格上单击即可。如果落子时，与棋盘上任一枚我方之前落下的棋子在一条线上并夹着对方棋子，即可将对方的棋子转变为我方；如果在任意位置落子，都不能夹住对方的任何一颗棋子，便轮到对方落子，如图 10-29 所示。

游戏界面下方区域显示下一步该进行的是黑棋还是白棋，单击右下方向右箭头可以撤销上一步；单击界面左上方按钮可以新建游戏；如果落子的位置不符合规范，则在界面上方会出现一行灰色的小字，以提醒用户。

用户在游戏过程中可更换主题，单击界面左上角的 ≡ 图标，系统弹出下拉列表，如图 10-30 所示。单击“外观”，系统弹出改观设置对话框，即可选择不同的外观，如图 10-31 所示。如需关闭游戏声音，在下拉列表中勾选“声音”选项。

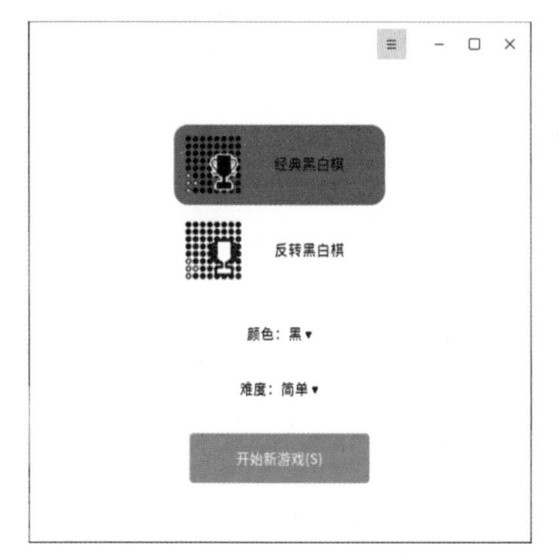

图 10-28　“黑白棋”游戏界面

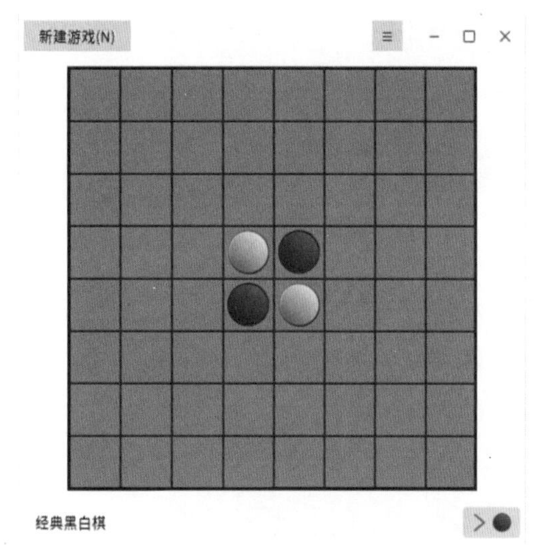

图 10-29　黑白棋游戏过程

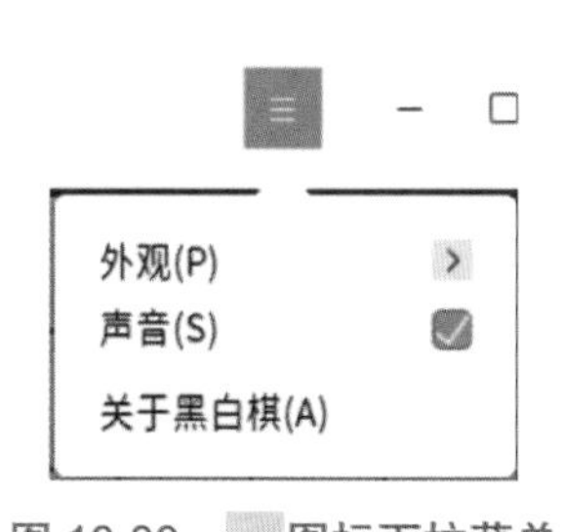

图 10-30　≡图标下拉菜单

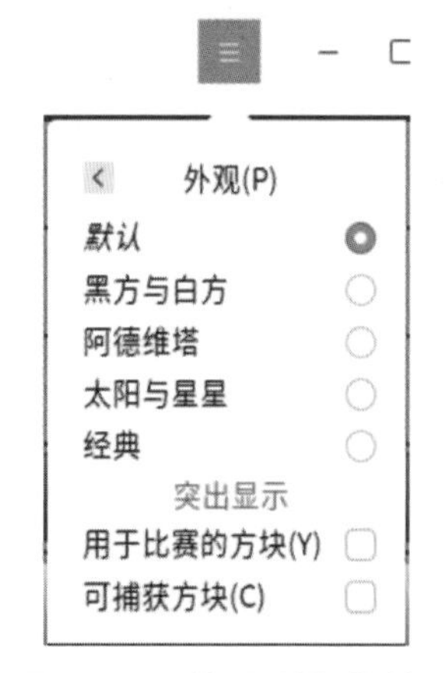

图 10-31　外观设置对话框

10.2　音频录制工具

麒麟操作系统自带音频录制工具，用户无须安装第三方软件就可以轻松录制音频，并根据需求保存成不同格式的音频文件。

10.2.1　对音频源、格式等进行设置

选择“开始”→“所有软件”→“麒麟录音”菜单命令，即可启动麒麟录音软件。在 V10 版本中，如图 10-32 所示。

“麒麟录音”界面，在 V10 版本中，如图 10-33 所示。

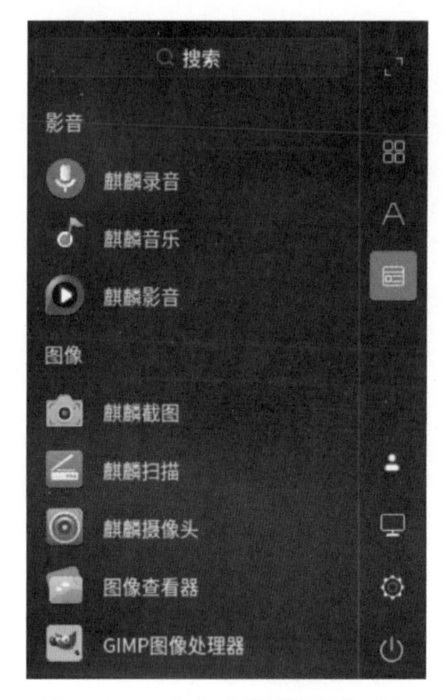

图 10-32　启动“麒麟录音”过程

图 10-33　“麒麟录音”界面

在开始录制音频之前，用户可以对存储方式和文件格式进行设置，使得录制的音频更加符合自己的要求。在 V10 版本中，如图 10-34 所示。

图 10-34　录音设置

（1）存储方式设置

用户可以对存储方式进行设置，可以选择“另存为”和“默认存储”两种方式。选择“另存为”后可在录音结束后自定义存储路径；选择“默认存储”则无须选择路径，录音文件会自动保存在下方文本框中显示的路径中。

（2）文件格式设置

麒麟录音软件为用户提供了多种录音文件的格式，以供用户结合自身需求选择适当的格式设置音频文件。在设置界面下方的文件格式部分可进行选择，默认格式有三种：mp3、m4a 及 wav 格式。

10.2.2　录制音频

步骤一：插入可以正常接收音频的耳机等设备之后，单击麒麟录音界面左侧的麦克风样式按钮即开始录制音频。如果录音界面上出现时间变化、进度条等，则说明正在录制。在 V10 版本中，如图 10-35 所示。

步骤二：如需结束录制，单击界面左下方的蓝色暂停按钮，并在弹出的保存对话框中选择一个存储路径即可成功保存录音，如图 10-36 所示，之后便可在相应的路径下找到已保存的录音文件。

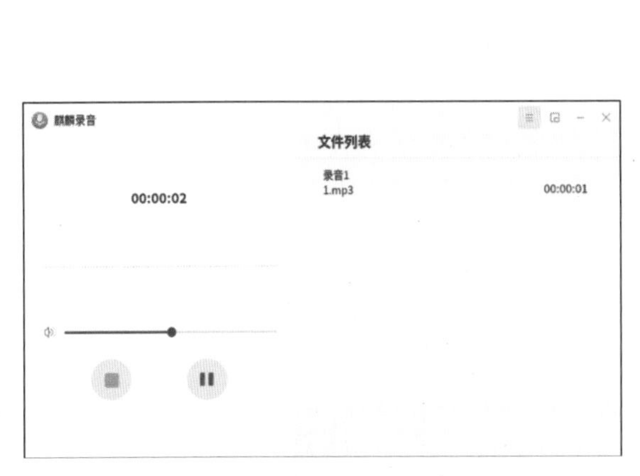

图 10-35　正在录制音频

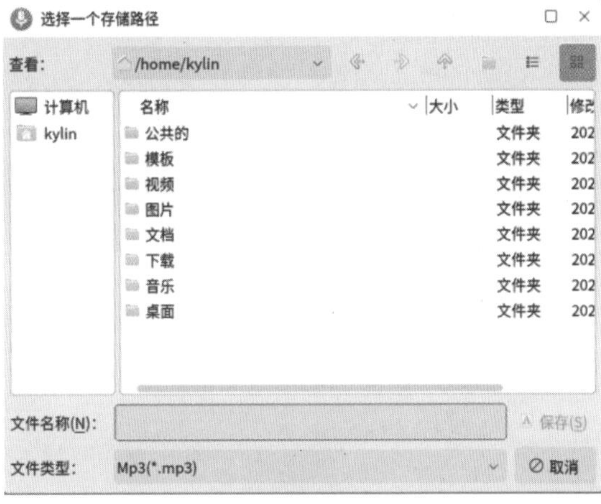

图 10-36　查看已保存的音频文件

10.3　光盘刻录工具

如果计算机带有光驱，可以使用麒麟操作系统自带的麒麟刻录软件将文件复制到可写入的光盘，该过程就叫作刻录光盘。若计算机无法读取光盘，可以使用该刻录工具将文件制作成 ISO 镜像文件。镜像文件是一种光盘文件信息的完整拷贝文件。除了刻录成光盘或 ISO 镜像文件，用户还可以将 ISO 镜像文件刻录成光盘，即将镜像文件中的内容写入到插入的光盘中。

选择“开始”→“所有软件”→“麒麟刻录”菜单命令，即可启动麒麟刻录软件，如图 10-37 所示。

“麒麟刻录”窗口如图 10-38 所示。

图 10-37　启动麒麟刻录

图 10-38　“麒麟刻录”窗口

10.3.1 刻录光盘

刻录光盘是将数据文件复制到光盘的过程，如果用户的计算机自带光驱，那么需要用户在计算机中插入一张可写入的光盘。在 V10 版本中，刻录的步骤如下。

步骤一：新建数据项目。单击“麒麟刻录”窗口左侧的“数据刻录”选项，“数据刻录”界面如图 10-38 所示。

步骤二：添加数据文件。有两种方式。

方式一：单击窗口上方第一个“添加”按钮，如图 10-39 所示，在系统弹出的文件管理对话框中选择待刻录的数据文件，选择好后单击“打开”按钮即可添加文件。

添加的文件显示在右侧白色区域中，如图 10-40 所示。

图 10-39　添加文件

方式二：拖曳添加。在文件管理器对话框中找到待添加数据文件，按住鼠标左键不放拖曳到“麒麟刻录”窗口右侧的白色区域，然后松开鼠标即可添加数据项目，如图 10-41 所示。

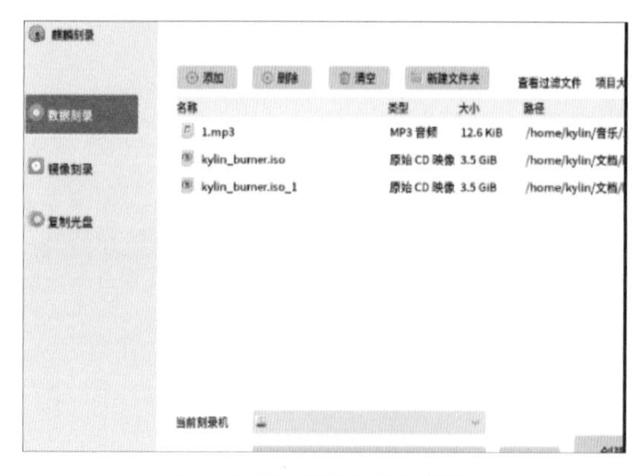

图 10-40　添加文件成功

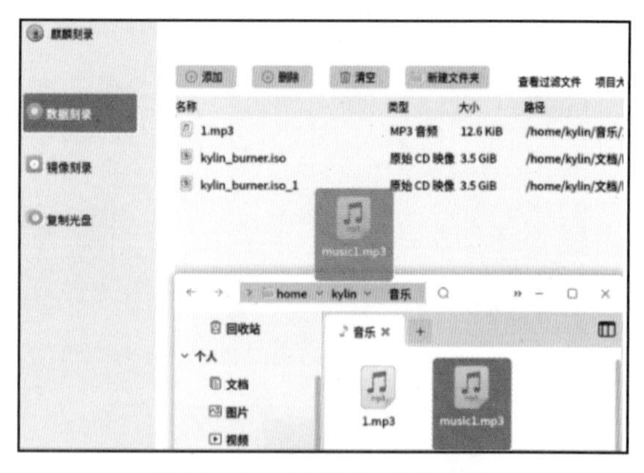

图 10-41　拖放添加数据文件

（1）管理已添加数据文件

选中文件，通过窗口上方功能区中的图标进行相应操作，如删除（或直接选中文件按“Delete”键）、清空（清空所有已添加文件）、新建文件夹等；或选中文件后右击，在快捷菜单中进行相应选择，如图 10-42 所示。

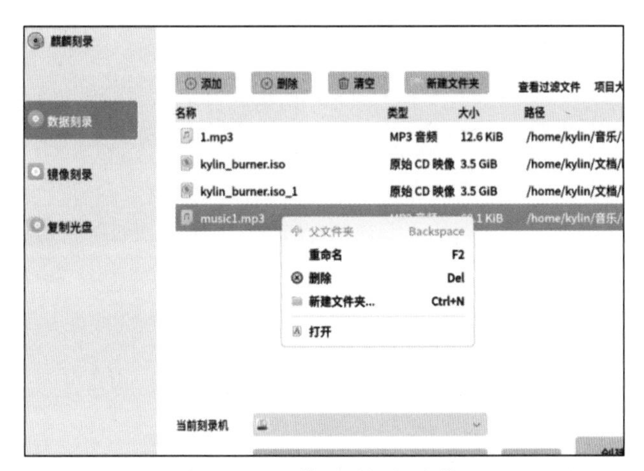

图 10-42　管理已添加文件

（2）开始刻录

若添加的文件较多，需要对文件进行过滤，可以单击窗口右上方“查看过滤文件”按钮，在系统弹出的对话框中继续单击窗口左下角的“过滤设置”选项，之后在弹出的对话框中可以设置过滤条件，如图 10-43 所示；若无须过滤文件，则可以开始刻录文件。“查看过滤文件”选项右侧显示的是待刻录数据的大小。

单击“刻录”按钮，系统弹出文本管理器对话框，在窗口下方的光盘型号部分，单击“刻录设置”按钮，选择镜像文件将要存储的位置，如图 10-44 所示。

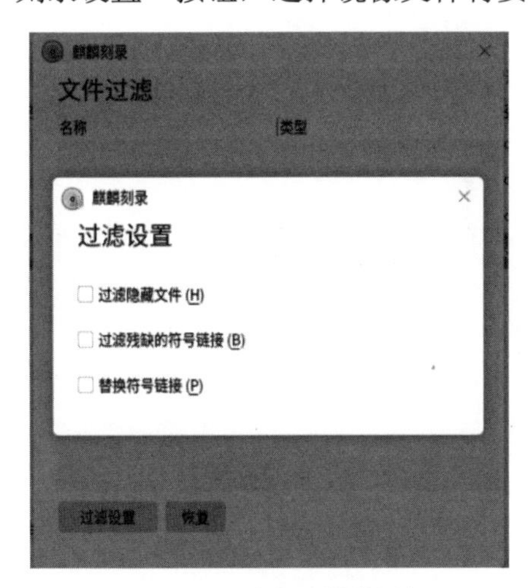

图 10-43　过滤设置对话框

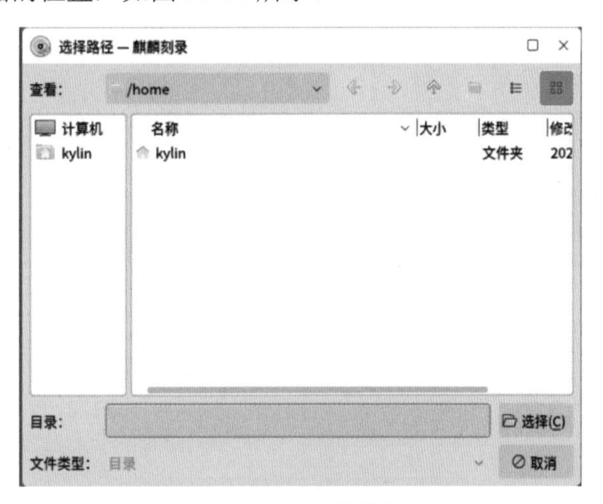

图 10-44　选择刻录镜像存储位置

单击“创建镜像”按钮即可开始刻录，刻录过程如图 10-45 所示。

光盘和 ISO 镜像文件刻录成功的界面如图 10-46 所示。

（3）　在文件管理器中查看

打开文件管理器，在左侧导航栏找到文件保存的位置，单击进入位置文件夹之后，即可在右侧区域查看已保存的文件，如图 10-47 所示。

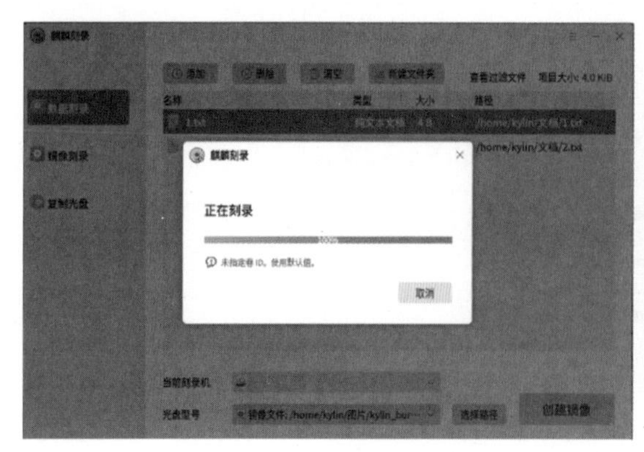

图 10-45　正在刻录镜像

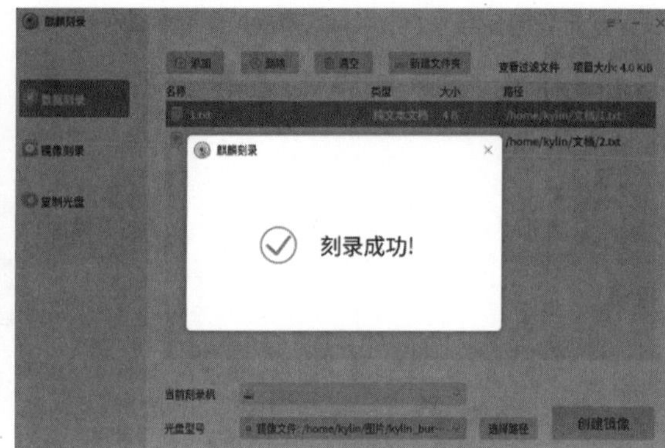

图 10-46　镜像刻录成功

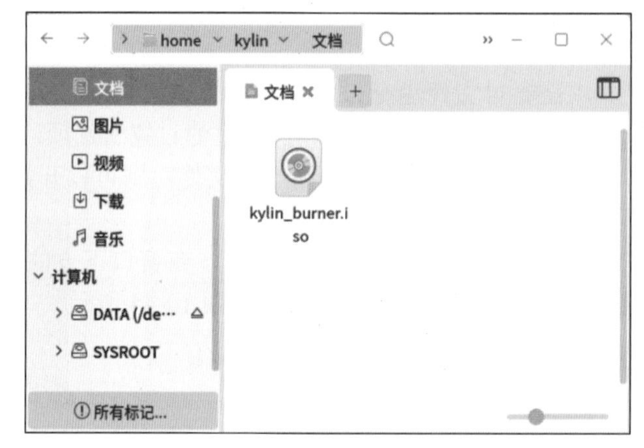

图 10-47　在文件管理器中查看

10.3.2　刻录镜像

刻录镜像是将 ISO 镜像文件中的内容直接刻录到光盘的过程。单击窗口左侧的“镜像刻录”选项；单击“选择一个要刻录的镜像文件”下方的“浏览”按钮，在系统弹出的文件管理器中找到待刻录的镜像文件，并在“选择光盘”下拉列表中选择要写入的光盘，然后单击“开始刻录”按钮即可。在 V10 版本中，如图 10-48 所示。

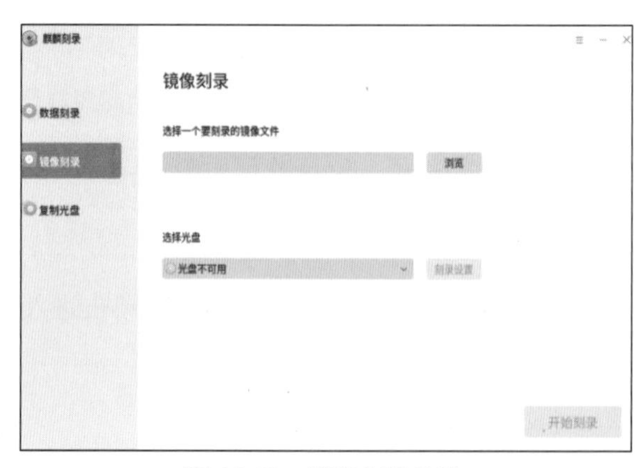

图 10-48　镜像刻录设置

10.3.3　复制光盘

单击窗口左侧的“复制光盘”选项；在“要复制的光盘”下拉列表中选择待复制的光盘文件，并在“要写入的光盘镜像”下拉列表中选择要写入的光盘，然后单击“创建镜像”按钮即可。在 V10 版本中，如图 10-49 所示。

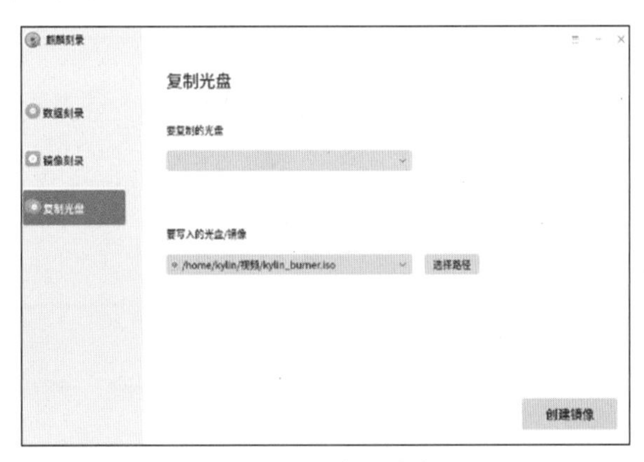

图 10-49　复制光盘

10.4　本章任务

本节通过建立自己的歌单、录制音频光盘两个任务，介绍麒麟音乐和麒麟刻录的使用方法。

10.4.1　建立自己的歌单

参考 10.1.2 节打开麒麟音乐，单击“我的歌单”→“添加”按钮 ＋，在弹出的“新建歌单”对话框中输入自定义歌单的名称，单击“确认”按钮即可创建歌单，如图 10-50 所示为创建了名为“123”的播放列表。

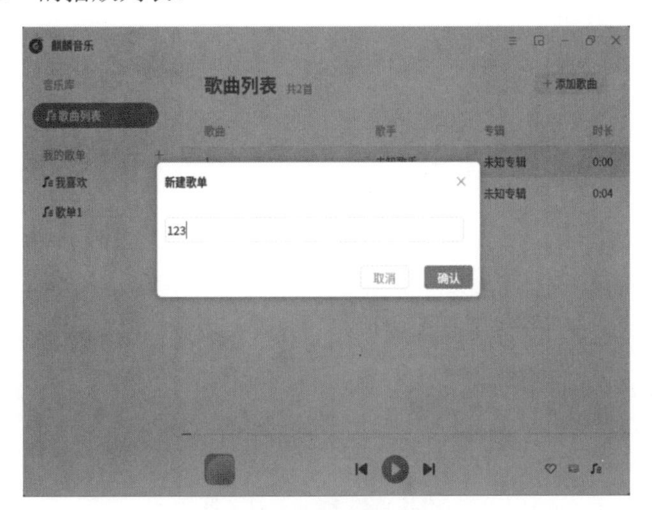

图 10-50　创建播放列表

参考 10.1.2 节打开音乐的方式将音频文件拖曳到播放列表中，如图 10-51 所示，将桌面上的“未命名.mp3”“未命名 1.mp3”“未命名 2.mp3”三个音频文件拖曳到音乐播放器“123”播放列表中。

图 10-51　添加音频文件至播放列表

10.4.2　录制音频光盘

步骤一：刻录镜像文件。

参考 10.4 节打开麒麟刻录软件，单击窗口左侧“数据刻录”选项。

单击窗口左上角“添加”按钮，选择需要添加到镜像文件的音频文件，选择后的文件列表如图 10-52 所示。

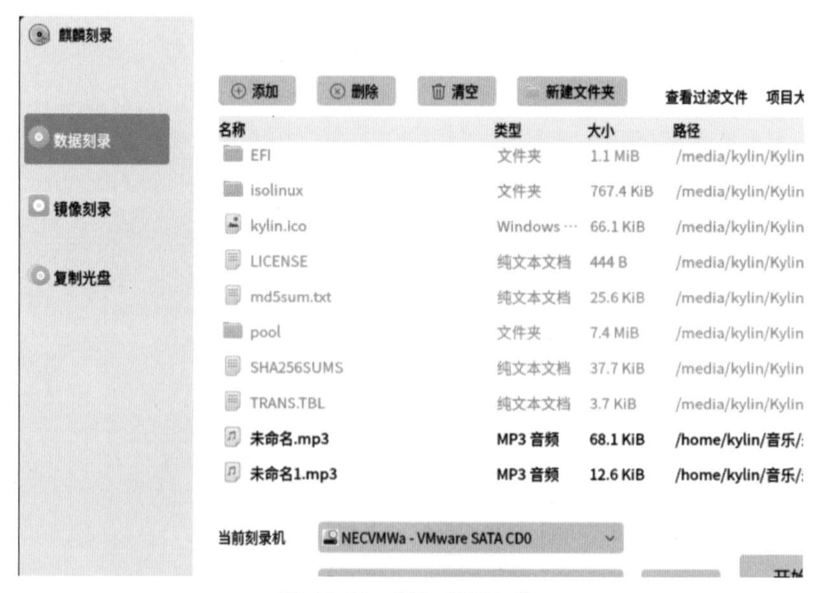

图 10-52　添加音频文件

单击“刻录”按钮，系统弹出“添加-麒麟刻录”对话框，在左上方列表中选择镜像文件存储位置，右侧列表显示该目录下的文件信息，单击“打开”按钮即可创建镜像，如图 10-53 所示。

图 10-53　镜像文件位置对话框

步骤二：刻录光盘。

在“麒麟刻录”窗口单击“镜像刻录”选项，如图 10-54 所示。在上方选择需要刻录入光盘的镜像文件，在下方选择刻录的光盘，如果没有光盘在光驱中，会有提示框提示相应信息，最后单击“开始”按钮开始刻录光盘。

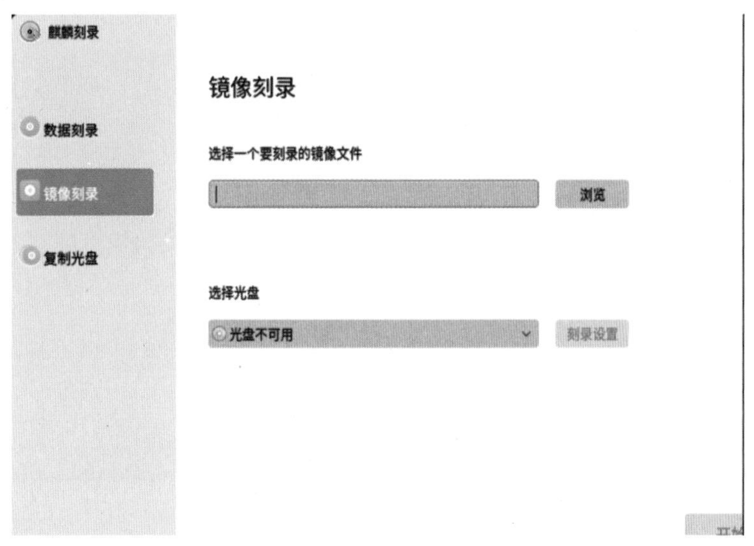

图 10-54　刻录光盘

第 11 章　麒麟操作系统的管理工具

为了更好地管理麒麟操作系统中资源的共享、磁盘的可用存储空间划分，以及当前运行的进程对内存、CPU 的占用情况，麒麟操作系统附带了相应的管理工具，这些工具能够让用户更好地对计算机进行管理。

本章重点介绍分区编辑器、系统监视器、生物特征管理工具、麒麟助手、进程网络监控工具、麒麟安全管理工具等内容。

11.1　分区编辑器

分区编辑器为系统提供了对本机所有存储设备（包括移动硬盘、U 盘）进行查看和编辑的功能。分区编辑器的打开方式，在 V10 版本中，有以下两种。

方式一：选择“开始”，在所有软件中找到并单击“分区编辑器”选项；或者选择“开始”→“字母排序”，在所有软件中找到并单击“分区编辑器”选项；或者选择“开始”→“功能分类”，在所有软件中找到并单击“分区编辑器”选项，如图 11-1 所示。

图 11-1　通过菜单命令打开分区编辑器

方式二：选择“开始”，在上方输入框中输入“分区编辑器”，单击下方“分区编辑器”选项，如图 11-2 所示。

授权成功后，打开“分区编辑器”界面，如图 11-3 所示。界面右上角表示当前的硬盘，通过下拉菜单可查看系统上的所有磁盘；磁盘分区中的颜色条显示各个分区的大小，对应下面列表中的分区名称；列表区展示了各个分区的详细信息，比如分区名称、文件系统、挂载点等。双击相应的分区可查看该分区的全部信息。

分区编辑器包括六个下拉菜单和七个按钮，下面将分别进行介绍。

图 11-2　通过搜索的方式打开分区编辑器

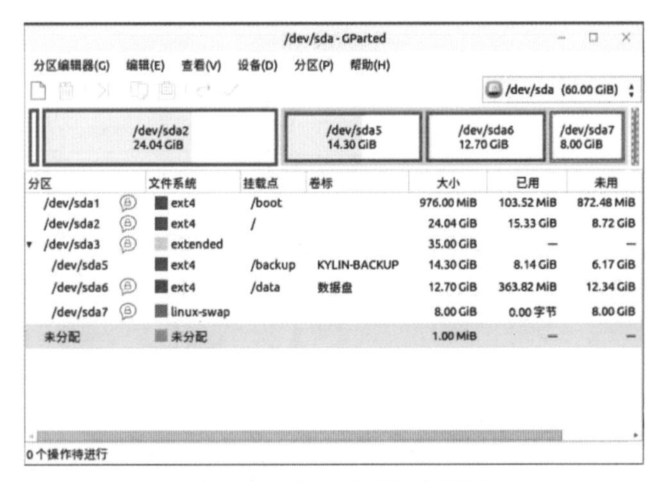

图 11-3　“分区编辑器”界面

11.1.1　“分区编辑器”菜单

“分区编辑器”菜单包括“刷新设备”“设备”“退出”三个菜单项，在 V10 版本中，如图 11-4 所示。

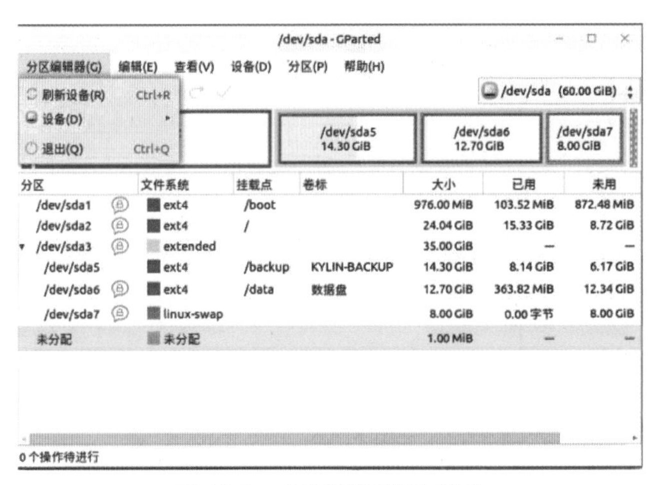

图 11-4　“分区编辑器”菜单

（1）“刷新设备”菜单项

选择“刷新设备”菜单项，可以对当前设备在列表区中的分区情况进行刷新，快捷键为“Ctrl+R”。

（2）“设备”菜单项

选择“设备”菜单项，可以查看全部设备的分区情况，在右侧可以选择需要查看的设备，单击后在中间列表区和颜色条显示部分中查看该设备的分区情况，如图 11-5 所示。

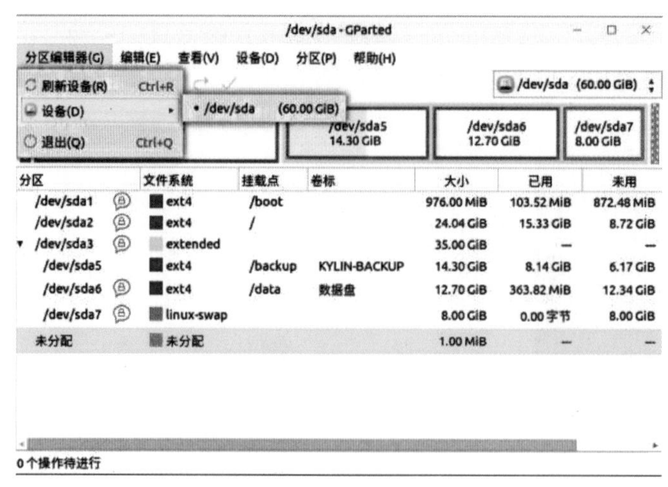

图 11-5 “设备”菜单

（3）“退出”菜单项

选择“退出”菜单项，可以退出分区编辑器，快捷键为“Ctrl+Q”。

11.1.2 “编辑”菜单

“编辑”菜单包括“撤销上次操作”“消除全部操作”“应用全部操作”三个菜单项，在V10版本中，如图11-6所示。

在执行每一项操作时，先将操作依顺序放入待进行操作列表中，待全部操作放入列表中之后再全部执行。

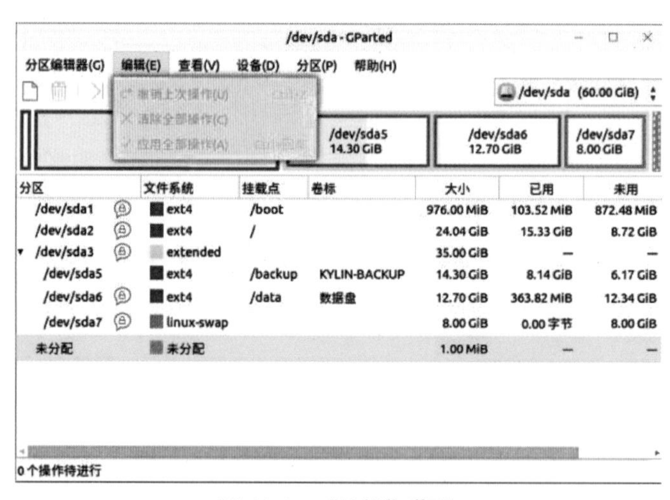

图 11-6 “编辑”菜单

（1）“撤销上次操作”菜单项

选择“撤销上次操作”菜单项，可以对上一次的操作进行撤销，快捷键为“Ctrl+Z”。

（2）“消除全部操作”菜单项

选择“消除全部操作”菜单项，可以对所有待进行操作进行清除，下方列表中是所有待进行操作，如图11-7所示。

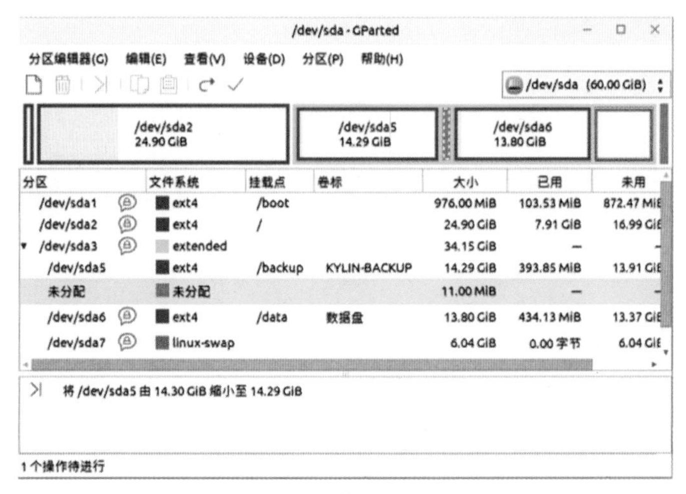

图 11-7 待进行操作

（3）“应用全部操作”菜单项

选择“应用全部操作”菜单项，可以依顺序将待进行操作列表中全部操作进行应用实现，快捷键为“Ctrl+Enter”。执行完毕后系统弹出“应用待执行操作”对话框，如图 11-8 所示。

单击“保存细节”按钮，系统弹出“保存细节”对话框，对该对话框进行命名，创建新的文件夹分类保存细节信息；单击“取消”按钮，对该次保存细节操作进行取消；单击“保存”按钮，可以对本次操作进行确认，如图 11-9 所示。

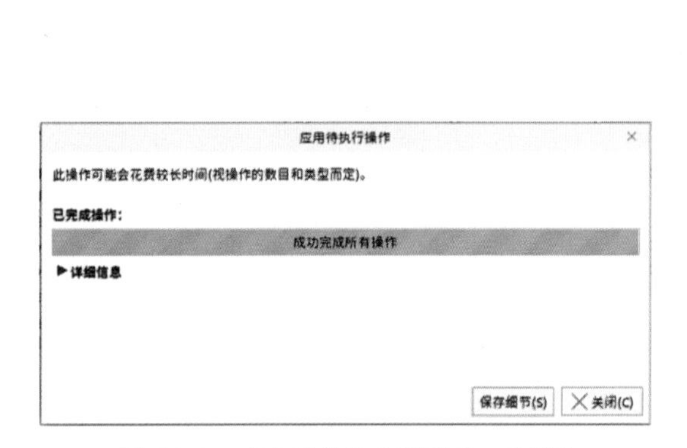

图 11-8 “应用待执行操作”对话框

图 11-9 “保存细节”对话框

11.1.3 “查看”菜单

“查看”菜单包括“设备信息”“待执行操作”“文件系统支持”三个菜单项，在 V10 版本中，如图 11-10 所示。

（1）“设备信息”菜单项

选择“设备信息”菜单项后，可以在界面左侧查看该设备的设备信息，比如型号、序列号、大小、分区表等信息，如图 11-11 所示。

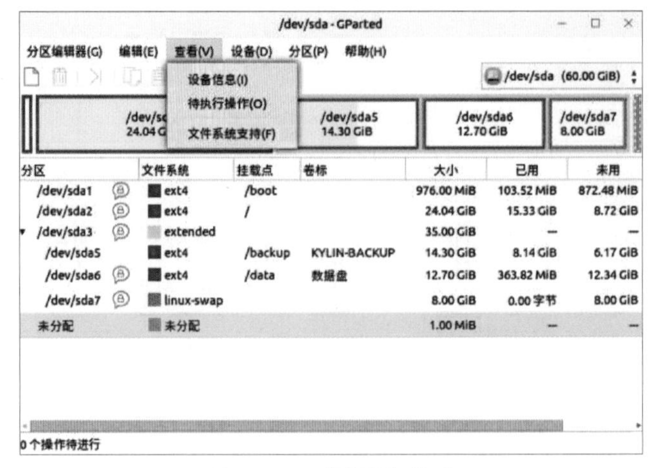

图 11-10 “查看”菜单

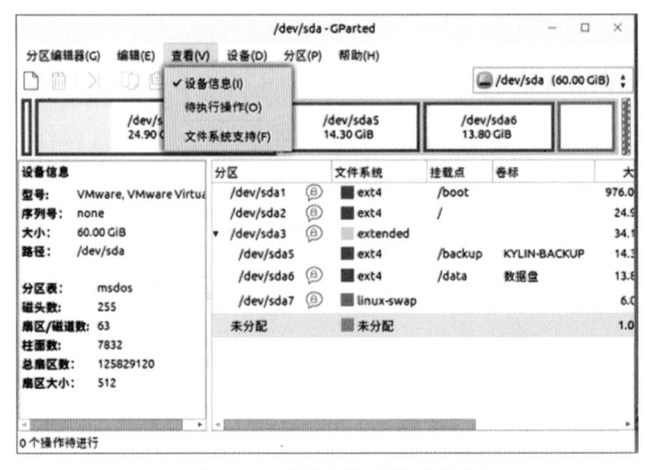

图 11-11 “设备信息”菜单项

(2)“待执行操作”菜单项

选择“待执行操作”菜单项后，可以在界面下方查看待进行操作的顺序及数量，如图 11-12 所示。

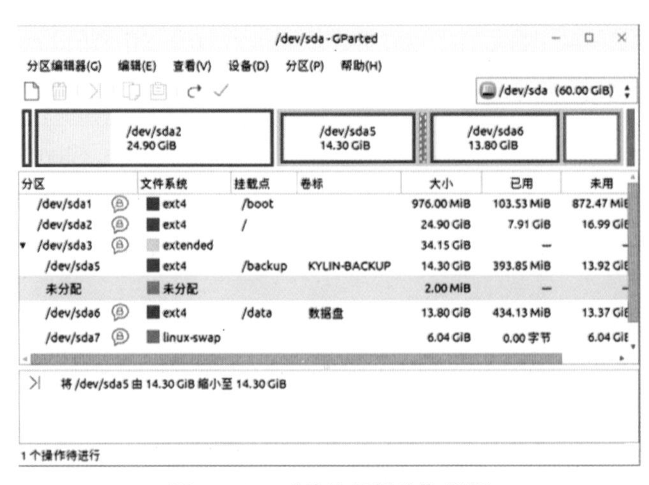

图 11-12 “待执行操作”界面

（3）“文件系统支持”菜单项

选择“文件系统支持”菜单项后，系统弹出“文件系统支持”对话框，表格中列出操作系统所支持的文件系统及对应文件系统的权限，比如创建、扩大、缩小、移动等权限。单击“重新扫描支持的操作”按钮可以对上方支持的文件系统及对应权限进行重新扫描；单击“关闭”按钮可以退出该对话框，如图 11-13 所示。

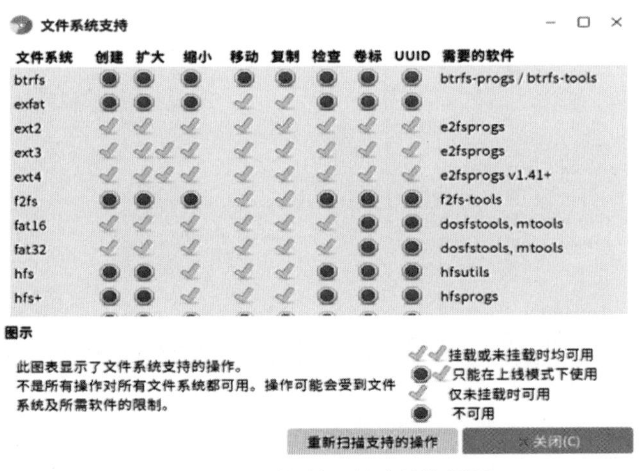

图 11-13 “文件系统支持”界面

11.1.4 “设备”菜单

“设备”菜单有“创建分区表”和“尝试数据恢复”两个菜单项，在 V10 版本中，如图 11-14 所示。选择“创建分区表”菜单项可以创建一个新的分区表。选择新分区表的类型，操作完成后将删除整个硬盘/dev/sda1 上的全部数据。选择“尝试数据恢复”菜单项可以尝试恢复选中分区的数据，但是会对磁盘进行全面扫描，花费很长时间，恢复过程中若需要中止本次操作，可以按“Ctrl+Z”键中止操作。

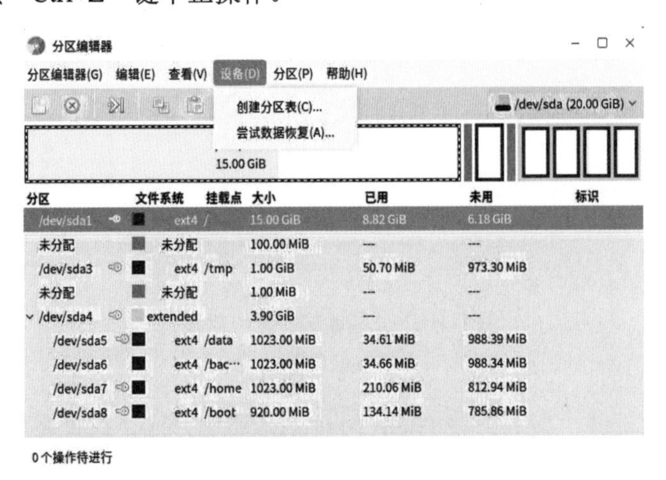

图 11-14 “设备”菜单

11.1.5 “分区”菜单

“分区”菜单包括“新建”“删除”“更改大小/移动”“复制”“粘贴”“格式化为”“打开

秘钥”“卸载”“分区名称”“管理标志”“检查”“文件系统”“新 UUID”“信息” 14 个菜单项，在 V10 版本中，如图 11-15 所示。

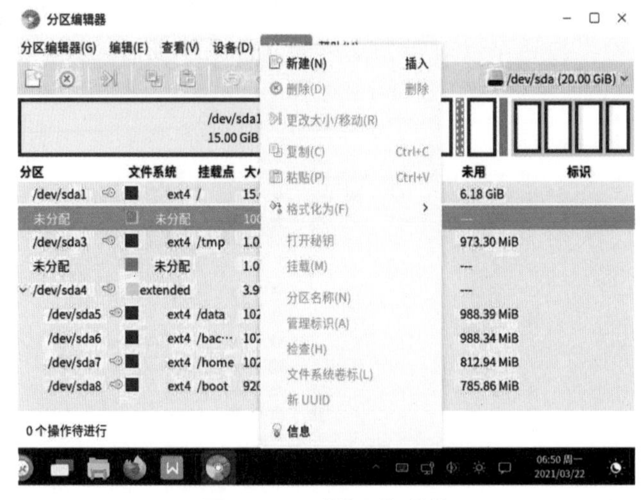

图 11-15 “分区”菜单

（1）“新建”菜单项

在图 11-15 界面选择“新建”菜单项后，系统弹出“创建新分区”对话框，在“新大小”输入框输入新的分区数据，可以在“创建为”列表框中对新创建的分区进行划分设置，也可以在“文件系统”列表框中选择适合的文件系统，也可以在“卷标”输入框中对卷标进行命名。全部设置完后可以单击“添加”按钮进行新分区的创建，如图 11-16 所示。

图 11-16 “创建新分区”对话框

（2）“删除”菜单项

在图 11-15 界面选择“删除”菜单项，可以删除所选分区。选择需要删除的分区，然后选择“分区”→“删除”对该分区进行删除操作，或者按“Delete”键完成删除操作。

（3）“更改大小/移动”菜单项

在图 11-15 界面选择“更改大小/移动”菜单项，可以更改选定分区的空间大小。选择需要“更改大小或移动”的分区，然后单击“分区”→“更改大小/移动”，系统弹出“调整大小/移动”对话框，在“新大小”输入框修改当前分区的大小，单击“调整大小/移动”按钮即可完成操作，如图 11-17 所示。

图 11-17　“更改大小/移动”对话框

（4）“复制”菜单项

在图 11-15 界面选择“复制”菜单项，可以对当前选择的分区进行复制，以便于粘贴到另一个选择的分区上。选择需要复制的分区，然后单击“分区”→“复制”进行复制操作，快捷键为“Ctrl+C”。

（5）“粘贴”菜单项

选择“粘贴”菜单项，可以将复制好的分区粘贴到当前选择的分区。选择需要粘贴的分区，然后单击“分区”→“粘贴”，在系统弹出的“粘贴”对话框中填写新的大小，默认为复制的分区大小，单击“粘贴”按钮完成操作，如图 11-18 所示。

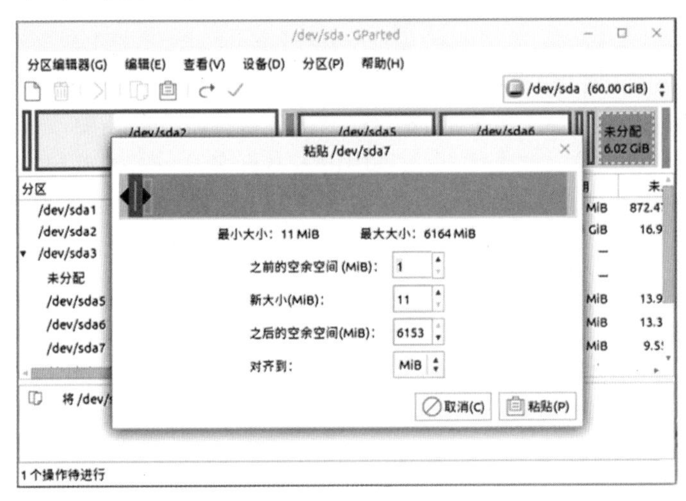

图 11-18　“粘贴”对话框

（6）“格式化为”菜单项

选择“格式化为”菜单项，可以将选择的分区进行格式化操作，并且可以更改当前分区的文件系统。选择需要格式化的分区，然后单击“分区”→“格式化为”，单击选择的文件系统即可完成本次操作，如图 11-19 所示。

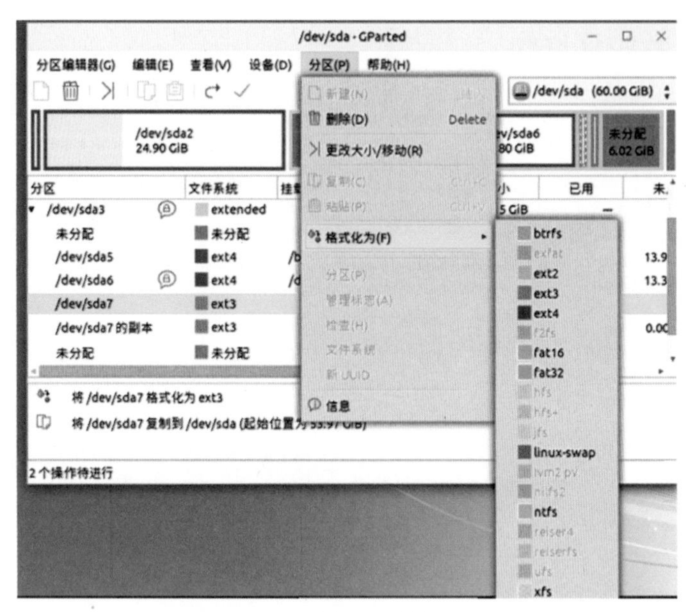

图 11-19 “格式化为”菜单项

（7）“管理标志”菜单项

选择“管理标志”菜单项，可以管理该分区上面的标志。选择需要检查的分区，单击“分区”→“管理标志”，系统弹出管理该分区上面的标志的对话框，在左侧多选框中勾选管理的标志后，单击“关闭”按钮完成操作。

（8）“检查”功能

选择“检查”菜单项，可以检测并且修复选择的分区上的文件系统。选择需要检查的分区，单击“分区”→“检查”，进行该分区文件系统的检查操作，放入待进行操作列表中。

（9）“文件系统”功能

选择“文件系统”菜单项，可以改变当前分区的卷标。选择需要改变卷标的分区，单击“分区”→“文件系统”，在“卷标”输入框中键入卷标名，单击“确定”按钮完成操作。操作过程中，如果放弃更改卷标，可单击“取消”按钮或者单击对话框右上角的“关闭”按钮。

（10）“新 UUID”菜单项

选择“新 UUID”菜单项，可以将选择的分区上的文件系统的 UUID 设置成新的随机值。选择需要检查的分区，单击“分区”→“新的 UUID”，进行该分区文件系统的 UUID 重置操作，放入待进行操作列表中。

（11）“信息”菜单项

选择“信息”菜单项，可以查看当前选择分区的详细信息。选择需要检查的分区，单击“分区”→“信息”，在系统弹出的对话框中查看当前分区的详细信息，如图 11-20 所示。

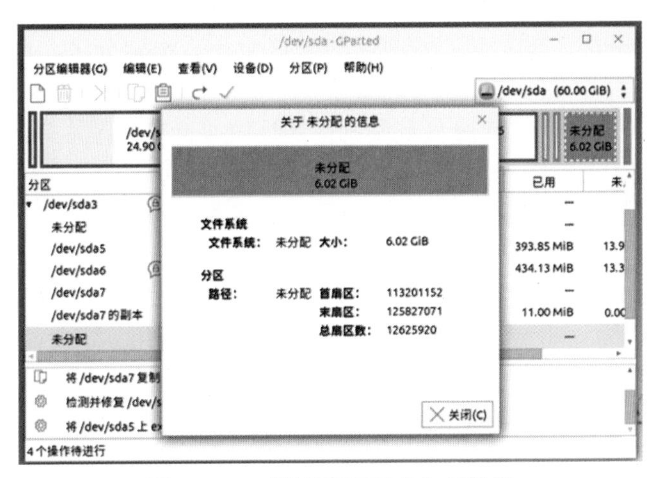

图 11-20 “分区详细信息”对话框

11.1.6 “帮助”菜单

“帮助”菜单包括“内容”“关于”两个菜单项，在 V10 版本中，如图 11-21 所示。

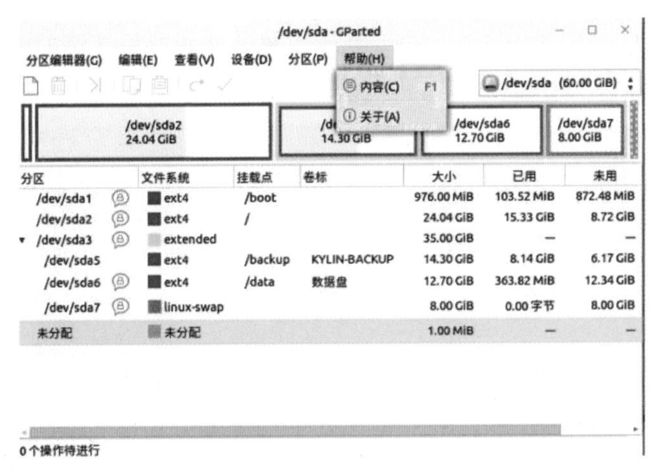

图 11-21 “帮助”菜单

(1)“内容”菜单项

选择“内容”菜单项，可以跳转到用户手册中查看分区编辑器的功能概述。

(2)“关于”菜单项

选择“关于”菜单项，查看当前分区编辑器的版本号。单击“致谢”按钮可以查看编写者、翻译者及美工人员的介绍。

11.1.7 其他按钮功能

在图 11-3 所示界面中有七个按钮，下面将介绍它们的具体功能。

“创建新分区”：可以在选定的未分配空间内建立一个新的分区。选定一个未分配的分区，单击按钮即可完成操作。

“删除分区”：可以删除选定分区。选定将要删除的分区，单击按钮即可完成操作。

“更改大小/移动分区”：可以调整选定分区大小。选定分区，单击按钮即可完成操作。

“复制分区”：可以将选定分区复制到剪切板中。选定分区，单击按钮对选定分区进行复制。

“粘贴分区”：可以从剪切板中粘贴分区。选定将要粘贴的分区，单击按钮进行粘贴操作。

“撤销”：可以撤销上一次操作。

“执行全部操作”：将待进行操作列表中的操作全部应用。

11.2　系统监视器

系统监视器是一款查看进程、资源、文件系统的图形化系统应用工具，能够动态地监视系统的使用情况。

系统监视器的打开方式，在 V10 版本中，有以下两种。

方式一：单击“开始”，在所有软件中找到并单击“系统监视器”选项；或者选择“开始”→“字母排序”，在所有软件中找到并单击“系统监视器”选项；或者选择“开始”→“功能分类”，在所有软件中找到并单击“系统监视器”选项，如图 11-22 所示。

图 11-22　通过菜单命令打开系统监视器

方式二：单击“开始”，在上方输入框中键入“分区编辑器”，单击下方“分区编辑器”选项，如图 11-23 所示。

“系统监视器”界面如图 11-24 所示，界面顶部为标题栏，包括“进程”“资源”“文件系统”三个按钮、一个“全部进程”下拉菜单及一个搜索栏。

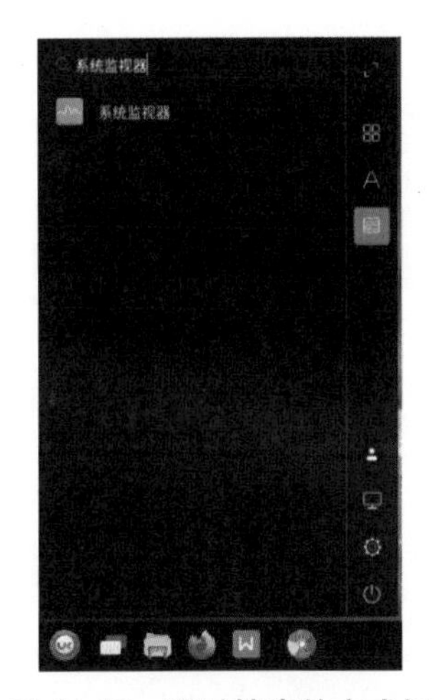

图 11-23　通过搜索的方式打开系统监视器

图 11-24　“系统监视器”界面

11.2.1　“进程”按钮

单击“进程”按钮可以在界面中显示目前运行的详细进程，包括进程名称、用户名、磁盘、%CPU 等信息。并且可以通过“全部进程”下拉菜单选择查看活动的进程、我的进程及全部进程的详细信息，如图 11-25 所示。

系统监视器

进程　资源　文件系统　全部进程（活动的进程 / 我的进程 / 全部进程）　搜索

进程名称	用户名	磁盘	%CPU	ID	网络	内存	优先级
systemd	root	0 KB/S	0.0		0 KB/S	4.3 MiB	普通
kthreadd	root	0 KB/S	0.0	2	0 KB/S	0 MiB	普通
rcu_gp	root	0 KB/S	0.0	3	0 KB/S	0 MiB	非常高
rcu_par_gp	root	0 KB/S	0.0	4	0 KB/S	0 MiB	非常高
kworker/0:0···	root	0 KB/S	0.0	6	0 KB/S	0 MiB	非常高
mm_percpu···	root	0 KB/S	0.0	9	0 KB/S	0 MiB	非常高
ksoftirqd/0	root	0 KB/S	0.0	10	0 KB/S	0 MiB	普通
rcu_sched	root	0 KB/S	0.1	11	0 KB/S	0 MiB	普通
migration/0	root	0 KB/S	0.0	12	0 KB/S	0 MiB	普通
idle_inject/0	root	0 KB/S	0.0	13	0 KB/S	0 MiB	普通
cpuhp/0	root	0 KB/S	0.0	14	0 KB/S	0 MiB	普通
kdevtmpfs	root	0 KB/S	0.0	15	0 KB/S	0 MiB	普通
netns	root	0 KB/S	0.0	16	0 KB/S	0 MiB	非常高
rcu_tasks_k···	root	0 KB/S	0.0	17	0 KB/S	0 MiB	普通
khungtaskd	root	0 KB/S	0.0	18	0 KB/S	0 MiB	普通
oom_reaper	root	0 KB/S	0.0	19	0 KB/S	0 MiB	普通
writeback	root	0 KB/S	0.0	20	0 KB/S	0 MiB	非常高

图 11-25　“进程”界面

右击选定进程，在快捷菜单中可以看到包括“停止进程”“继续进程”“结束进程”“杀死进程”“更改优先级”“属性”六个菜单项，如图 11-26 所示。

（1）“停止进程”菜单项

选择“停止进程”菜单项，可以将选中的进程停止。

系统监视器

进程 资源 文件系统 全部进程 搜索

进程名称	用户名	磁盘	%CPU	ID	网络	内存	优先级
systemd	root	0 KB/S	0.0	1	0 KB/S	4.3 MiB	普通
kthreadd	root	0 KB/S			0 KB/S	0 MiB	普通
rcu_gp	root	0 KB/S			0 KB/S	0 MiB	非常高
rcu_par_gp	root	0 KB/S			0 KB/S	0 MiB	非常高
kworker/0:0···	root	0 KB/S			0 KB/S	0 MiB	非常高
mm_percpu···	root	0 KB/S			0 KB/S	0 MiB	非常高
ksoftirqd/0	root	0 KB/S			0 KB/S	0 MiB	普通
rcu_sched	root	0 KB/S			0 KB/S	0 MiB	普通
migration/0	root	0 KB/S	0.0	12	0 KB/S	0 MiB	普通
idle_inject/0	root	0 KB/S	0.0	13	0 KB/S	0 MiB	普通
cpuhp/0	root	0 KB/S	0.0	14	0 KB/S	0 MiB	普通
kdevtmpfs	root	0 KB/S	0.0	15	0 KB/S	0 MiB	普通
netns	root	0 KB/S	0.0	16	0 KB/S	0 MiB	非常高
rcu_tasks_k···	root	0 KB/S	0.0	17	0 KB/S	0 MiB	普通
khungtaskd	root	0 KB/S	0.0	18	0 KB/S	0 MiB	普通
oom_reaper	root	0 KB/S	0.0	19	0 KB/S	0 MiB	普通
writeback	root	0 KB/S	0.0	20	0 KB/S	0 MiB	非常高

停止进程
继续进程
结束进程
杀死进程
改变优先级 >
属性

图 11-26　进程快捷菜单

（2）“继续进程”菜单项

选择“继续进程”菜单项，可以继续运行选中的已经停止的进程。

（3）“结束进程”菜单项

选择“结束进程”菜单项，可以结束选中的进程。

（4）“杀死进程”菜单项

选择“杀死进程”菜单项，可以强制结束选定的进程。

（5）“更改优先级”菜单项

选择“更改优先级”菜单项，可以更改选定进程的优先级。将鼠标悬停在“更改优先级”菜单项上，在右侧可以单击所需的优先级，若单击“自定义”后可以长按滑动条中的滑块并左右拉动以控制优先级，最后单击“改变优先级”按钮即可在“自定义”中改变进程优先级。在改变优先级后需要授权，如图 11-27 所示。

（6）“属性”菜单项

选择“属性”菜单项，可以查看当前进程的详细信息，包括用户名、进程名、命令行、CPU 时间及进程开始时间信息，如图 11-28 所示。

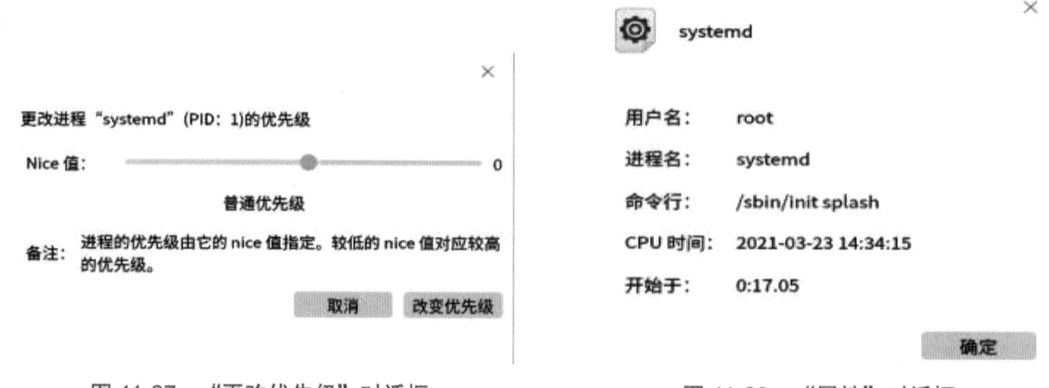

图 11-27　“更改优先级”对话框　　　　图 11-28　“属性”对话框

11.2.2 “资源”按钮

单击“资源”按钮，可以在界面中查看当前系统 CPU 占用率、内存和交换空间历史、网络历史等信息，如图 11-29 所示。

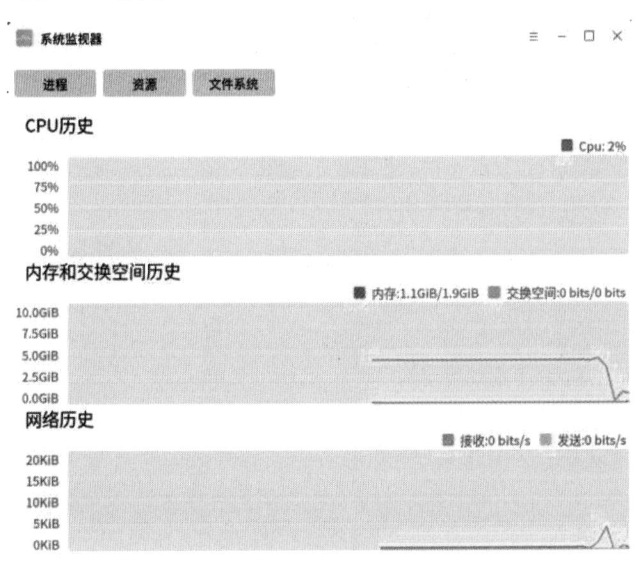

图 11-29 “资源”界面

11.2.3 “文件系统”按钮

单击“文件系统”按钮，可以帮助用户查看当前系统中各个分区的信息，包括设备名、路径、类型、总容量、空闲、可用及已用空间大小，如图 11-30 所示。

系统监视器

进程 资源 文件系统

设备	路径	类型	总容量	空闲	可用	已用
/dev/sda1	/	ext4	15.8 GB	6.3 GB	5.5 GB	9.5 GB
/dev/sda3	/tmp	ext4	1.0 GB	859.6 MB	789.1 MB	163.7 MB
/dev/sda5	/data	ext4	1.0 GB	1.0 GB	966.0 MB	2.6 MB
/dev/sda7	/home	ext4	1.0 GB	815.5 MB	745.1 MB	223.6 MB
/dev/sda8	/boot	ext4	932.7 MB	824.0 MB	759.0 MB	108.7 MB
/dev/sr0	/media/user···rofessional	iso9660	3.7 GB	0 字节	0 字节	3.7 GB

图 11-30 “文件系统”界面

11.2.4 “帮助”菜单项

选择“帮助”菜单项，可以查看系统监视器的用户手册及版本号、作者姓名等信息，如图 11-31 所示。

单击“关于”菜单项，可以查看该程序的版本号，如图 11-32 所示。

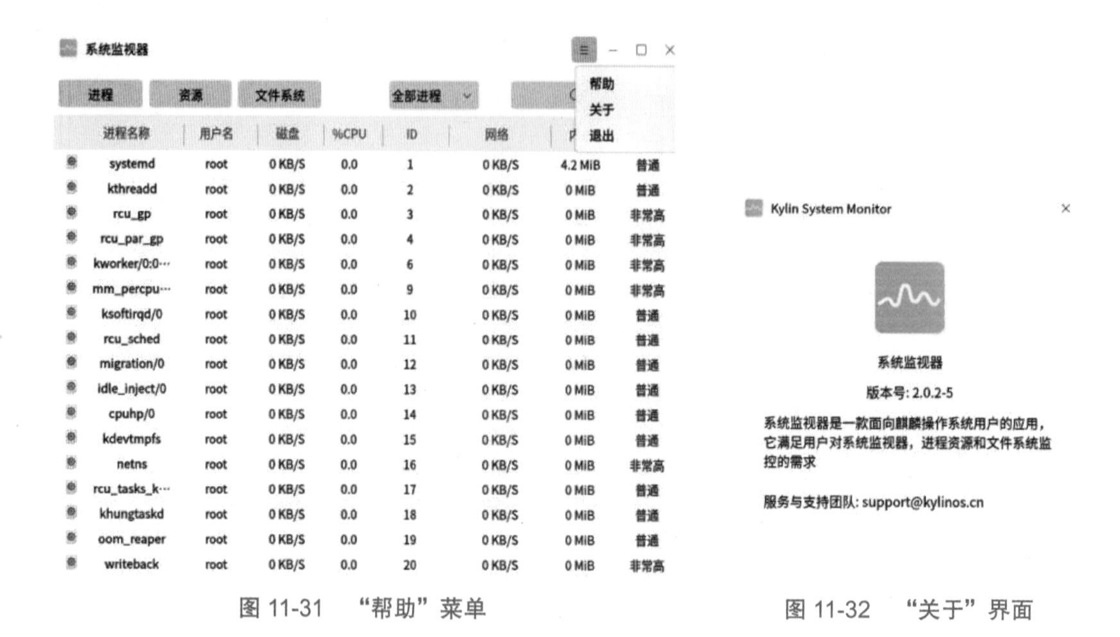

图 11-31 “帮助”菜单　　　　图 11-32 “关于”界面

单击“帮助”菜单项，可以跳转到用户手册程序中的系统监视器介绍界面，查看系统监视器的各种功能介绍，如图 11-33 所示。

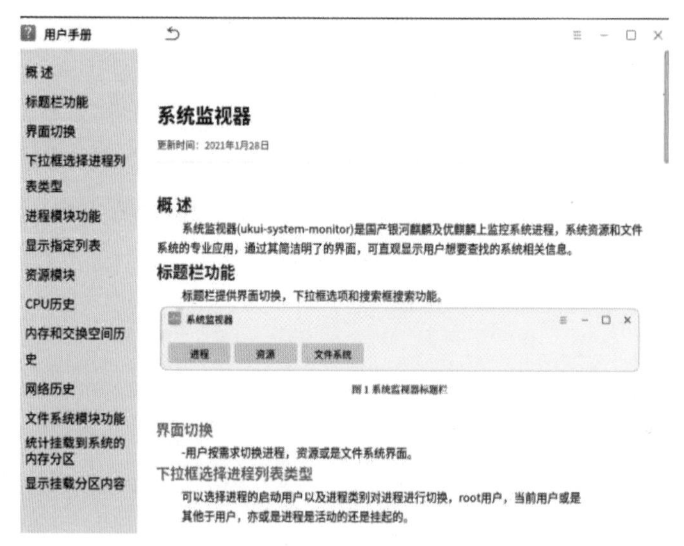

图 11-33 用户手册中系统监视器介绍界面

11.3 生物特征管理工具

生物特征管理工具是用来管理生物识别的辅助软件。该工具的打开方式，在 V10 版本中，有以下两种。

方式一：单击“开始”，在所有软件中找到并单击“生物特征管理工具”选项；或者选择“开始”→“字母排序”，在所有软件中找到并单击“生物特征管理工具”选项；或者选择“开始”→“功能分类”，在所有软件中找到并单击“生物特征管理工具”选项，如图 11-34 所示。

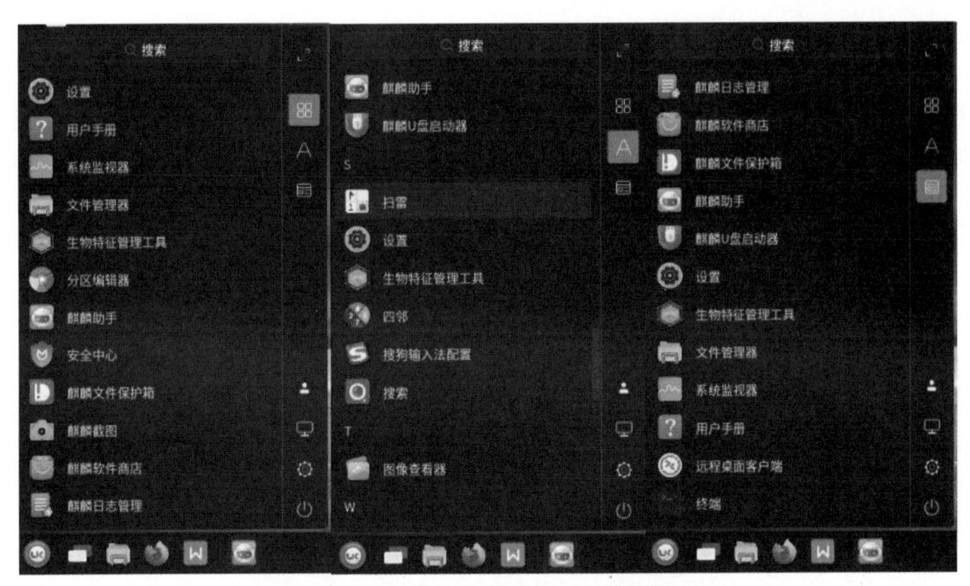

图 11-34　通过菜单命令打开生物特征管理工具

方式二：单击“开始”，在上方输入框中键入“生物特征管理工具”，单击下方“生物特征管理工具”选项，如图 11-35 所示。

默认使用生物认证，需要满足四个条件：

① 设备已连接，并且驱动状态为“打开”状态。

② 系统组件同生物特征进行认证且开关状态为“打开”状态。

③ 设备连接设备为默认设备。

④ 该设备存在已录入的生物特征。

生物特征管理工具包括“主界面”“指纹”“静指脉”“虹膜”“声纹”五个选项卡。除“主界面”以外，其余四个选项对应着生物识别管理工具可以识别认证的四种特征，如图 11-36 所示。下面将对五个选项卡的功能及具体操作进行讲解。

图 11-35　通过搜索的方式打开生物特征管理工具

图 11-36　“生物特征管理工具”界面

11.3.1 “主界面”选项卡

单击“主界面”选项卡可以进入生物识别管理主界面，默认打开时自动进入主界面。在该界面上方，单击“系统组件使用生物特征进行认证”滑动按钮可以开启生物特征功能，如图 11-37 所示。在左侧菜单中可以查看四种生物特征标签：指纹、指静脉、虹膜和声纹。单击相应标签可以查看相应类型的驱动设备信息。驱动设备信息包括设备名称、设备状态、驱动状态及勾选默认设备，如图 11-38 所示为 upekts 设备的驱动设备信息示例。

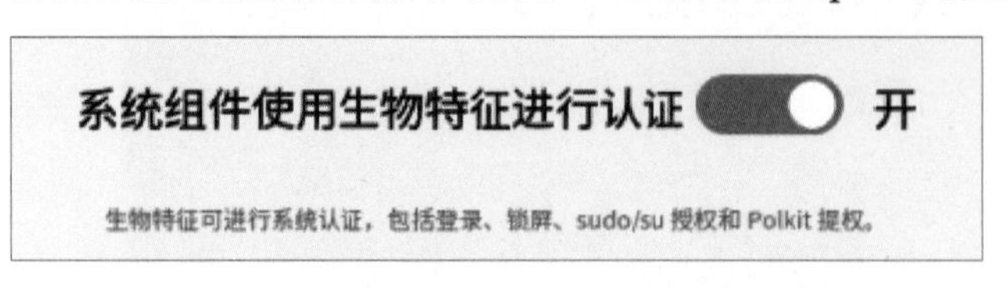

图 11-37 系统组件使用生物特征进行认证滑动按钮

设备名称	设备状态	驱动状态	默认
upekts	未连接		☑

图 11-38 upekts 设备的驱动设备信息示例

11.3.2 “指纹”“指静脉”“虹膜”“声纹”选项卡

在系统中，除了指纹、指静脉、虹膜及声纹四种特征的录入操作不同，其余操作基本一致，所以本节以指纹为例进行说明。

单击“指纹”选项卡，可以进入指纹界面，如图 11-39 所示。在该界面左侧显示指纹驱动，右侧上半部分显示该驱动对应信息，包括设备简称、设备类型、总线类型、设备状态等，右侧中间显示已录入的指纹信息，包括名称及序列号，单击“驱动状态”滑动按钮可以调整该驱动的打开状态。右侧底部是“录入”“验证”“搜索”“删除”“清空”按钮。

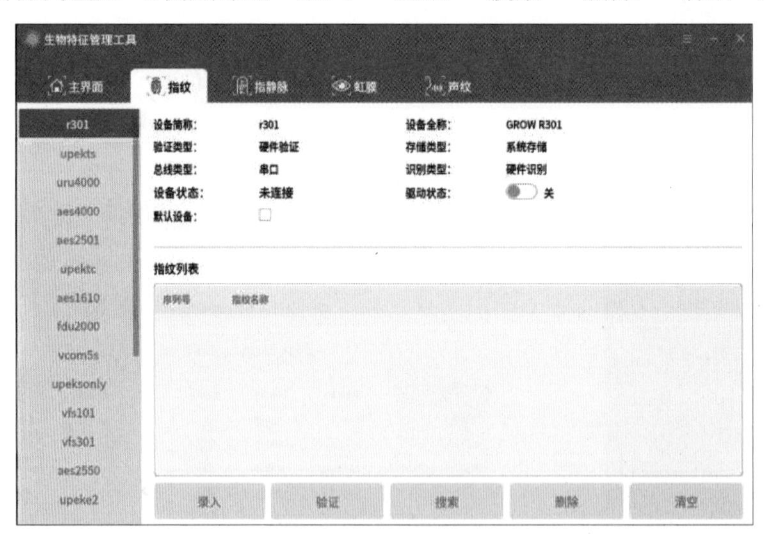

图 11-39 指纹界面

（1）“录入”按钮

该按钮的功能主要是录入指纹。单击“录入”按钮，系统弹出“授权”对话框，完成授权后，即可录入指纹，如图 11-40 和图 11-41 所示。按照“指纹录入”界面的提示，多次抬起、按压手指，直到完成。

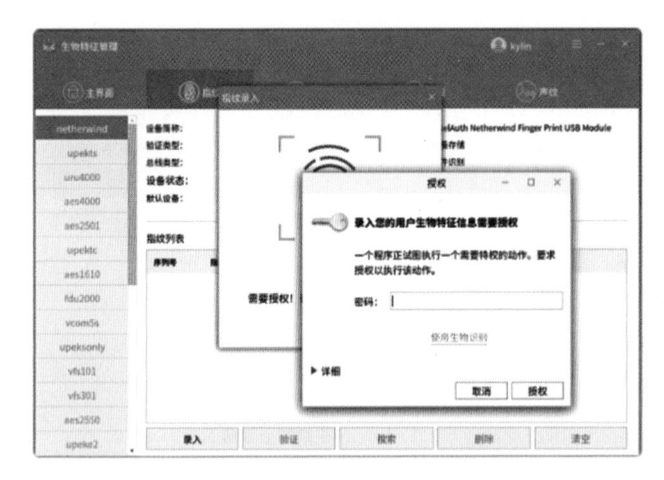

图 11-40　“授权”对话框

图 11-41　“录入指纹”界面

（2）“验证”按钮

该按钮的功能能够验证录入指纹的准确性及可用性。单击“验证”按钮，开始进行指纹验证，验证后会在对话框中返回验证结果。

（3）“搜索”按钮

该按钮的功能是通过指纹检索符合当前验证指纹对应的序列号和名称。

（4）“删除”按钮

该按钮的功能是将选中的指纹进行删除。

（5）“清空”按钮

该按钮的功能是清空当前用户的所有指纹。

11.3.3　其他具体功能

单击右上角☰菜单，可以打开其他功能菜单，包括“重启服务”“帮助”“关于”“退出”，如图 11-42 所示。

图 11-42　“其他具体功能”菜单

（1）“重启服务”菜单项

单击“重启服务”菜单项可以对生物特征管理工具进行重启，需要进行授权。单击“重启服务”菜单项，弹出“授权”对话框，如图 11-43 所示。完成授权后，即可重启生物特征管理工具。

（2）“关于”菜单项

单击“关于”菜单项可以查看该工具的功能及服务与支持团队，如图 11-44 所示。

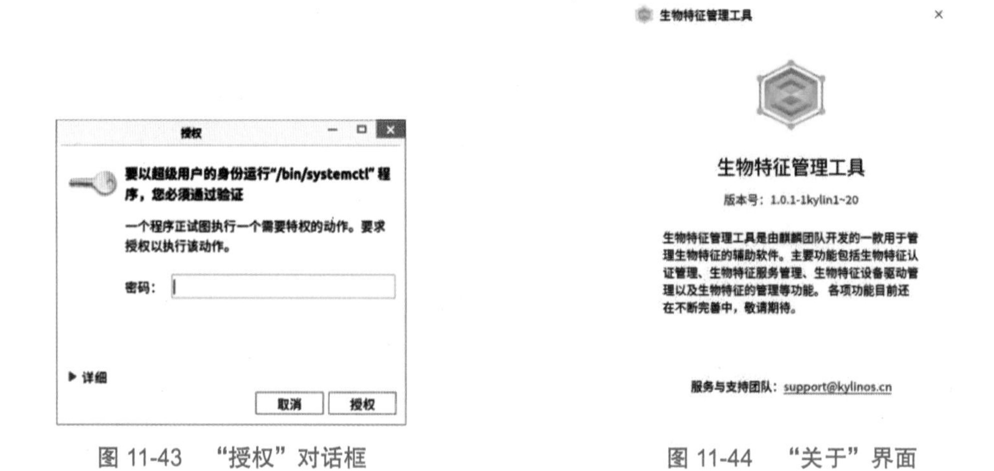

图 11-43　“授权”对话框　　　　图 11-44　“关于”界面

（3）“帮助”菜单项

单击“帮助”菜单项可以查看用户手册中关于生物特征管理工具的概述及功能介绍，如图 11-45 所示。

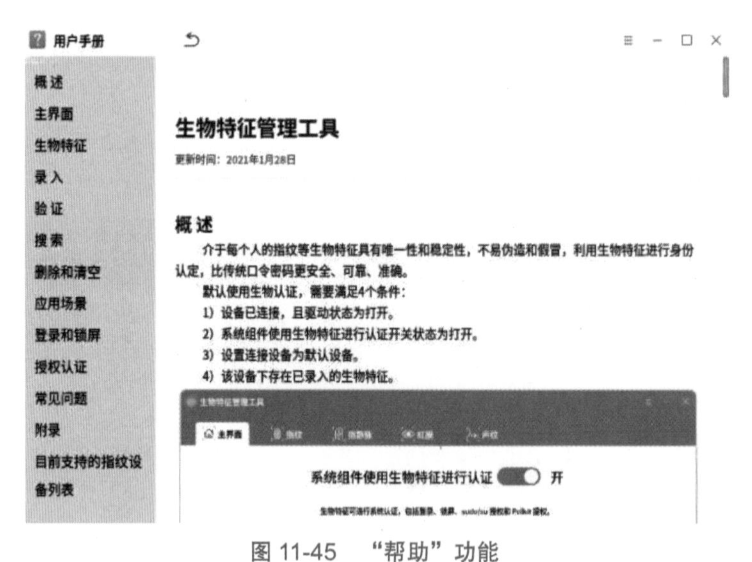

图 11-45　“帮助”功能

11.4　麒麟助手

麒麟助手是一款系统辅助工具，主要针对系统进行扩展性加强配置，可以清理系统垃圾、扫描与清理系统使用痕迹，另外可以实时查询当前计算机的硬件详细信息，便于用户加深了解计算机的组成。在 V10 版本中，打开方式有以下两种。

方式一：单击“开始”，在所有软件中找到并单击麒麟助手选项；或者选择“开始”→“字母排序”，在所有软件中找到并单击“麒麟助手”选项；或者选择“开始”→“功能分类”，在所有软件中找到并单击“麒麟助手”选项，如图 11-46 所示。

图 11-46　通过菜单命令打开麒麟助手

方式二：单击“开始”，在上方输入框中键入“麒麟助手”，单击“麒麟助手”选项，如图 11-47 所示。

“麒麟助手”界面如图 11-48 所示，由四个模块组成，即“电脑清理”“驱动管理”“本机信息”“工具大全”。

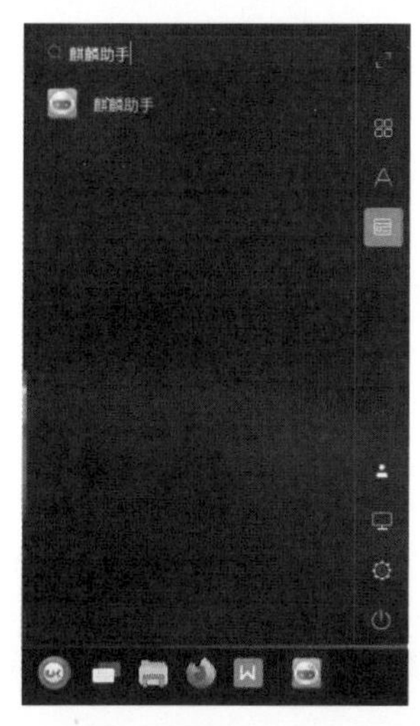

图 11-47　通过搜索的方式打开麒麟助手

图 11-48　“麒麟助手”界面

11.4.1 电脑清理

单击“电脑清理”选项卡，打开“系统清理”界面，在V10版本中，如图11-49所示。

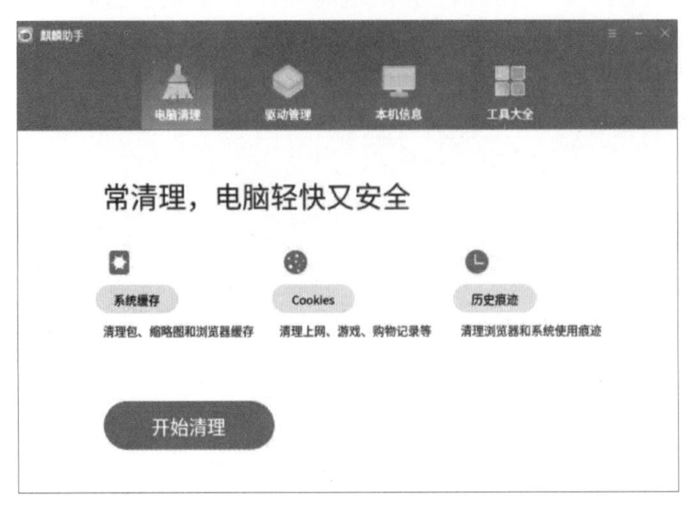

图 11-49　“系统清理”界面

系统缓存图标：单击该图标后，系统弹出“缓存选项”对话框，如图11-50所示。

Cookies图标：单击该图标，系统弹出“Cookies选项”对话框，如图11-51所示。目前仅支持清理火狐浏览器的Cookies，勾选状态下才会扫描。

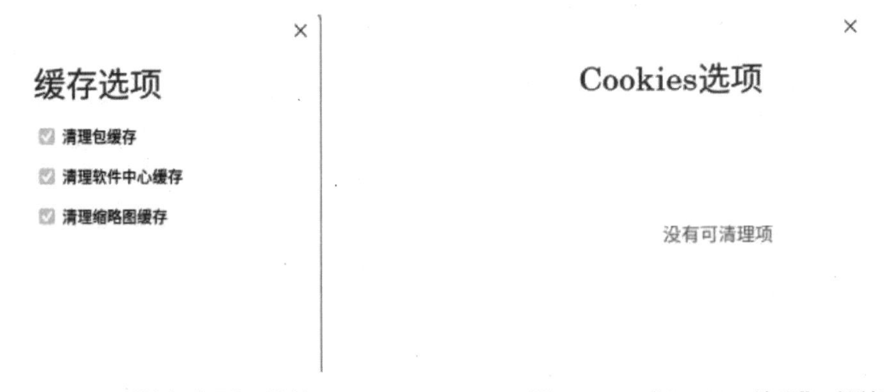

图 11-50　“缓存选项”对话框

图 11-51　“Cookies 选项”对话框

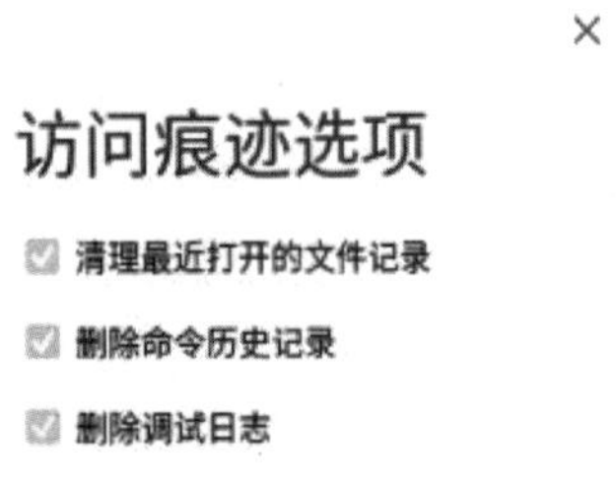

图 11-52　“访问痕迹选项”对话框

历史痕迹图标：单击该图标，系统弹出“访问痕迹选项”对话框，如图11-52所示，用户可根据需要对下列选项进行勾选，勾选的选项才会被扫描。

勾选完毕后单击“开始扫描”按钮进行扫描，扫描结果如图11-53所示；再单击“一键清理”按钮进行清理，此处需要进行授权；也可以选择单击“返回”按钮取消清理操作，程序恢复初始状态。

当系统未扫描到垃圾时，会弹出如图11-54所示界面，单击“返回”按钮，程序恢复初始状态。

图 11-53　“扫描完成”界面

图 11-54　“无需进行清理”界面

11.4.2　驱动管理

单击“驱动管理”选项卡可以显示该计算机中的各个驱动信息，包括有线网卡驱动、主板驱动、显卡驱动、其他驱动等驱动软件信息，便于用户查看，在 V10 版本中，如图 11-55 所示。

图 11-55　“驱动管理”界面

11.4.3 本机信息

单击“本机信息”选项卡进入“本机信息”界面，如图 11-56 所示。该界面能显示从系统底层获取的计算机硬件详细信息及操作系统信息。该界面将根据当前硬件组成动态显示，如果硬件不存在则不显示条目。如果未从底层获取到硬件信息，界面上也不会显示相应条目。单击相应条目，可以切换到该硬件的详细信息界面进行查看。

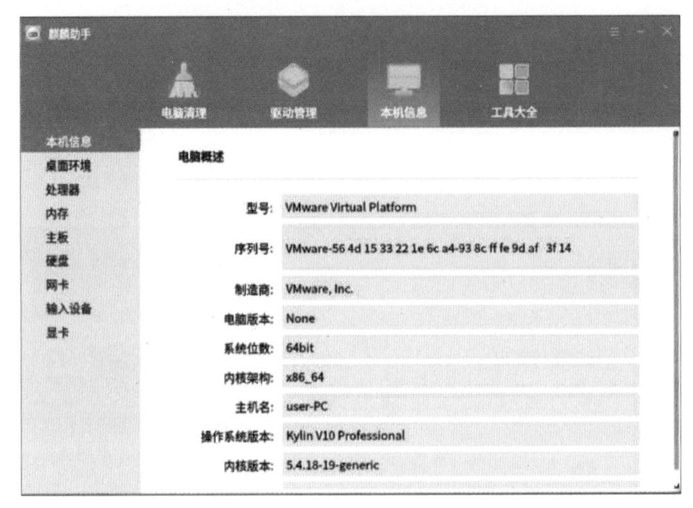

图 11-56 “本机信息”界面

计算机硬盘的详细信息如图 11-57 所示。

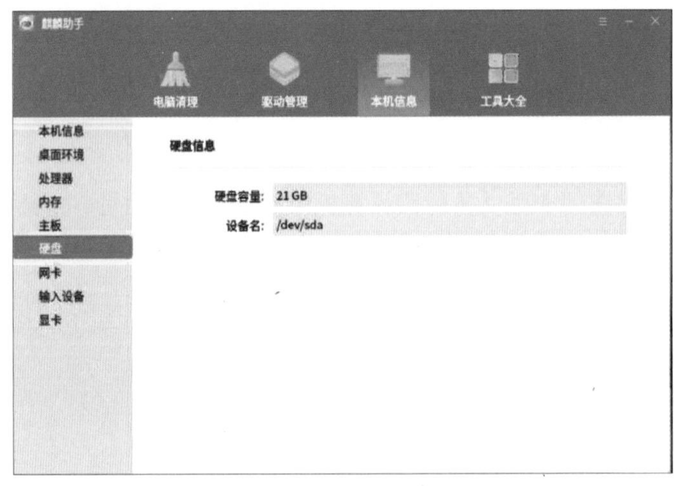

图 11-57 计算机硬盘信息

11.4.4 工具大全

“工具大全”界面，在 V10 版本中，如图 11-58 所示。作为麒麟助手的扩展功能，“工具大全”使用了插件的开发模式，其所有功能均可以以插件的形式整合进麒麟助手。目前工具大全支持麒麟软件商店、系统监视器及文件粉碎机三个应用程序。

（1）麒麟软件商店

单击“麒麟软件商店”图标，可以跳转到麒麟软件商店程序。

（2）系统监视器

单击“系统监视器”图标，可以跳转到系统监视器程序。

（3）文件粉碎机

单击“文件粉碎机”图标，系统弹出“文件粉碎机”对话框，如图 11-59 所示。单击 图标可以选择需要粉碎的文件，然后单击“粉碎文件”按钮对该文件进行粉碎，或者单击“取消选择”按钮取消粉碎，对话框恢复初始状态。

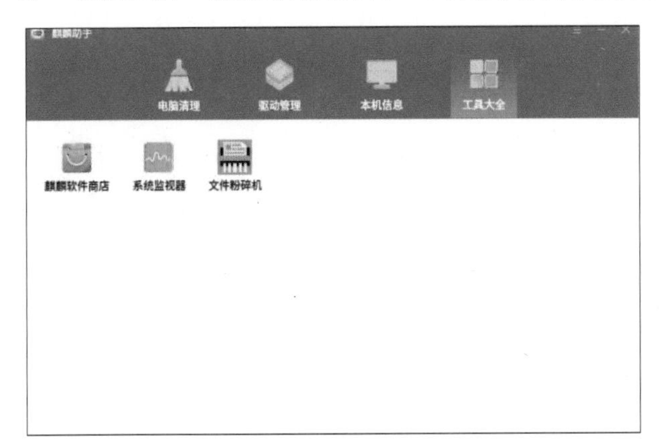

图 11-58　“工具大全”界面

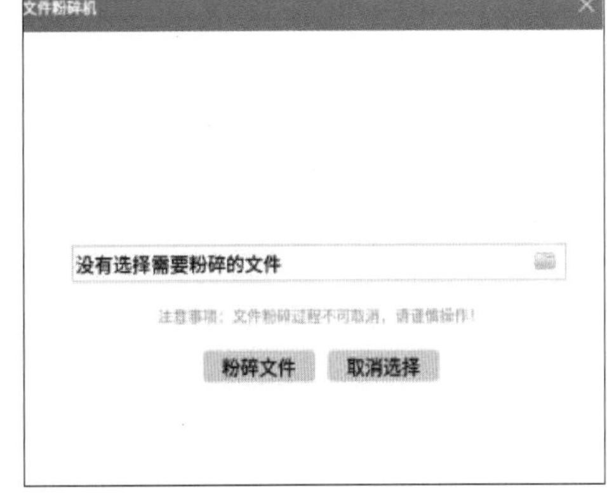

图 11-59　“文件粉碎机”对话框

11.4.5　其他功能

单击右上方 图标可以打开“帮助”功能菜单，有“帮助”“关于”“退出”三种功能，下面将介绍前两种功能。

单击“帮助”选项可以跳转到用户手册程序关于麒麟助手的概述以及功能描述，在 V10 版本中，如图 11-60 所示。

单击“关于”选项可以查看当前程序的版本号及软件简介，如图 11-61 所示。

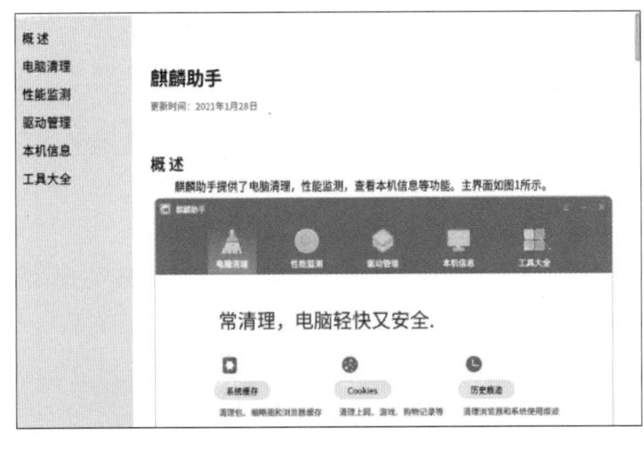

图 11-60　“帮助”界面

图 11-61　“关于”界面

11.5　本章任务

本章主要介绍麒麟操作系统的管理程序的具体操作方法。通过以下两个任务可加深对系统中常用的系统管理工具的认识。

11.5.1　监控系统状态

本节的任务是运用系统监视器查看当前系统进程、资源及磁盘读写速率等信息，以及遇到程序死机等问题时的简单处理方法。

（1）查看当前系统进程

参考 11.2 节，启动系统监视器。系统监视器默认打开“进程”选项卡，在该列表中用户可以监控系统中正在运行的进程的详细信息，如图 11-62 所示。

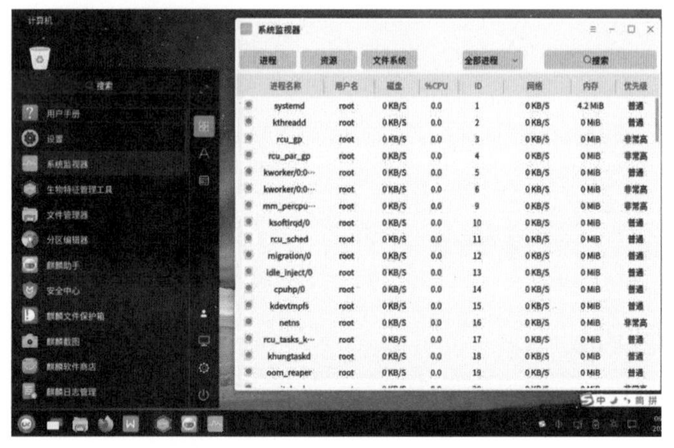

图 11-62　查看当前系统进程

（2）查看资源占用情况

参考 11.2 节，启动系统监视器。单击“资源”选项卡，可查看系统中 CPU 历史、内存和交换空间历史、网络历史等状态，如图 11-63 所示。

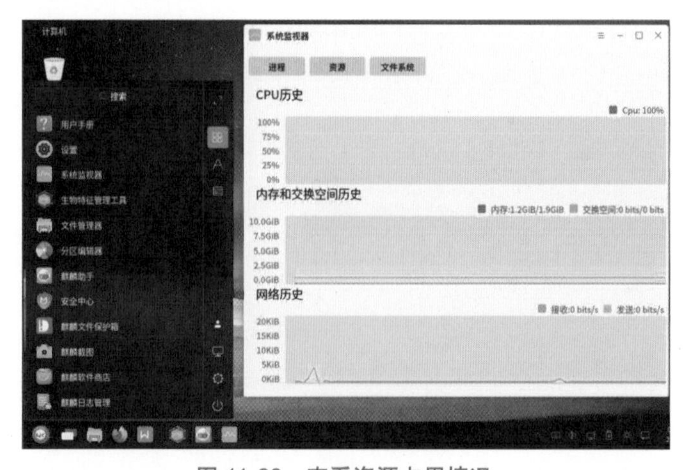

图 11-63　查看资源占用情况

（3）查看文件系统

参考 11.2 节，启动系统监视器。单击“文件系统”选项卡，可查看当前系统中设备的文件系统类型、容量情况等信息，如图 11-64 所示。

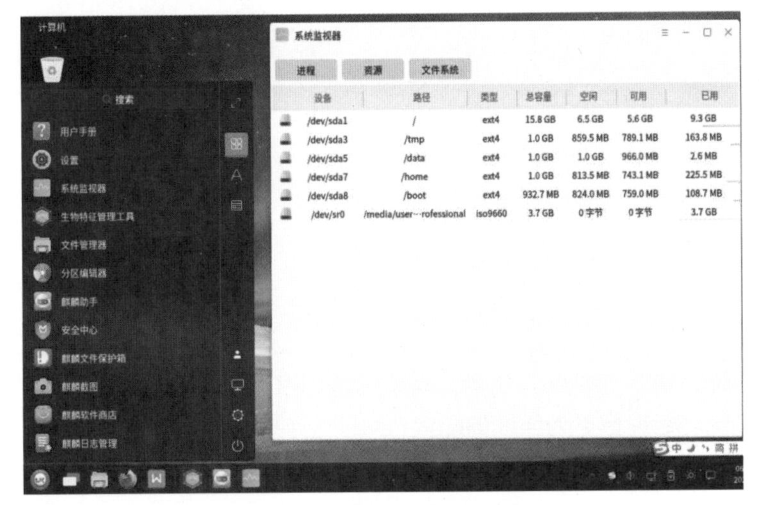

图 11-64　查看文件系统情况

11.5.2　异常状况处理

当程序（进程）无法正常运行（死机）时，可以通过系统监视器结束进程，强制关闭程序，例如在图 11-65 所示界面中，麒麟天气因某些异常而无法正确打开，可以通过下列操作关闭该程序。

步骤一：启动系统监视器，并在列表中查找已经无法正常运行的程序的进程名，在此处为“麒麟天气”进程名。

步骤二：右击该进程，选择“结束进程”或“杀死进程”命令，即可将该进程关闭，如图 11-66 所示。

系统监视器

进程　资源　文件系统　我的进程　搜索

进程名称	用户名	磁盘	%CPU	ID	网络	内存	优先级
gvfs-udisks2···	user	0 KB/S	0.0	1852	0 KB/S	1.8 MiB	普通
kglobalaccel5	user	0 KB/S	0.0	1854	0 KB/S	2.2 MiB	普通
gvfs-afc-vol···	user	0 KB/S	0.0	1866	0 KB/S	1004.0 KiB	普通
gvfs-mtp-vo···	user	0 KB/S	0.0	1871	0 KB/S	588.0 KiB	普通
gvfs-gphoto···	user	0 KB/S	0.0	1875	0 KB/S	708.0 KiB	普通
gvfs-goa-vol···	user	0 KB/S	0.0	1880	0 KB/S	508.0 KiB	普通
ukui-panel	user	0 KB/S	0.2	1886	0 KB/S	34.9 MiB	普通
peony-qt-de···	user	0 KB/S	0.0	1897	0 KB/S	61.5 MiB	普通
qaxtray	user	0 KB/S	0.0	1905	0 KB/S	8.6 MiB	普通
gvfsd-comp···	user	0 KB/S	0.0	1906	0 KB/S	1.4 MiB	普通
麒麟天气	user	0 KB/S	0.0	1919	0 KB/S	11.9 MiB	普通
kmdaemon	user	0 KB/S	0.0	1923	0 KB/S	1.4 MiB	普通
mktip	user	0 KB/S	0.0	1924	0 KB/S	11.0 MiB	普通
麒麟网络设···	user	0 KB/S	0.0	1925	0 KB/S	14.1 MiB	普通
麒麟打印	user	0 KB/S	0.0	1926	0 KB/S	39.2 MiB	普通
kylin-user-g···	user	0 KB/S	0.0	1927	0 KB/S	3.0 MiB	普通
kylin-xinput···	user	0 KB/S	0.0	1928	0 KB/S	412.0 KiB	普通

图 11-65　查找进程名

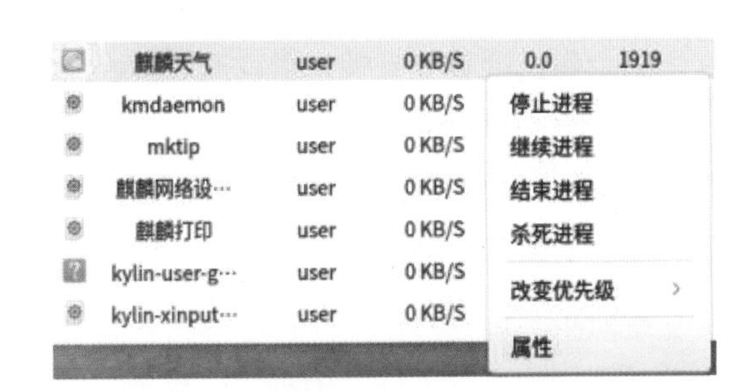

图 11-66　“结束进程”和“杀死进程”命令

第 12 章　麒麟操作系统的安装和维护

本章主要介绍麒麟操作系统的安装、升级及维护等的操作步骤，分为系统安装、系统更新、系统优化、系统维护、系统备份还原等内容。

12.1　系统安装

麒麟操作系统的安装主要分为三步：安装准备、启动引导及安装系统，在安装系统时，可以选择高级安装功能进行更为详细的配置。

操作系统的最低配置与推荐配置，在 V10 版本中，如表 12-1 所示。

表 12-1　最低配置与推荐配置

版本形态	最小内存	推荐内存	最小硬盘空间	推荐硬盘空间
桌面系统飞腾平台	2GB	4GB 以上	10GB（安装不选备份还原） 20GB（安装时选择备份换原）	20GB 以上（安装不选备份还原） 40GB 以上（安装时选择备份还原）
桌面系统海光平台	2GB	4GB 以上	10GB（安装不选备份还原） 20GB（安装时选择备份换原）	20GB 以上（安装不选备份还原） 40GB 以上（安装时选择备份还原）
桌面系统鲲鹏平台	2GB	4GB 以上	10GB（安装不选备份还原） 20GB（安装时选择备份换原）	20GB 以上（安装不选备份还原） 40GB 以上（安装时选择备份还原）
桌面系统龙芯平台	2GB	4GB 以上	10GB（安装不选备份还原） 20GB（安装时选择备份换原）	20GB 以上（安装不选备份还原） 40GB 以上（安装时选择备份还原）
桌面系统兆芯平台	2GB	4GB 以上	10GB（安装不选备份还原） 20GB（安装时选择备份换原）	20GB 以上（安装不选备份还原） 40GB 以上（安装时选择备份还原）

12.1.1　安装准备

在安装前，需要做相应的准备以便后续操作顺利进行，分为以下几步。

第一步：准备好安装光盘或安装 U 盘及本书。

第二步：检查硬件兼容性。银河麒麟桌面操作系统具有良好的兼容性，可以与多数硬件进行兼容。但是由于硬件技术规范频繁改动，很难保证百分之百地兼容硬件。

第三步：备份数据。安装系统之前，一定先将硬盘上的重要数据备份到其他存储设备中，如移动硬盘、U 盘等。

第四步：硬盘分区。一块硬盘可以被划分为多个分区，分区之间是相互独立的，访问不同的分区如同访问不同的硬盘。一块硬盘最多可以有 4 个主分区，如需在一块硬盘上划分更多的分区，就需要把分区类型设置为逻辑分区。

12.1.2　启动引导

启动引导需要插入安装 U 盘，或者将安装光盘放入光驱中，重启机器。根据固件启动时的提示，进入固件管理界面，选择从 USB 或光驱启动。启动后进入“启动引导”界面，如图 12-1 所示。

图 12-1　“启动引导”界面

12.1.3　安装过程

下面对用户在安装过程中的操作进行讲解，系统安装分为以下几个步骤。

步骤一：在“启动引导”界面中选择“试用银河麒麟操作系统而不安装”选项，可进入 Live 系统界面进行试用，试用完毕后双击“安装 Kylin”图标进行系统安装，如图 12-2 所示。也可以直接在“启动引导”界面中选择“安装银河麒麟操作系统”选项进行系统安装。然后进入“选择语言”界面选择语言，如图 12-3 所示。

图 12-2　“安装 Kylin”图标

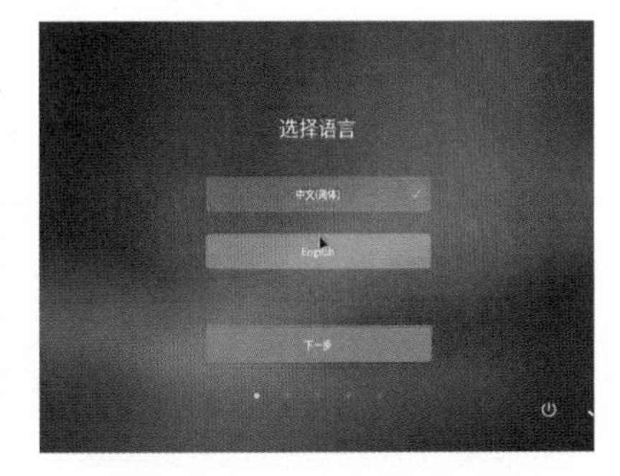

图 12-3　“选择语言”界面

步骤二：单击“安装 Kylin”图标后，进入“选择时区”界面，选择对应的时区，单击“下一步”按钮进入下一个界面，如图 12-4 所示。

步骤三：进入“阅读许可协议”界面后勾选“是的，我同意许可协议”复选框，并且完整阅读该协议后方可单击“下一步”按钮进入下一个界面，如图 12-5 所示。

图 12-4 “选择时区”界面

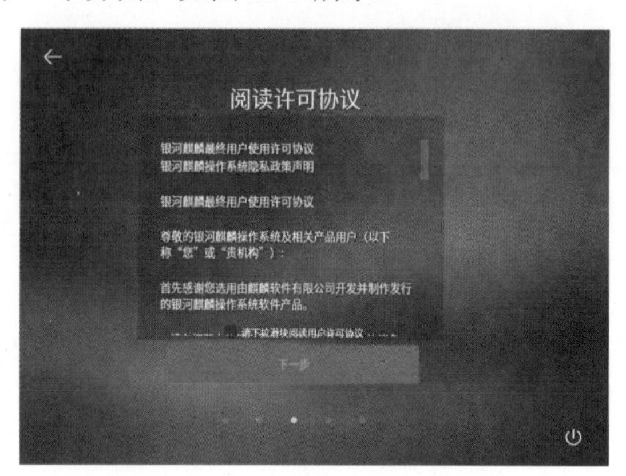

图 12-5 “阅读许可协议”界面

步骤四：进入“创建用户”界面后填写用户名及密码，单击“下一步”按钮进入下一个界面，如图 12-6 所示。

步骤五：进入“选择安装方式”界面后，可选择“快速安装”及“自定义安装”两种功能，单击“下一步”按钮进入下一个界面，如图 12-7 所示。

图 12-6 “创建用户”界面

图 12-7 “选择安装方式”界面

下面对这两个选项进行介绍：

（1）“快速安装”选项。系统会对硬盘自动创建分区表，但要求硬盘剩余空间大小必须大于 50GB，推荐使用快速安装功能，如图 12-7 所示。

（2）“自定义安装”选项。用户可以自行创建分区表，可以根据实际需求创建分区和分配分区大小，在该界面下单击“+”可以弹出“新建分区”对话框，如图 12-8 所示。

下面针对自定义安装中“新建分区”对话框进行详细介绍。

在如图 12-8 所示界面单击“+”弹出“新建分区”对话框，如图 12-9 所示。首先可以选择“新分区的类型”为“主分区”或者“逻辑分区”；其次可以选择“新分区的位置”是从

“剩余空间头部”开始或者“剩余空间尾部”开始；然后调整当前分区的大小，以 MB 为单位；再然后选择文件系统，包含 ext4、ext3、fat16 等文件系统选项；最后选择“挂载点”。

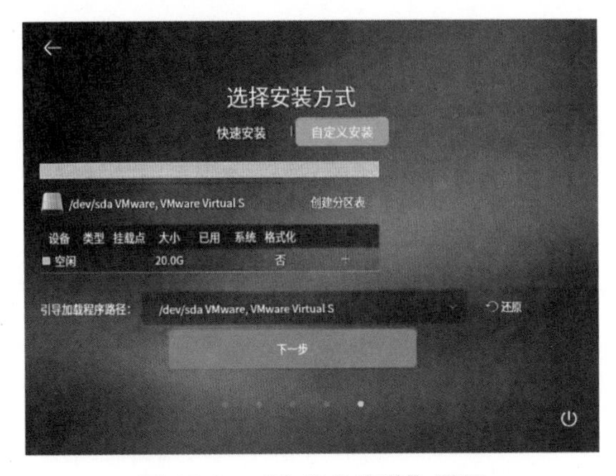

图 12-8　“自定义安装”界面

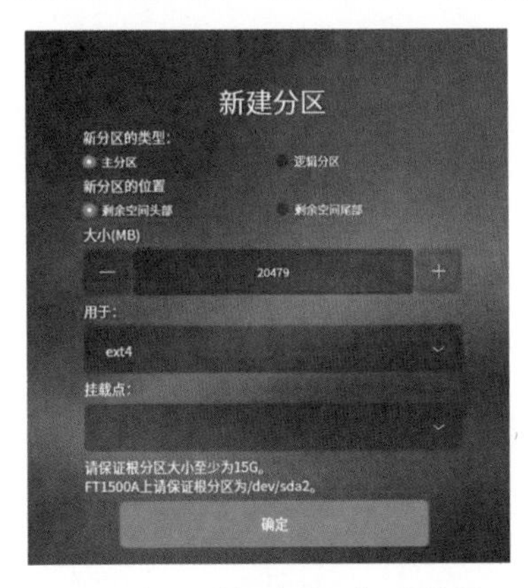

图 12-9　“新建分区”对话框

在麒麟系统创建分区时需要遵循以下原则：

（1）创建“/boot”分区和“/”分区时，“新分区的位置”默认为从“剩余空间头部”开始文件系统“用于”为“ext4”，“挂载点”为“/boot”与“/”。

（2）交换分区大小一般设置为内存的两倍大小，“新分区的位置”保持默认，文件系统“用于”选择“linux-swap”即可。

（3）创建“/backup”分区和“/data”分区时，“新分区的位置”默认为“剩余空间尾部”开始位置，文件系统“用于”选择“ext4”，“挂载点”选择对应的“/backup”“/data”即可。

（4）若是中途需要修改已创建的分区，具体方式如下：

“+”按钮用于添加分区，首先选中空闲分区所在行，然后单击“+”按钮。

“修改”按钮用于编辑已创建的分区，首先选中已创建的分区，然后单击“修改”按钮。

“-”按钮用于删除分区，首先选中已创建的分区，然后单击“-”按钮。

步骤六：单击“下一步”按钮，此时会将系统信息写入硬盘，如图 12-10 所示。

步骤七：安装完毕后，进入麒麟系统启动项界面，如图 12-11 所示。

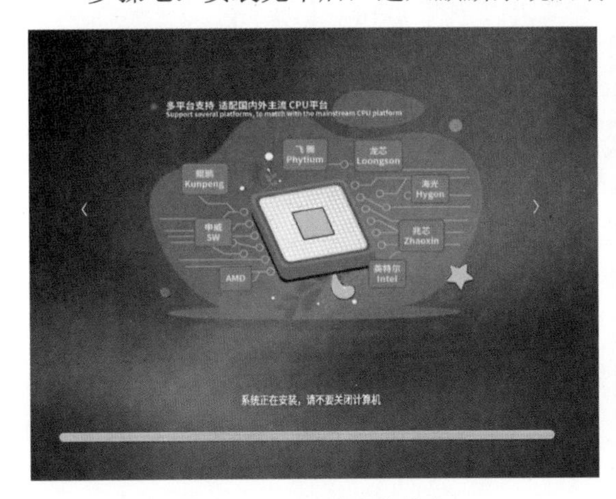

图 12-10　系统安装信息

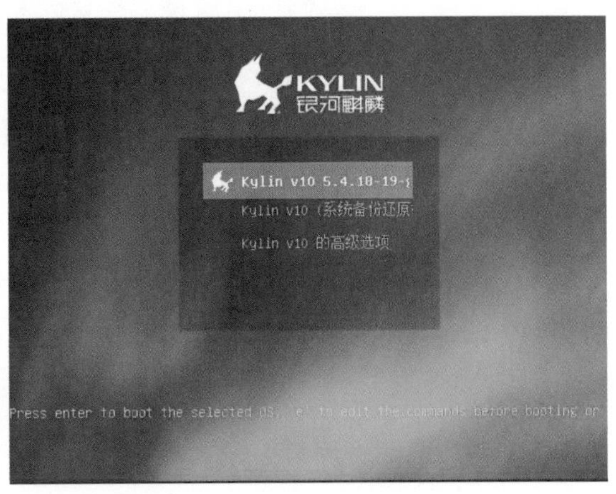

图 12-11　麒麟系统启动项界面

单击“现在重启”按钮重启系统，重启过程中会提示拔出 U 盘或者自动弹出光驱，等待登录界面显示，输入密码后进入系统。

12.2 系统更新

系统更新（系统升级）功能是对系统进行更新、升级。麒麟操作系统在设置中为用户提供了更新选项，以方便用户进行关键软件和系统的更新，支持主动和被动两种更新方式。本节主要介绍，在 V10 版本中，麒麟更新管理器打开方式、运行过程及当打开后未响应时的解决方法。

12.2.1 打开方式

麒麟更新选项有以下两种打开方式。

方法一：单击“开始”，在所有软件中找到并单击“设置”选项，再单击“更新”选项进入更新页面；或者单击“开始”→“字母排序”，在所有软件中找到并单击“设置”选项，再单击“更新”选项进入更新页面；或者单击“开始”→“功能分类”，在所有软件中找到并单击“设置”选项，再单击“更新”选项进入更新页面，如图 12-12 所示。

图 12-12 通过菜单命令打开设置

方法二：单击“开始”，在上方输入框中输入“设置”，单击下方“设置”选项，再单击“更新”选项进入更新页面，如图 12-13 所示

方法三：在麒麟操作系统界面中单击“开始”按钮，单击右下角设置按钮，再单击“更新”选项进入更新页面，如图 12-14 所示。从设置中打开更新选项的界面，如图 12-15 所示。

图 12-13　通过搜索的方式打开设置

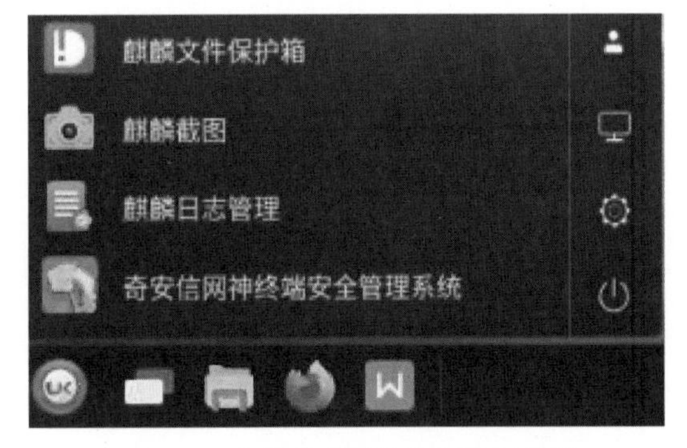

图 12-14　菜单右侧快捷栏打开设置

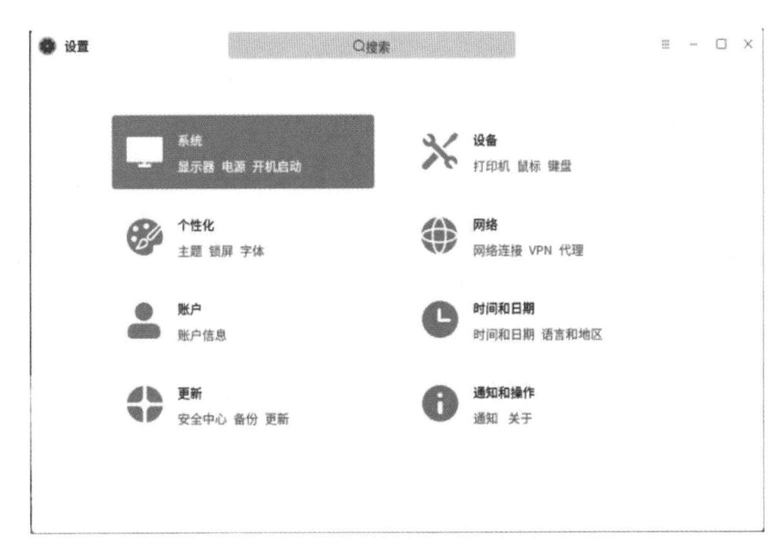

图 12-15　从“设置”界面打开“更新”选项

12.2.2　运行过程

单击“更新”选项后，弹出对话框，右侧选项卡中包含“安全中心”“备份”“更新”选项，此处我们仅介绍“更新”选项内容，其余选项在后续章节中介绍。单击“更新”选项卡后界面如图 12-16 所示，系统会自动进行软件源更新，从服务器端的软件源更新数据，显示最新的系统版本及软件的最新版本。这个过程需要连接网络，若没有连接网络会显示如图 12-17 所示界面，连接网络后更新界面如图 12-18 所示。更新完毕后，界面会显示当前系统是否为最新系统及上次检测时的结果，如图 12-19 所示，软件的最新版本可在麒麟软件商店查看，系统的最新版本会弹窗提示并显示是否需要更新。

图 12-16 “更新”界面

图 12-17 没有连接网络界面

图 12-18 连接网络后更新界面

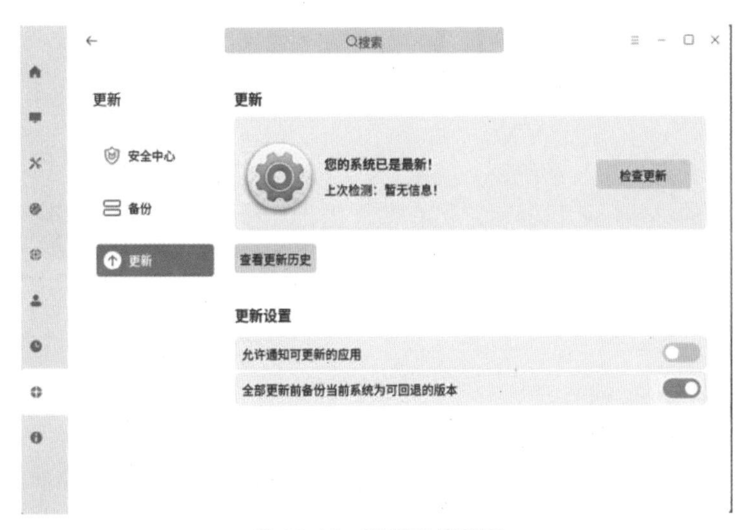

图 12-19　更新完毕界面

在“更新”界面中可以查看更新历史信息，也可以进行更新设置，在更新设置中可以设置“允许通知可更新的应用”功能及“全部更新前备份当前系统为可回退的版本”功能，如图 12-20 所示。

图 12-20　其他功能

12.2.3　未响应时解决方法

若单击“更新”选项后系统未响应，则可以从终端中更新数据。依次单击“开始”→“所有程序”→“系统工具”→“终端”命令（快捷键为 Ctrl+Alt+T），打开终端窗口。输入命令“sudo apt-get update”，然后输入当前用户密码，如图 12-21 所示；按 Enter 键，系统自动获取软件包列表即可完成操作。

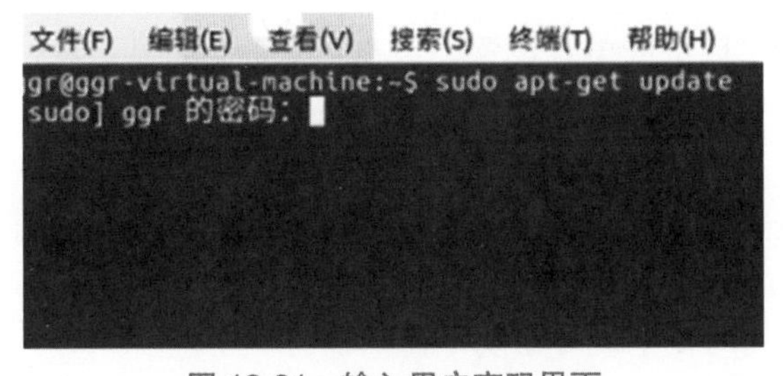

图 12-21　输入用户密码界面

12.3 系统优化

系统优化原为系统科学（系统论）的术语，它尽可能减少计算机执行的进程，更改工作模式，删除不必要的终端，让机器运行更有效，优化文件位置使数据读写更快，空出更多的系统资源供用户支配，以及减少不必要的系统加载项及开机启动项。

本节主要介绍，在V10版本中，“开机启动项”“电源选项”“屏幕保护程序”功能的系统优化。

12.3.1 开机启动项

减少开机启动项能够加快开机启动速度，减少电源能量消耗以达到系统优化的功能。

单击“开始”菜单，打开“设置”界面（详细的打开设置方法在12.2节中已介绍），然后单击右侧 图标或“系统”选项进入“系统”界面。单击“开机启动”选项进入“开机启动设置”界面，如图12-22所示。在列表中查看开机启动的程序，单击右侧滑动按钮即可控制该行的程序是否开机启动。

图12-22 “开机启动设置”界面

在下方也可以自行添加自启动程序，单击“+添加自启动程序”按钮，弹出“添加自启动程序”对话框，填写程序名、程序路径及程序描述后，单击“确定”按钮即可完成添加操作，如图12-23所示。

12.3.2 电源选项

在电源管理界面，可以更改电源设置、调整空闲时关闭显示器时间及将计算机转为挂起的时间，达到系统优化的要求。

单击“开始”菜单，打开“设置”界面，详细的打开设置方法在12.2节中已介绍，然后单击右侧 图标或“系统”选项进入“系统”界面，单击“电源”选项进入“电源计划”界面，如图12-24所示，系统给出三种电源计划：

（1）平衡。可以利用可用的硬件自动平衡消耗与性能。

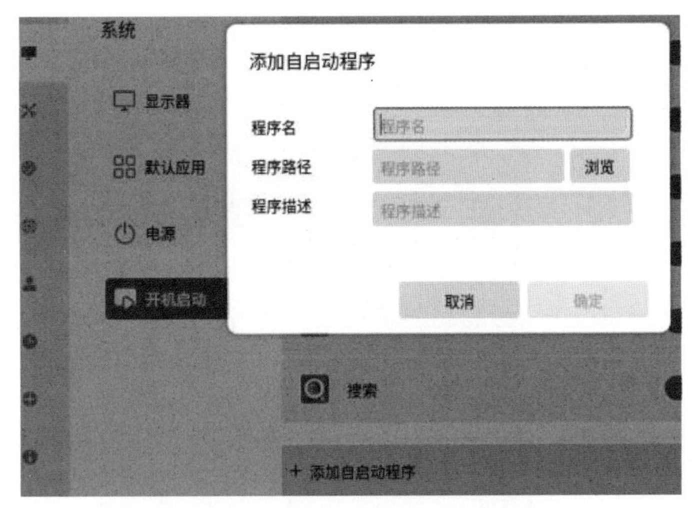

图 12-23 “添加自启动程序”对话框

（2）节能。可以尽可能降低计算机性能，达到节省电量的目的。

（3）自定义。用户可以自行更改计算机状态并指定个性化电源方案。

在“自定义”电源计划中包含“空闲此时间后将计算机转入挂起”及“空闲此时间后关闭显示器”选项，用户可根据自身需要进行修改，建议将关闭显示器时间设为“30 分钟”，可完成电源选项系统优化。这里推荐用户使用平衡计划。

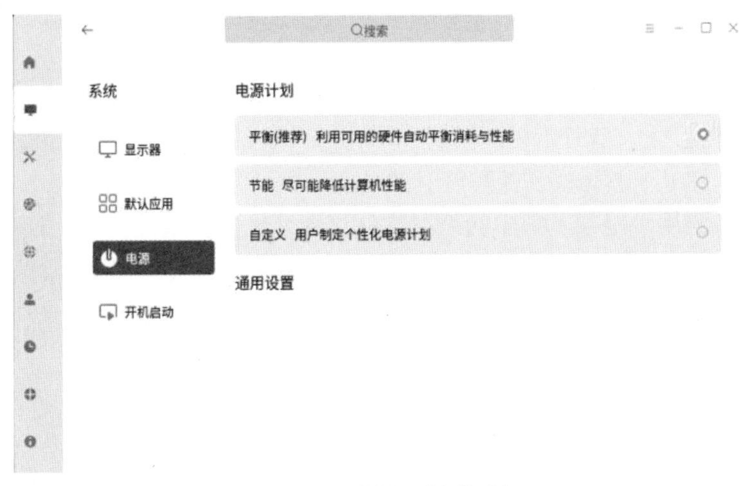

图 12-24 “电源计划”界面

12.3.3 屏幕保护程序

对于旧的显示器，例如，CRT 显示器，屏幕保护会有一定的好处。但是对于笔记本电脑及目前的台式机所使用的 LCD 显示屏来说，屏幕保护功能没有任何好处，反而会造成一些负面影响。建议暂时关闭屏幕保护功能以达到系统优化的要求。

单击“开始”菜单，打开“设置”界面，然后单击右侧 图标或“个性化”选项进入“个性化”界面，单击“屏保”选项进入“屏保”界面，如图 12-25 所示。关闭“开启屏保”即可。

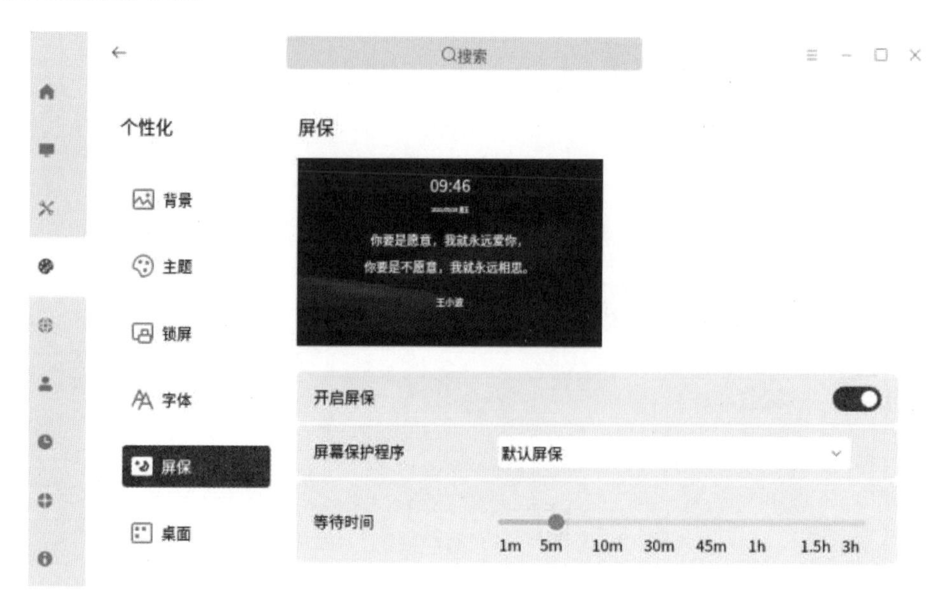

图 12-25 “屏保”界面

12.4 系统维护

系统维护主要是为了保证计算机系统正常运行而进行的定期检测、修理和优化，分为硬件维护和软件维护。

麒麟操作系统为用户提供计算机操作系统的更新和杀毒软件进行软件层面的系统维护。系统更新可参考 12.2 节，本节主要介绍，在 V10 版本中，杀毒软件（麒麟操作系统为用户提供的安全中心程序）的具体操作流程及具体功能。

麒麟操作系统为用户提供了原生的杀毒软件及计算机安全保护程序，即安全中心与奇安信网神终端安全管理系统，为用户提供了病毒防护、账户安全、网络保护及应用执行控制等功能，下面将从安全中心的打开方式、账户安全、安全体检、病毒防护、网络防护、应用执行控制及安全模式配置 7 个方面进行详细讲解。

（1）打开方式

打开方式分为两种，第一种是通过“开始”菜单打开，第二种是通过“设置”界面打开。

方法一：单击“开始”，在所有软件中找到并单击“安全中心”选项；或者单击“开始”→“字母排序”，在所有软件中找到并单击“安全中心”选项；或者单击“开始”→“功能分类”，在所有软件中找到并单击“安全中心”选项；或者单击“开始”，在上方输入框中输入“安全中心”，单击下方“安全中心”选项，如图 12-26 所示。

方法二：打开“设置”界面，单击“更新”选项，然后单击右侧“安全中心”选项卡，如图 12-27 所示。

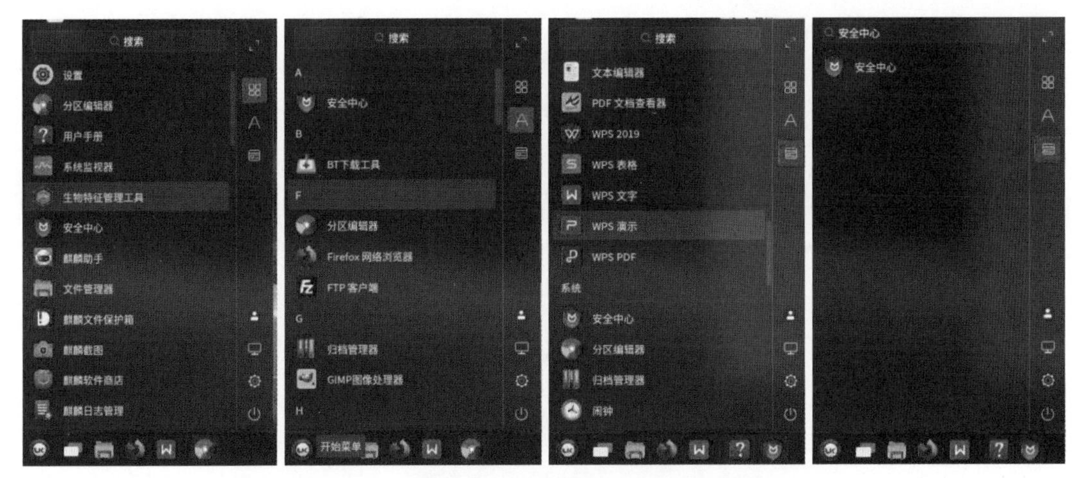

图 12-26　通过菜单命令和搜索的方式打开安全中心

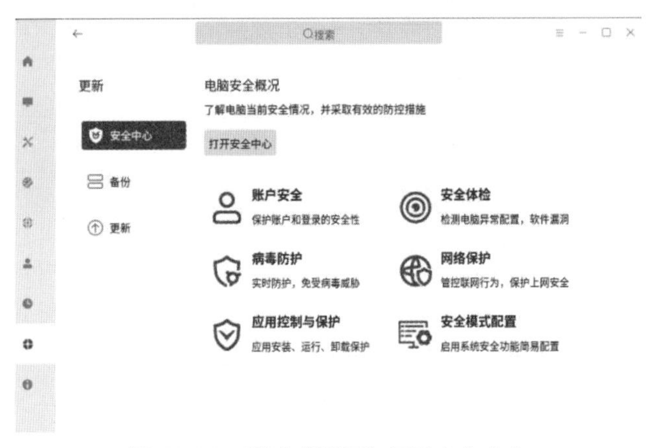

图 12-27　通过“设置”打开安全中心

（2）账户安全

账户安全功能能够保护账户和登录的安全性。单击右侧“账户安全”选项卡进入该界面。此处可以选择“密码强度配置”，分为自定义、低级、中级和高级选项。各个等级配置的要求在界面上有说明，如图 12-28 所示。在自定义配置中，可以单击滑动按钮启用密码强度检查，并且可以在下方“密码字符控制”中进行强度设置，操作滑动条或者在输入框中填入数值信息即可进行设置，单击“应用”按钮即可完成设置，如图 12-29 所示。

在下方可以设置账户锁定、登录信息显示配置。操作如下：单击“账户锁定、登录信息显示配置”按钮弹出对话框，在“账户锁定设置”中可以启用账户锁定功能，设置密码连续错误次数阈值及锁定时间等信息，在登录信息显示（仅限控制台）中可以单击滑动按钮开启或关闭“显示上次登录信息”功能与“显示最近登录失败信息”功能，若想要恢复到默认设定，可以单击“恢复默认设置”按钮，如图 12-30 所示。

（3）安全体检

安全体检功能能够实时保护计算机，对计算机进行漏洞扫描。单击右侧“安全体检”选项卡进入该界面，单击界面中的“开始扫描”按钮即可开始扫描漏洞，如图 12-31 所示。系统便开始进行智能扫描，当发现漏洞后会提示一键修复，用户可单击“一键修复”按钮进行漏洞修复，如图 12-32 所示。

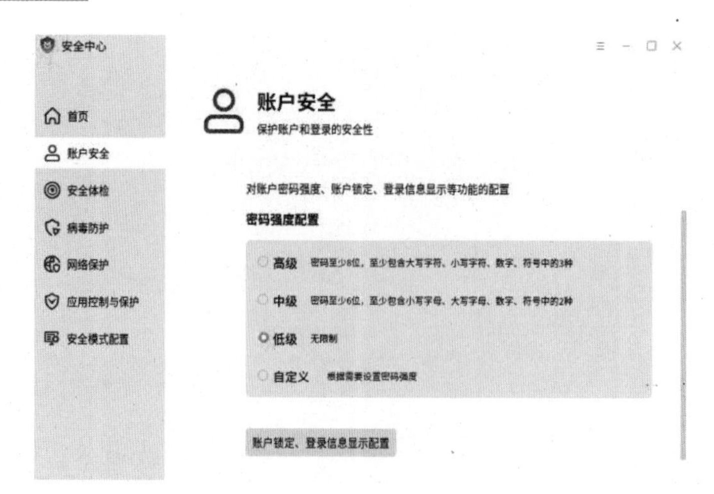

图 12-28 “密码强度配置”界面

图 12-29 “自定义配置”界面

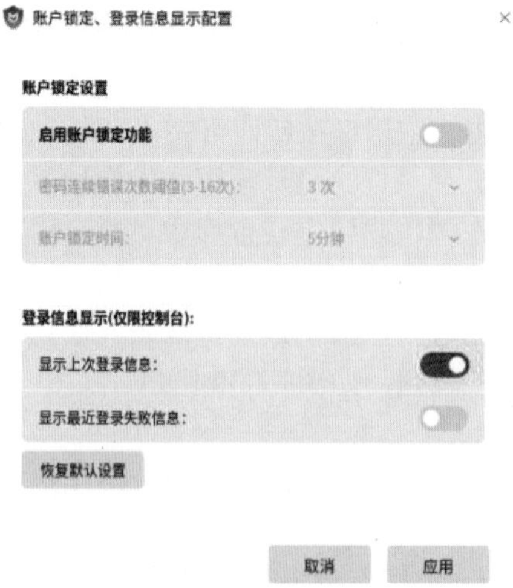

图 12-30 “账户锁定、登录信息显示配置”界面

图 12-31　“安全体检”界面　　　　图 12-32　“一键修复”界面

（4）病毒防护

在主界面单击“病毒防护”选项卡进入“病毒防护”界面，如图 12-33 所示。“病毒防护”功能主要由奇安信网神终端安全管理系统负责。单击“打开应用”或者“病毒库更新”按钮，可以跳转到“奇安信网神终端安全管理系统”界面，如图 12-34 所示。单击“立即扫描”按钮，可以跳转到奇安信网神终端安全管理系统病毒扫描功能，如图 12-35 所示。单击“更新授权”按钮，可以跳转到奇安信网神终端安全管理系统“授权信息”界面，如图 12-36 所示。

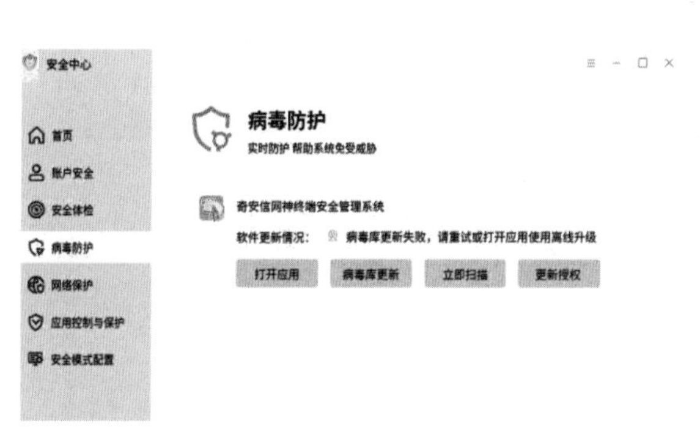

图 12-33　“病毒防护”界面

图 12-34　“奇安信网神终端安全管理系统”界面

图 12-35　“扫描”界面

图 12-36　“授权信息”界面

奇安信网神终端安全管理系统应用有病毒查杀、一键清理、优化加速及文件粉碎 4 种功能，如图 12-34 所示。

① 病毒查杀。“病毒查杀”界面如图 12-37 所示，分为快速扫描、全盘扫描及自定义扫描功能。快速扫描主要针对系统设置、常用软件、内存活跃程序及关键位置文件进行扫描，如图 12-38 所示，若中途放弃扫描，可单击“取消扫描”按钮，在弹出的对话框中单击“终止扫描”按钮完成操作，如图 12-39（a）、（b）所示。全盘扫描功能主要针对整个系统中的文件进行扫描，扫描与终止操作和快速扫描相仿。自定义扫描功能主要针对特定文件夹进行扫描，如图 12-40 所示为选择特定文件夹进行扫描的界面。

图 12-37 “病毒查杀”界面

图 12-38 “快速扫描”界面

（a）取消扫描界面

您取消了本次扫描,未发现病毒和安全危险项!

（b）取消完毕界面

图 12-39 取消扫描

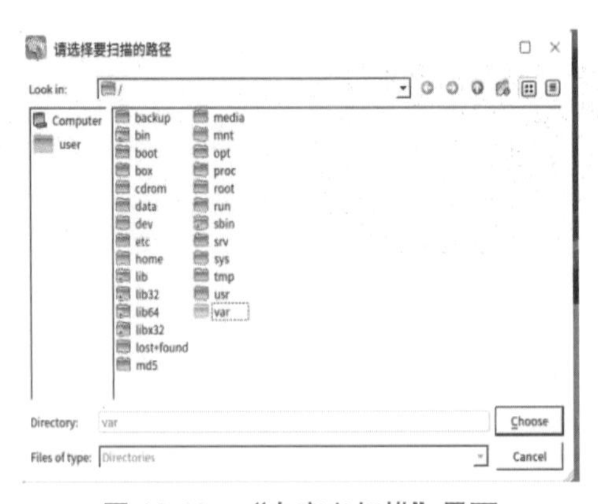

图 12-40 “自定义扫描”界面

② 一键清理。一键清理功能会针对 Cookies、计算机垃圾及上网痕迹进行一键清理，用户可以勾选需要清理的选项，然后单击“一键清理”按钮进行一键清理操作，如图 12-41

所示。

图 12-41　“一键清理”界面

③ 优化加速。优化加速功能针对开机启动项进行优化，用户可以在本界面中对开机启动项进行禁用，达到系统优化的目的，如图 12-42 所示为“优化加速”界面。

奇安信网神终端安全管理系统 - 优化加速

您的电脑有30个启动项

关闭没有必要的启动项可以提升开机速度

服务名称	当前状态	设置启动方式
acpid Start the Advanced Configuration and Power Interface daemon	已启用	禁止启用
anacron Run anacron jobs	已启用	禁止启用
atd Deferred execution scheduler	已启用	禁止启用
auditd Audit Daemon	已启用	禁止启用
avahi-daemon Avahi mDNS/DNS-SD Daemon	已启用	禁止启用
biometric-authentication	已启用	禁止启用

图 12-42　“优化加速”界面

④ 文件粉碎。文件粉碎功能可以将无法正常删除的文件进行粉碎，用户单击“添加文件”按钮添加需要粉碎的文件，也可以通过拖曳的方式将需要粉碎的文件拖曳到窗口中。若是有不想要粉碎的文件，则可以单击“移除文件”按钮取消对该文件的粉碎操作。全部添加完毕后，单击“粉碎文件”按钮对文件进行粉碎操作，如图 12-43 所示。

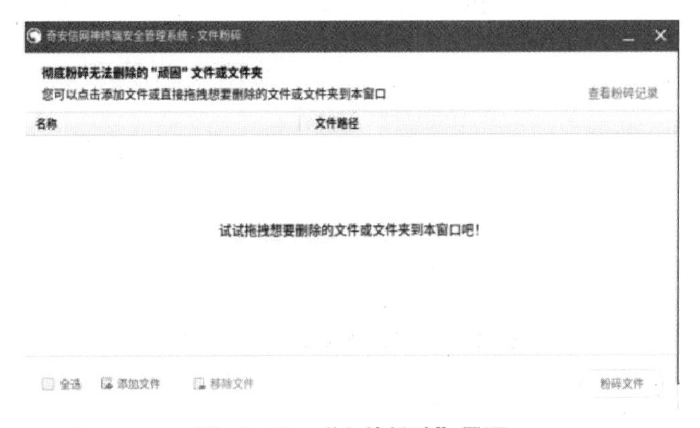

图 12-43　“文件粉碎”界面

（5）网络防护

在界面中单击“网络保护”图标，或者单击左侧“网络保护”选项卡进入“网络保护”界面，如图 12-44 所示。网络保护有两大主要功能：防火墙功能和应用程序联网功能。

① 防火墙功能。该功能提供默认麒麟防火墙及 UFW 防火墙，默认麒麟防火墙有“公共网络”“办公网络”“自定义配置”三个单选按钮，其中“公共网络”适用于公共区域的网络配置，“办公网络”适用于家庭和办公工作区的网络配置，“自定义配置”适用于高级管理员用户，用户可根据自身需要进行配置。自定义配置具体操作如下：单击“自定义配置”，在左侧列表中选择服务，在右侧可以查看该服务的协议及端口号，根据自身需要对服务和协议进行添加、删除及修改操作，如图 12-45 所示。UFW 防火墙是第三方厂商的防火墙，开启 UFW 防火墙后麒麟默认防火墙会自动关闭。通过右侧滑动按钮可以控制防火墙的开启与关闭。

图 12-44　“网络防护”界面　　　　图 12-45　“防火墙”自定义设置界面

② 应用程序联网功能。该功能可以控制应用程序和服务是否可以主动联网，有“禁止”“警告”“关闭”三个单选按钮。可根据自身需要添加、删除允许联网的应用程序，如图 12-46 所示。

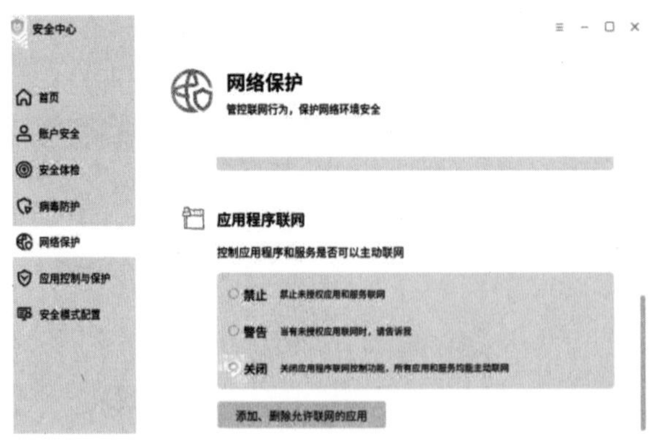

图 12-46　“应用程序联网”界面

（6）应用执行控制

在主界面中单击“应用执行控制”图标或者单击左侧“应用执行控制”选项卡进入“应

用执行控制”界面。该界面共有三种功能：

① 检查应用程序来源。该部分主要检查应用程序是否合法合规。使用合法合规来源安装的应用可以有效保护系统的安全性和稳定性，如图 12-47 所示。

应用程序来源检查提供三种选择：

第一种是阻止，仅通过认证的应用程序可以安装。

第二种是警告，未通过认证的应用程序会通知用户。

第三种是关闭，任何来源的应用均可以安装。

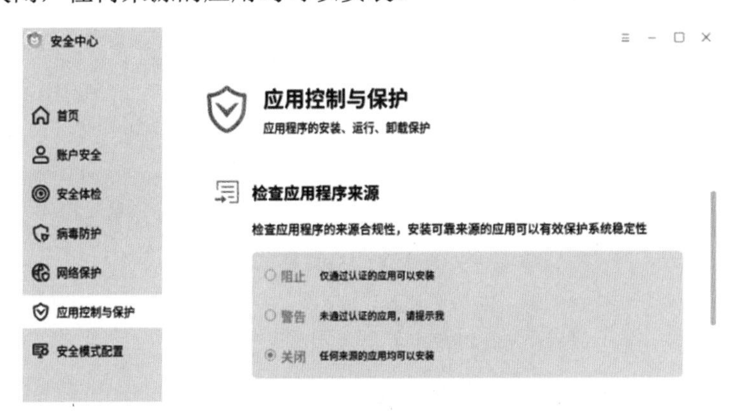

图 12-47　“检查应用程序来源”界面

② 检查应用程序完整性。该部分主要检查应用程序的完整性，帮助保护系统运行环境的完整性，如图 12-48 所示。

应用程序完整性检查提供三种选择：

第一种是阻止，未认证或完整性被破坏的应用程序将不能被执行。

第二种是警告，由用户来选择是否执行未认证或完整性被破坏的应用程序。

第三种是关闭，不进行检查，所有应用程序均可以执行。

用户还可以单击“添加”“更新”“删除”按钮管理应用程序、动态库基准值，完整性被破坏或未被认证的应用程序和动态库不允许直接运行、加载，如图 12-49 所示为“应用程序基准值管理”界面。

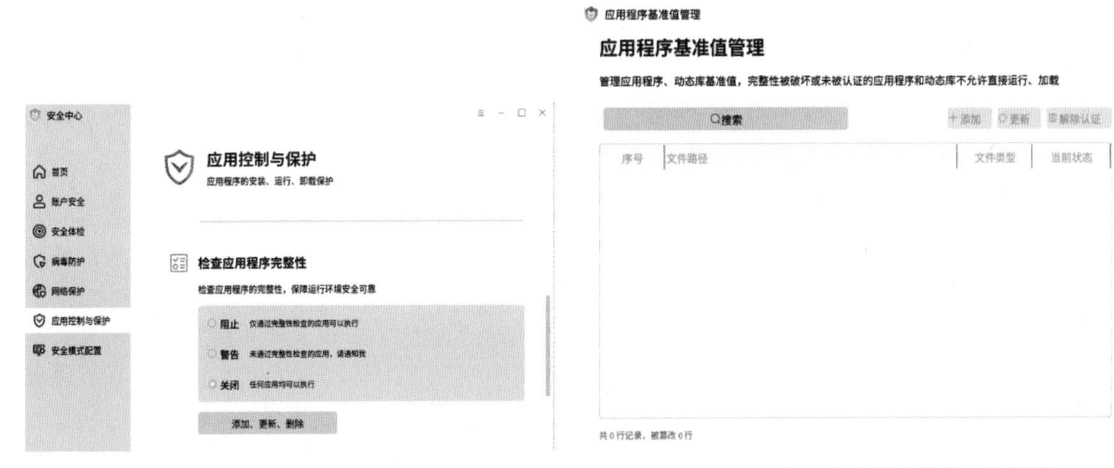

图 12-48　“检查应用程序完整性”界面　　图 12-49　“应用程序基准值管理”界面

③ 应用程序保护。该部分提供进程防杀死、内核模块防卸载、文件防篡改的防护功能，用户可以单击滑动按钮控制该功能的开启与关闭，用户还可以单击“添加”“更新”“删除”按钮跳转到“应用程序防护”对话框中添加进程与内核模块，如图 12-50（a）、(b）所示。

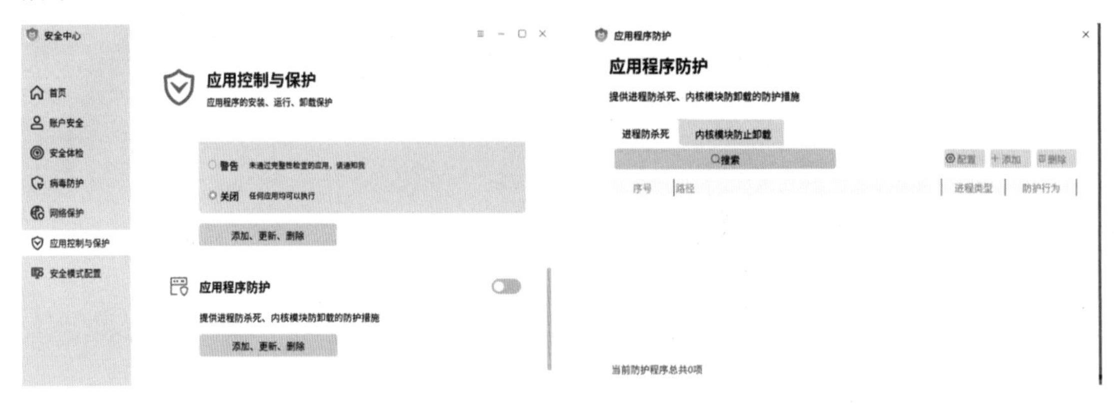

（a）“应用程序防护”界面　　（b）“应用程序防护”对话框

图 12-50　应用程序保护

（7）安全模式配置

在主界面中单击“安全模式配置”图标或者单击左侧“安全模式配置”选项卡进入“安全模式配置”界面，系统安全默认可以选择默认模式、严格模式及关闭三种模式，如图 12-51 所示。

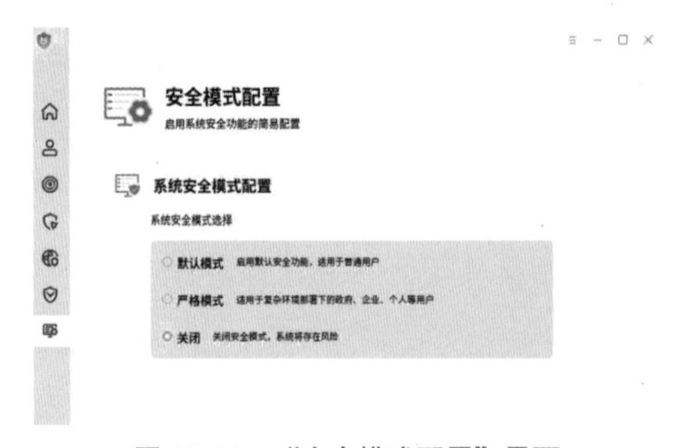

图 12-51　“安全模式配置”界面

12.5　系统备份还原

系统备份还原是为了清除系统运行过程中发生的故障和错误，软硬件维护人员对系统进行必要的修改与完善。麒麟操作系统为用户提供了麒麟备份还原工具，备份还原系统能够为用户提供系统和数据的备份与还原功能。

麒麟备份还原工具用于对系统或用户数据进行备份和还原。该工具支持新建备份点，也支持在某一个备份点上进行增量备份；支持将系统还原到某次备份时的状态，或者在保留某些数据的情况下进行部分还原。备份还原工具有三种模式：常规模式、Grub 备份还原、LiveCD 备份还原。其中常规模式主要是在麒麟备份还原工具中进行操作的。在 V10 版本中，备份还原三种模式的启用方法及适用情形，如表 12-2 所示。

表 12-2　备份还原模式

模　式	启用方法	适用情形
常规模式	开机启动系统，登录后打开工具	正常使用备份还原
Grub 备份还原	在“Grub 启动”界面中选择“系统备份还原模式”	对系统进行备份，或还原到最近一次成功备份时的状态
LiveCD 备份还原（仅系统还原功能）	从系统启动盘进入操作系统后，运行备份还原工具	系统崩溃后无法启动，需要将系统还原到正常状态

备份和还原请注意以下几点：

第一，备份还原工具仅限系统管理员使用。

第二，备份时，根分区、其他分区的数据被保存到备份还原分区。

第三，还原时，保存在备份还原分区的数据恢复到对应分区。

第四，数据分区保存的内容与系统关系不大，且通常容量很大，因此不建议对数据分区进行备份和还原。

第五，备份还原分区用于保存和恢复其他分区的数据，故此分区的数据不允许备份或还原。

第六，在安装操作系统时，必须要勾选“创建备份还原分区”复选框，备份还原工具才能使用。

第七，常规备份可以分为系统备份和还原、数据备份和还原。

12.5.1　常规模式

常规模式，即在麒麟备份还原工具中进行操作，在开机启动系统后登录打开还原工具。麒麟备份还原工具的打开方式有以下两种。

方法一：单击“开始”，在所有软件中找到并单击麒麟备份还原工具选项；或者单击“开始”→“字母排序”，在所有软件中找到并单击“麒麟备份还原工具”选项；或者单击“开始”→“功能分类”，在所有软件中找到并单击“麒麟备份还原工具”选项，如图 12-52 所示。

方法二：单击“开始”，在上方输入框中输入“麒麟备份还原工具”，单击下方“麒麟备份还原工具”选项，如图 12-53 所示。

图 12-52　通过菜单命令打开麒麟备份还原工具

“麒麟备份还原工具”界面如图 12-54 所示。

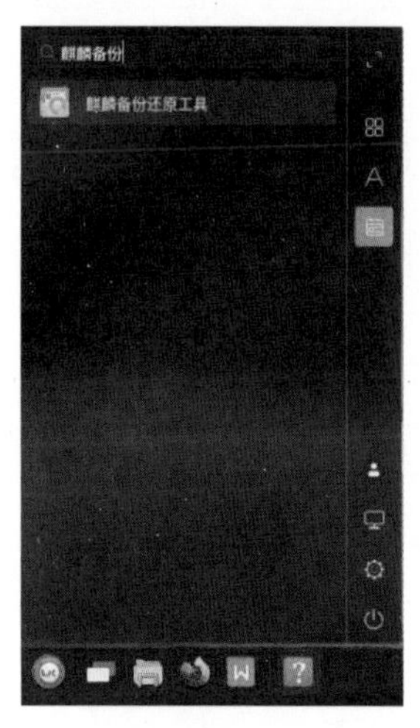

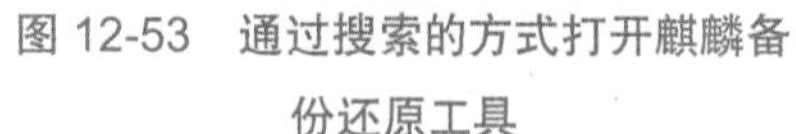
图 12-53　通过搜索的方式打开麒麟备份还原工具

图 12-54　“麒麟备份还原工具”界面

麒麟备份还原工具包括系统备份、系统还原、数据备份、数据还原、操作日志及 Ghost 镜像等功能。

（1）系统备份

系统备份包括高级系统备份和全盘系统备份两个模块，在高级系统备份中包括新建系统备份和系统增量备份两个功能。

① 新建系统备份。新建系统备份是将除了备份还原分区、数据分区之外的整个系统进行备份。

在“麒麟备份还原工具”界面中单击“新建系统备份”选项，再单击“开始备份”按钮，弹出“新建系统备份”界面，如图 12-55 所示。可以选择本地默认路径保存或者移动设备保存，在“备注信息”中添加备份信息，单击“确认”按钮开始进行备份。备份期间，不能中断或执行其他操作。

② 系统增量备份。系统增量备份是在一个已有备份的基础上继续进行的备份，当选择增量备份后，会弹出一个列出所有设备的界面供用户选择，也可以在一个失败的备份基础上进行增量备份。

在“麒麟备份还原工具”界面中单击“系统增量备份”选项，再单击“开始备份”按钮，弹出“系统增量备份”界面，如图 12-56 所示。选择需要增量的备份文件，单击“确定”按钮开始进行备份，备份期间不能中断或执行其他操作。

用户可以通过备份管理功能对以前的备份节点进行查看及删除。在“麒麟备份还原工具”界面中单击“备份管理”选项，弹出“系统备份”界面，列表中会列出之前备份的备份名称、识别码、备份大小及备份状态，选择备份后单击“删除”按钮完成删除操作。“系统备份”界面如图 12-57 所示。

（2）系统还原

系统还原是将系统还原到一个备份节点的状态，提供一键还原功能。

用户可以选择是否保留用户数据，然后单击“一键还原”按钮进行系统还原，如图 12-

58 所示。用户可以在界面中选择需要还原的备份，单击“确定”按钮完成还原操作，还原期间不可以中断操作。

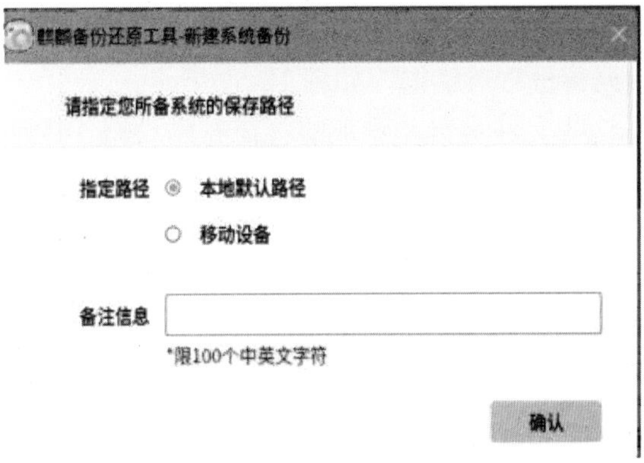

图 12-55　“新建系统备份”界面

图 12-56　“系统增量备份”界面

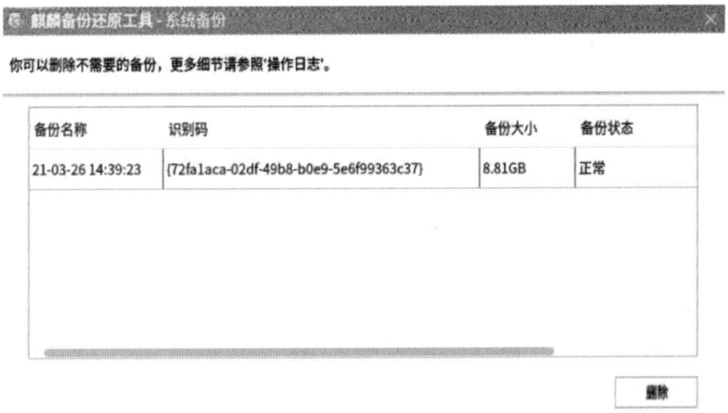

图 12-57　“系统备份”界面

图 12-58　系统还原

（3） 数据备份

数据备份是对用户制定的目录或文件进行的备份，分为新建数据备份和数据增量备份两种功能。

新建数据备份是对选定的目录或文件进行的备份。

在“麒麟备份还原工具”界面左侧栏中选择“数据备份”选项，单击“新建数据备份”选项，再单击“开始备份”按钮，弹出“新建数据备份”对话框，如图 12-59 所示。

对话框左侧为该功能下忽略的目录或文件，这些文件是自动添加的。在右侧“输入目录或文件名”输入框中输入需要备份的目录或文件的绝对路径，下方“指定路径”可以选择“本地默认路径”或者“移动设备”，“备注信息”输入框中可以填写对这些目录或文件的备份的备注，全部填写完毕后单击“确定”按钮，在“新建备份数据”对话框中单击“确定”按钮完成操作；也可以单击“取消”按钮取消本次操作。

数据增量备份是在原有数据备份的基础上进行目录或文件的增加的操作。

在“数据备份”选项卡界面下单击“新建数据备份”选项，再单击“开始备份”按钮，在弹出的“数据备份信息列表”中选择需要添加目录或文件的备份，单击“确定”按钮，弹出“数据增量备份”对话框，如图 12-60 所示。在“输入目录或文件名”输入框中输入需要导入的目录或文件的绝对路径，单击“确定”按钮，在弹出的“新建备份数据”对话框中单击“确定”按钮完成操作。

图 12-59 “新建数据备份”对话框

图 12-60 “数据增量备份”对话框

（4）数据还原

数据还原是将数据还原到某个数据备份的状态，完成还原后，系统会自动重启。

在“数据还原”选项卡界面下单击“一键还原”按钮，然后在“数据备份信息列表”中选择需要还原的备份，单击“确定”按钮完成操作，还原完毕后系统会自动重新启动。

（5）操作日志

操作日志上记录了在备份还原工具中的所有操作。

在“麒麟备份还原工具”界面左侧栏中选择“操作日志”选项，打开“操作日志”界面，如图 12-61 所示。列表中显示每种备份的操作时间、操作对象、识别码及备注信息，通过单击“上一页”按钮与“下一页”按钮查看其他备份信息。

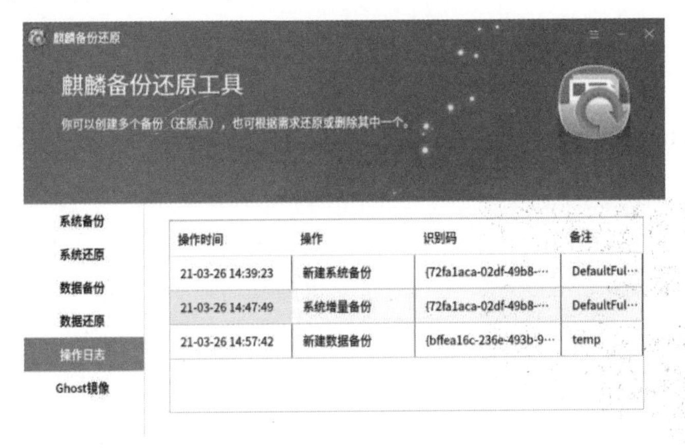

图 12-61　“操作日志”界面

（6）Ghost 镜像

Ghost 镜像安装是指将一台机器上的系统生成一个镜像文件，然后使用该镜像文件来安装操作系统。使用 Ghost 镜像的前提条件是需要有一个系统的备份文件。

步骤一：制作 Ghost 镜像。

在“麒麟备份还原工具”界面左侧栏中选择“Ghost 镜像”选项，打开“创建 Ghost 镜像文件”界面，如图 12-62 所示。单击“一键 Ghost”按钮，弹出“系统备份信息列表”对话框，选择一个备份进行 Ghost 镜像的制作，单击“确定”按钮完成操作，镜像文件名的格式为“主题名+体系架构+备份名称.kyimg”。

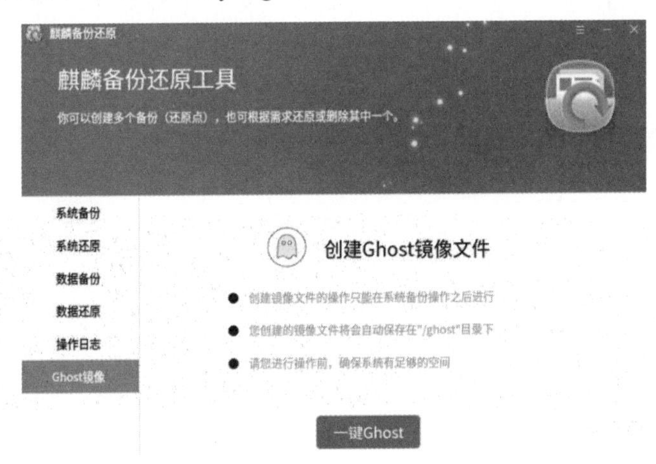

图 12-62　“创建 Ghost 镜像文件”界面

步骤二：安装 Ghost 镜像。

首先，把制作完成的 Ghost 镜像复制到 U 盘中或者其他可移动存储设备中（Ghost 镜像一般存在于/ghost 目录下）。

其次，进入 LiveCD 系统后，接入可移动设备，进入 LiveCD 界面操作见 12.5.3 节。若设备没有自动挂载，可以通过终端手动挂载到/mnt 目录下，通常状况下移动设备在/dev/sdb1 目录下，可以在终端使用“fdisk-l”命令进行查看。手动挂载命令为“sudo mount /dev/

sdb1/mnt”。

最后，双击图标“安装 Kylin”进行安装引导，在安装方式中选择“从 Ghost 镜像安装”，图标如图 12-2 所示。

12.5.2 Grub 备份还原

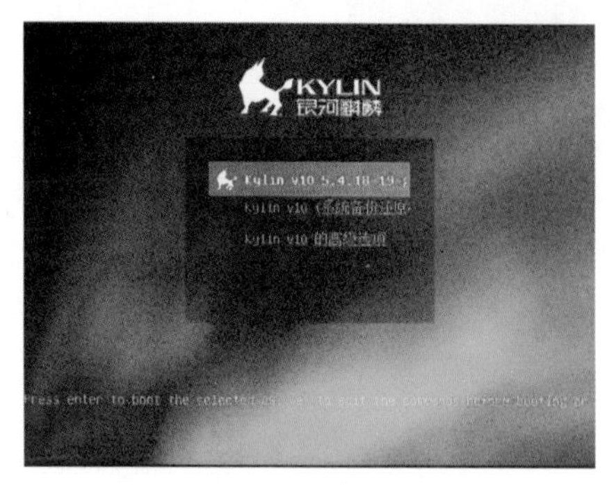

图 12-63 Grub 菜单界面

Grub 备份还原主要是在 Grub 启动界面中进行系统备份还原，或还原到最近一次成功备份时的状态。

在开机启动时，在 Grub 菜单中选择“系统备份还原模式”。Grub 菜单界面如图 12-63 所示。通过键盘上的上下箭头选择备份或者还原，按 Enter 键进入相应模式。

在备份模式下，系统立即开始备份，屏幕上会给出提示。

对于备份模式而言，等同于常规模式下的“新建系统备份”。如果备份还原分区没有足够空间，则无法成功备份；在还原模式下，系统立即开始还原到最近一次的成功备份状态。

对于还原模式而言，等同于常规模式下的“一键还原”。如果备份还原分区上没有一个成功的备份，则系统不能被还原。

12.5.3 LiveCD 还原

LiveCD 备份还原是通过系统启动盘进入操作系统后进行的备份还原操作，主要是在系统无法启动时使用的，可将系统还原到正常状态。

插入系统启动盘（U 盘或光盘），此时即进入 LiveCD 系统，打开“麒麟备份还原工具”，打开方式参考 12.5.1 节，其中的还原功能参考 12.5.1 节常规模式下的系统还原功能。LiveCD 备份还原界面如图 12-64 所示。

图 12-64 LiveCD 备份还原界面

12.6 本章任务——将旧计算机文件导入新计算机

本章任务主要是对数据备份及数据还原功能进行案例讲解，使用户对这个功能的操作有更加深刻的理解。

将旧计算机文件导入新计算机有以下三种方法。

方法一：对整个系统创建 Ghost 镜像。这种方法主要是针对将整个系统进行移动导入到新计算机时推荐使用的方法，相当于利用原有系统在新计算机上新建一个系统。Ghost 镜像的操作方法参考 12.5.1 节。

方法二：使用可移动设备对文件进行转移。这种方法主要是对数量不多的文件进行转移时推荐使用的，可以使用 U 盘、光盘及移动硬盘等可移动设备进行文件的转移。需要注意的是，所使用的可移动设备的文件系统必须要适配麒麟操作系统，麒麟操作系统适配的文件系统包括 fat32、ntfs、ext4、ext3、ext2 等。如果 U 盘驱动异常，请查看 U 盘的文件系统格式。

方法三：利用数据备份进行文件转移。在更新之前将旧计算机中的文件进行数据备份，通过识别码在/backup/snapshots 目录下找到对应备份文件，将备份文件通过可移动设备导入新计算机相同路径中，进行数据还原。这样操作的好处主要是，在还原过程中可以把原计算机的文件直接还原到相应的路径上，减少搜索路径的时间。在数据还原时，要注意权限、用户权限及组权限的问题。同时由于路径、权限等问题，转移后的用户要与原用户相同，且权限、属主属组也要相同。如果转移的文件数量不大，推荐使用第二种方法。

具体操作如下：

步骤一：对文件进行数据备份。

打开麒麟备份还原工具的“数据备份”选项，进行数据备份，具体操作参见 12.5.1 节。

步骤二：通过识别码找到对应备份。

打开麒麟备份还原工具的“操作日志”选项，查看该备份的识别码。然后在桌面上依次单击“我的电脑”→“文件系统”→“backup”→“snapshots”，根据识别码找到对应文件夹，需要注意的是，打开麒麟备份还原工具后在/backup 界面会显示下一级目录信息，如图 12-65 所示为通过识别码找到的信息。

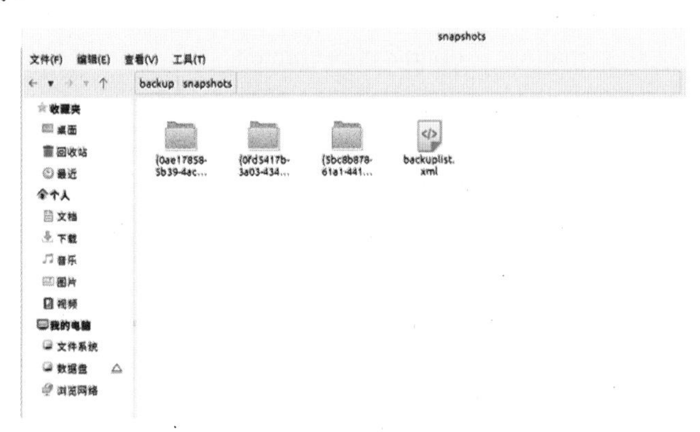

图 12-65　/snapshots 界面

步骤三：通过可移动设备将备份文件移动到相同目录下。

右击上一步找到的该文件夹，选择“复制”命令进行复制。然后打开可移动设备，进行粘贴操作，再安全退出。最后将可移动设备插入到新的计算机中，将文件导入到新计算机中即可完成数据还原。

反侵权盗版声明

举报电话：（010）88254396；（010）88258888
传　　真：（010）88254397
E-mail：　dbqq@phei.com.cn
通信地址：北京市海淀区万寿路 173 信箱
　　　　　电子工业出版社总编办公室
邮　　编：100036